城市信息模型（CIM）工作导读

住房和城乡建设部建筑节能与科技司｜组织编写

中国建筑工业出版社

图书在版编目（CIP）数据

城市信息模型（CIM）工作导读 / 住房和城乡建设部建筑节能与科技司组织编写. —北京：中国建筑工业出版社，2022.8

ISBN 978-7-112-27432-1

Ⅰ.①城… Ⅱ.①住… Ⅲ.①城市规划—信息化—研究—中国 Ⅳ.①TU984.2-39

中国版本图书馆CIP数据核字（2022）第090417号

　　本书汇聚了当前城市信息模型（CIM）基础平台建设的主要政策和标准要求，基础理论和关键技术，以及丰富多元的CIM+应用和试点实践经验。全书共四篇十三章，包括CIM与智慧城市、CIM的发展、推进CIM基础平台建设的相关政策要求、CIM的内涵、CIM中的关键技术、CIM基础平台总体框架、CIM基础平台标准建设、CIM基础平台数据库建设、CIM基础平台功能建设、CIM基础平台运行保障、BIM/CIM主要技术软件、基于CIM基础平台的典型应用场景以及典型案例。

　　本书内容翔实，案例丰富，具有较强的指导性，可供CIM行业的政府管理人员、科研人员、企事业从业人员参考使用。

责任编辑：王砾瑶　范业庶
书籍设计：锋尚设计
责任校对：李辰馨

城市信息模型（CIM）工作导读
住房和城乡建设部建筑节能与科技司　组织编写
＊
中国建筑工业出版社出版、发行（北京海淀三里河路9号）
各地新华书店、建筑书店经销
北京锋尚制版有限公司制版
天津图文方嘉印刷有限公司印刷
＊
开本：787毫米×1092毫米　1/16　印张：19¼　字数：341千字
2023年2月第一版　　2023年2月第一次印刷
定价：**119.00**元
ISBN 978-7-112-27432-1
（39615）

编 写 组

组织单位： 住房和城乡建设部建筑节能与科技司

编写人员： 苏蕴山　汪　科　王希希　季　珏　于　静　杨柳忠　陈顺清
于　洁　马恩成　盛　浩　詹慧娟　闫　寒　任艳婷　李荣梅
王曦晨　王新歌　包世泰　宋　彬　张鸿辉　杨　滔
（以下按姓氏笔画排序）
王　威　王　洋　王　曦　王广斌　王志刚　王金城　王彦杰
王真超　王晓旭　邓兴栋　左　权　石　楠　代振坤　吕卫锋
朱旭平　刘　丹　刘　刚　刘　洋　刘一尒　刘心怡　刘宇鹏
刘志军　齐安文　米文忠　孙建龙　孙晓峰　李　伟　李　兵
李云霞　李苗裔　李鸿鹰　杨新新　吴大江　吴自成　何爱利
迟　华　张　军　张　茜　张　铭　张永刚　张菲斐　张焜棋
陆庆丰　陈　崇　陈刚睿　陈伟强　陈根宝　郁嘉宁　金　程
周　忠　周军旗　胡　焕　贵慧宏　娄东军　洪书畅　姚新新
骆荣桂　秦　晶　袁　星　袁学森　凌建宏　高苏新　郭　亮
郭红君　唐郡泽　黄　勤　黄玉芳　黄庆彬　黄湘岳　常志巍
康来成　阎　晨　彭为民　葛　亮　傅　楠　谢芳荻　谢盈盈
谭鲁渊　樊静静　霍子文　魏戈兵　蹇依玲

编写单位： 中国城市规划设计研究院（住房和城乡建设部遥感应用中心）

住房和城乡建设部信息中心

（以下按首字笔画排序）

上海迅图数码科技有限公司、上海益埃毕建筑科技有限公司、上海蓝色星球科技股份有限公司、广东国地规划科技股份有限公司、广州市住房城乡建设行业监测与研究中心、广州市城市规划勘测设计研究院、广州城市规划技术开发服务部有限公司、广联达科技股份有限公司、中外建设信息有限责任公司、中设数字技术有限公司、中国电信股份有限公司、中国建筑东北设计研究院有限公司、中国建筑标准设计研究院有限公司、中国城市规划协会、中国城市规划学会、中国科学院城市环境研究所、中国联通智能城市研究院、中通服咨询设计研究院有限公司、中新天津生态城建设局、中新城镇化（北京）科技有限责任公司、北京广图软件科技有限公司、北京飞渡科技股份有限公司、北京五一视界数字孪生科技股份有限公司、北京市国土空间大数据中心、北京伟景行信息科技有限公司、北京构力科技有限公司、北京航空航天大学、北京超图软件股份有限公司、北京集思创源科技有限公司、同济大学、华为技术有限公司、江苏省建筑设计研究院股份有限公司、苏州云联智慧信息技术应用有限公司、国泰新点软件股份有限公司、易智瑞信息技术有限公司、河北雄安新区管理委员会自然资源和规划局、河北雄安新区管理委员会建设和交通管理局、南京市建设工程施工图设计审查管理中心、深圳市南山区人民政府、厦门市规划数字技术研究中心、奥格科技股份有限公司、福州大学、福建省星宇建筑大数据运营有限公司

前言

改革开放40多年来，我国经历了世界历史上规模最大的城镇化历程。2022年全国城镇化率达65.22%，城市在经济社会发展中的主体地位更加突显，成为人民美好幸福生活的重要依托。同时，我国城市规模越来越大，数量越来越多，特别是超大、特大城市数量不断增加，城市工作日益复杂，传统城市管理方式难以有效支撑和适应城市发展需求，亟待提高城市规划、建设、治理水平。

近年来，随着新一代信息技术的迅速发展，一些地方结合地理信息（GIS）技术、建筑信息模型（BIM）技术、物联网（IoT）技术等，已在自然资源利用、城市建设和管理等领域做了大量探索，促进了一批新技术、新产业、新业态的发展。

党中央、国务院高度重视智慧城市和城市信息模型（City Information Modeling，以下简称"CIM"）相关工作。习近平总书记对网络强国、数字中国、智慧城市建设有一系列重要论述、重要指示批示，强调要树立全周期管理意识，加快推动城市治理体系和治理能力现代化。习近平总书记在视察杭州时指出，"运用大数据、云计算、区块链、人工智能等前沿技术推动城市管理手段、管理模式、管理理念创新，从数字化到智能化再到智慧化，让城市更聪明一些、更智慧一些，是推动城市治理体系和治理能力现代化的必由之路，前景广阔。"《中华人民共和国国民经济和社会发展第十四个五年规划和2035年远景目标纲要》中明确提出要加强数字社会、数字政府建设，提升公共服务、社会治理等数字化智能化水平。中共中央办公厅、国务院办公厅印发《关于推动城乡建设绿色发展的意见》中要求开展城市信息模型平台建设，推动城市智慧化建设，创新工作方法。

为贯彻落实党中央、国务院重要决策部署和任务要求，2018年以来，住房和城乡建设部在广州、厦门、南京等地开展了CIM基础平台建设试点工作，顺应新一代信息技术发展，按照数字孪生的理念，基于CIM基础平台建设城市三维空间数字底板，汇聚城市大数据，打造智慧城市基础操作系统，探索丰富多元的CIM+应用。目前试点城市已推出了多个CIM基础平台原型、编制了一批CIM基础平台标准规范，在基础平台总体框架、数据汇聚、技术路线以及组织方式方面积累了较为丰富的经验。试点实践证明，建设CIM基础平台，可以打通信息壁垒，推动城市数字化、网络化、智能化，促进城市治理体系和治理能力现代化。

2020年以来，住房和城乡建设部总结试点经验，联合工业和信息化部、中央网信办印发了《关于开展城市信息模型（CIM）基础平台建设的指导意见》、联合六部委印发了《关于加快推进新型城市基础设施建设的指导意见》、印发了《城市信息模型（CIM）基础平台技术导则》，以及推动了《城市信息模型基础平台技术标准》等一批行业标准的编制和印发工作，在全国各地开展CIM基础平台建设的时机已经比较成熟。

为进一步总结推广试点经验，统一各界对CIM和CIM基础平台的认识，提高相关管理人员、专业技术人员的CIM工作能力和水平，加快推进CIM基础平台建设，自2020年12月以来，住房和城乡建设部建筑节能与科技司组织中国城市规划设计研究院（住房和城乡建设部遥感应用中心）、住房和城乡建设部信息中心等40多家企事业单位，以及广州、南京等试点城市百余名专家和骨干求同存异、汇聚最大共识，共同研究和编写了本书。

本书汇聚了当前CIM基础平台建设的主要政策和标准要求、基础理论和关键技术，以及丰富多元的CIM+应用和试点实践经验。书中存在遗漏或不足之处，恳请广大读者批评指正。

希望广大读者和各界从业者积极研究和学习CIM相关知识，共同投入到CIM基础平台建设行业，让城市更聪明一些、更智慧一些、让人民群众的城市生活更美好！

编写组

2023年2月6日

目录

第一篇 |

政策篇   001

第1章   CIM与智慧城市   002
1.1 智慧城市的新挑战   002
1.2 新型城镇化发展的新要求   005
1.3 信息技术的新发展   006
1.4 CIM的提出   009

第2章   CIM的发展   010
2.1 我国CIM的发展历程   010
2.2 CIM的发展现状和试点   012

第3章   推进CIM基础平台建设的相关政策要求   014
3.1 国家相关政策要求   014
3.2 CIM顶层政策制度   016
3.3 各地相关政策要求   022

第二篇 |

技术篇   027

第4章   CIM的内涵   028
4.1 CIM系统概述   028
4.2 CIM与其他平台的关系   031

第5章　CIM中的关键技术　　**034**

5.1　CIM相关技术　　034

5.2　CIM基础平台中的关键技术　　039

第6章　CIM基础平台总体框架　　**048**

6.1　建设理念　　048

6.2　建设原则　　050

6.3　平台构成　　050

6.4　平台特性　　053

第7章　CIM基础平台标准建设　　**055**

7.1　标准体系框架　　055

7.2　平台类标准　　057

7.3　数据类标准　　058

7.4　应用类标准　　060

7.5　安全类标准　　062

7.6　其他相关标准　　064

第8章　CIM基础平台数据库建设　　**067**

8.1　数据资源　　067

8.2　数据汇聚　　069

8.3　数据治理　　070

8.4　数据融合　　077

8.5　数据存储　　079

8.6　数据安全　　080

第9章　CIM基础平台功能建设　　**082**

9.1　CIM基础平台的功能架构　　082

9.2　CIM基础平台功能　　083

第10章 CIM基础平台运行保障 **098**

10.1 政策实施保障 098

10.2 组织实施保障 100

10.3 技术实施保障 101

10.4 资金实施保障 103

10.5 安全实施保障 104

第11章 BIM/CIM主要技术软件 **107**

11.1 国内CIM基础平台类软件 107

11.2 国内BIM基础类软件 122

11.3 国内CIM+应用类软件 125

11.4 国外相关软件 135

第三篇
应用篇 139

第12章 基于CIM基础平台的典型应用场景 **140**

12.1 工程建设项目BIM审查审批 140

12.2 智能化市政基础设施建设和更新改造 146

12.3 智慧城市和智能网联汽车 151

12.4 城市安全 160

12.5 智慧社区 168

12.6 智能建造和新型建筑工业化 174

12.7 城市运行管理服务 181

12.8 智慧园区 190

12.9 城市设计 196

12.10 城市体检 202

12.11 城市更新 211

12.12 历史文化名城保护 219

12.13 智慧产业 227

第四篇 |
城市篇　　　　　　　　　　　　　235

第13章　典型案例	**236**
13.1　广州市	236
13.2　南京市	241
13.3　厦门市	248
13.4　北京城市副中心	255
13.5　雄安新区	259
13.6　中新天津生态城	263
13.7　其他典型案例	274

参考文献	**294**

第一篇 |

政策篇

| 第1章 |

CIM与智慧城市

"十三五"时期起，我国大力实施网络强国战略、国家大数据战略、"互联网+"行动计划。党的十九大报告中提出建设网络强国、数字中国，智慧社会的战略部署，推动互联网、大数据、人工智能和实体经济深度融合，发展数字经济、共享经济，培育新增长点、形成新动能。党的二十大报告中提出推动高质量发展，建设现代化产业体系，加快建设网络强国、数字中国等。与此同时，党中央和习近平总书记多次指出要深刻认识互联网和信息化在国家管理、社会治理、城市治理中的突出作用，加快智慧城市建设，推动城市规划、建设、管理、运营全生命周期智能化，打破信息孤岛和数据分割，促进大数据、物联网、云计算等新一代信息技术与城市管理服务融合，提升城市治理和服务水平。CIM基础平台是智慧城市建设过程中的重要三维空间数据底板，CIM基础平台的建设和发展有利于推动城市治理过程中的数据融合、业务融合和技术融合，是智慧城市建设的重要支撑。

1.1 智慧城市的新挑战

1.1.1 我国智慧城市发展历程

我国的智慧城市建设始于2012年，大致经历了四个阶段：

（1）试点探索期

这一时期的主要特征是通过建设智慧城市试点，推动各地开展智慧城市建设，探索智慧城市发展模式。2012年11月住房城乡建设部办公厅印发了《关于开展国家智慧城市试点工作的通知》（建办科〔2012〕42号），同时印发了《国家智慧城市试点暂行管理办法》和《国家智慧城市（区、镇）试点指标体系（试行）》两个文件；2012—2014年期间，住房和城乡建设部分别开展了三批次国家智慧城市试点工作，共发布了三批277个国家智慧城市试点，包含省会城市8个，地级市90个，县级市（县）81个，区和新区85个，乡镇13个，覆盖我国31个省（自治区、直辖市）。在住房和城乡建设行业应用方面，分别开展了33个地下管线与空间综合管理项目建设试点，116个数字城管项目建设试点，42个节水应用和排水管理项目建设试点和70个智慧社区和智能家居项目建设试点。在智慧城市建设方面，初步奠定了发展基础，形成了一批典型案例。

（2）协同发展期

这一时期的主要特征是将智慧城市建设提高到国家层面发展要求，各部门协同指导地方开展智慧城市建设。2014年3月，中共中央、国务院印发了《国家新型城镇化规划（2014—2020年）》，明确提出要继续推进智慧城市建设，并将信息网络、城市规划、基础设施、公共服务、产业发展和社会治理列为智慧城市建设的重点方向。同年，国家发展改革委、工业和信息化部等八部委联合印发了《关于印发促进智慧城市健康发展的指导意见的通知》（发改高技[2014]1770号），提出到2020年，建成一批特色鲜明的智慧城市，聚集和辐射带动作用大幅增强，综合竞争优势明显提高，在保障和改善民生服务、创新社会管理、维护网络安全等方面取得显著成效。2014年10月，经国务院同意，成立了由国家发展改革委牵头、25个部委组成的"促进智慧城市健康发展部际协调工作组"，次年，原有的各部门司局级层面的协调工作组升级为由部级领导同志担任工作组成员的协调工作机制，工作组更名为"新型智慧城市建设部际协调工作组"，由国家发展改革委和中央网信办共同担任组长单位。依托部际协调工作机制，各部委共同研究新型智慧城市建设过程中跨部门、跨行业的重大问题，推动出台智慧城市分领域建设相关政策。

（3）重点推进期

这一时期的主要特征是将智慧城市建设各项任务具体化，由各部门根据各自职能专项推进智慧城市建设，将智慧城市建设细化和落到实处，成为行业管理新方向和新抓手。2016年11月，国家发展改革委、中央网信办、国家标准委联合发布《关于组织开展新型智慧城市评价工作务实推动新型智慧城市健康快速发展的通知》（发改办高技[2016]2476号），同时下发《新型智慧城市评价指标（2016年）》，全国220个地市参与了评价，并于2018年对评价指标进行了修订。党的十九大以来，各部门分别加快了在智慧城市建设领域的推进步伐，如交通运输部的《推进智慧交通发展行动计划（2017—2020年）》、工业和信息化部的《促进新一代人工智能产业发展三年行动计划（2018—2020年）》、农业农村部的《数字农业农村发展规划（2019—2025年）》、自然资源部的《自然资源部信息化建设总体方案》（2019年）等。

（4）高速发展期

这一时期的主要特征是以"新基建"提升为国家战略为契机，智慧城市建设进入高速发展的轨道，各项任务具体化，由各部门再根据各自职能专项推进智慧城市建设，将智慧城市建设细化和落到实处，成为行业管理新方向和新抓手。2020年3月31日，习近平总书记在杭州城市大脑运营指挥中心视察"数字杭州"建设情况时提到，城市大脑是建设"数字杭州"的重要举措。通过大数据、云计算、人工智能等手段推进城市治理现代化，大城市也可以更"聪明"。从信息化到智能化再到智慧化，是建设智慧城市的必由之路，前景广阔。

智慧城市相关政策的红利吸引了大量社会资本的投资。据前瞻产业研究院研究报告，2014年中国智慧城市市场规模仅0.76万亿元，2016年市场规模突破了1万亿元，2018年达到近8万亿元，并预计在2022年达到25万亿元。在"新基建"快速建设的背景下，2018年到2022年的市场规模年复合增长率将达到33.38%。《全球智慧城市支出指南》显示，2018年我国智慧城市技术相关投资规模为200.53亿美元，2019年达到约228.79亿美元，相较2018年增长了14.09%，是仅次于美国的世界上支出第二大的国家。该指南预测2023年全球智慧城市技术相关投资将达到1894.6亿美元，中国市场规模将达到389.2亿美元。

1.1.2 新型智慧城市建设面临困境

自2012年以来，各地结合"智慧城市"建设和各部委行业应用，已陆续开展信息化项目或平台建设。项目涵盖了从园区到城市等不同的应用场景，提出了行业数据汇聚和应用决策的解决方案，积累了一定的数据基础。这其中也不乏城市提出"智慧城市"的整体建设思路，旨在将信息化融入城市发展中，实现城市的高发展质量。目前，智慧城市已成"新风口"，但也存在着资源浪费、数据多效果少、重技术轻应用、路线不清晰等诸多问题。

在思想认识层面，一方面政府、市场、企业、居民等各参与方对于智慧城市的发展仍然存在概念不清、外延不明的现状。新型智慧城市的建设缺少整体性的"落地工程"，大多是在具体的业务领域，运用信息技术来拓展城市信息化的业务，对于智慧城市整体的顶层设计还十分欠缺。另一方面，各参与方对于智慧城市的（技术）复杂性认识不够深入，工作"虚夸浮躁"。一些地方决策者将智慧城市简单地理解为"上一批信息化项目"，盲目地崇拜"大数据"，崇拜"新技术"，崇拜"新设备"，盲目制定推进方案,盲目确定工作目标,忽视了本土的发展阶段、技术水平、人才构成和经济实力等,将智慧城市建设搞成"形象工程"。

在技术层面,一方面受限于行政和技术的壁垒,数据共享和业务协同的模式始终无法突破。各类数据的体量庞大,数据格式不统一,交付成果不通用,各类接口的标准不统一等具体的技术问题,使得信息孤岛和信息烟囱的现象依然存在。另外,业务的各参与方以及不同的业务阶段无法实现信息互换流转,协同管理成为难点。另一方面,关于核心技术和软件的国产化替代难度大、周期长,信息安全和信息共享等关键技术和制度不是很明确,基础信息受限于"密级"管理不得不成为"镜花水月"。

1.2 新型城镇化发展的新要求

城市是推行国家治理体系和提高国家治理能力的主要战场。改革开放以来,我国城镇化进程波澜壮阔,创造了世界城市发展史上的伟大奇迹。2022年我国常住人口城镇化率达65.22%,已经步入城镇化较快发展的中后期。在经济高速发展和城镇化快速推进过程中,人口和资源向城市快速集聚。一些城市发展注重追求速度和规模,城市规划建设管理"碎片化"问题突出,城市的整体性、系统性、宜居性、包容性和生长性不足,人居环境质量不高,一些大城市"城市病"问题突出;同时,过去"大量建设、大量消耗、大量排放"和过度房地产化的城市开发建设方式已经难以为继。

党的十八大提出新型城镇化,其核心是人的城镇化,目标是要着力提高城镇化质量,改变"重物轻人"的传统城镇化思维,把市民作为城市建设、城市发展的主体。当前,环境污染、交通堵塞、资源浪费等大城市病正制约着城市的运行和管理,市场化催生社会需求井喷式增长,城市公共政策、公共管理服务供给相对滞后。为了应对这些难题,传统技术和管理方法已经难以维系,城市向更高阶段的智慧化发展已成为必然的趋势,迫切需要识别、预测和回应公众多样化、个性化的需求,实现公共服务供给的高效化、精细化和普惠化;迫切需要发掘城市发展相关问题的特征、规律与前景,实现城市治理决策科学化、政府服务高效化、社区治理精准化。

2021年10月中共中央办公厅、国务院办公厅印发了《关于推动城乡建设绿色发展的意见》,强调落实碳达峰、碳中和目标任务,推进城市更新行动、乡村建设行动,加快转变城乡建设方式,促进经济社会发展全面绿色转型,为全面建设社会主义现代化国家奠定坚实基础；要求建立完善智慧城市建设标准和政策法规，加快推进信息技术与城市建设技术、业务、数据融合。

1.3 信息技术的新发展

当前，新一代信息技术正在席卷经济社会各个领域，成为重塑经济竞争力、重构经济秩序的重要力量。以5G、云计算、物联网、大数据、人工智能为基础的第四代信息技术（ICT）的快速发展为城市治理和社会治理提供了强大的技术支撑，给城市工作提供了新手段、新契机，推动了经济社会发展，改变了制造业、通信业、物流流通等领域的产业模式和企业形态，改变了城市政府、市场、企业、居民各城市主体的行为模式，也改变了人们生活居住的城市。

（1）5G技术促进信息顺畅流通

5G技术的出现，从表面上看只是通信速率增加，单位面积内可容纳的设备增加，但根本上是跨越了从人联网到物联网的阈值。5G与人工智能、大数据紧密结合，开启万物互联的全新时代，处理人与物、物与物之间的交流，重塑人们的生活。5G的本质是依托更广、更快、更强的无线传感的信息技术，实现了更高效、更及时的资源运用，在智能城市的电网/动力、交通、安防等方面供给了实时响应的技术支撑，获得多方面的社会效益和经济效益。

5G技术是城镇数字化转型的重要通信引擎。借助其新型无线网络架构，即"高带宽、低延时、丰富数据采集途径、更优的网络环境"，以一业带百业，实现物联网全覆盖，赋能城镇公共事务，引导政府企业科学决策，优化空间资源配置，建立精细化管理新模式，提供更加贴合民生的高质量服务，最终推动实体城镇与数字孪生城镇同步规划、同步建设、同步运行。这使得5G赋能城镇发展，推动新型城镇化高质量发展。

（2）云计算构建数字活化底座

现如今互联网技术走入了下半场，企业对系统敏捷化的诉求成了刚需，因此传统企业走向云化，核心业务实现在线化，与互联网的融合连接在广度和深度上不断拓展，围绕业务和用户的新模式在生产、技术、供应链等方面全面创新，重组生产要素及运营模式。

建设赋能实体城市的数字孪生城市有两个关键步骤：第一步，要通过物联网中的各种设备将物理世界映射到数字世界中，才能利用大数据、AI等技术对场景进行分析和处理、得出结论，指导实体城市决策；第二步，数字化产生的海量数据，需要大量的存储和计算，只有云计算才能支撑如此庞大的数据量。

依托云计算技术，可实现城市运行场景中动态数据的实时获取、汇聚、计算、分析、预测并支持决策。同时，云计算在利用强大运算能力解决各种计算需求的同时，通过计算资源集中化，大幅度降低了对终端设备的要求，从而为便携化线上协同提供了可能性。

（3）大数据技术提升科学决策能力

随着城市容量不断扩大，市民对城市交通、环境、居住等质量要求日趋增强，网格化管理和动态调控需求也越来越高，迫切需要城市管理从定性变为定量，静态变为动态，单一变为综合、滞后变为实时，以增加城市建设管理的科学性，进一步提高城市运行效率。基于海量城市基础设施部件和管理对象事件大数据的优化运作，融入更精确和智能的数字化解决方案，有助于城市建设更高效透明，让城市发展更科学化、数字化，让建设安全更有保障、城市治理更及时更全面。

大数据技术对各类城市信息化数据进行"多渠道"治理、"全领域"融通，通过对城市大数据进行直观的展示、管控和分析，可与现有相关业务系统无缝衔接，掌控城市全局信息和空间运行态势，为城市规划、工程建设、交通运输和智慧城市运行提供支撑，推动城市"规、设、建、管"全流程决策信息化、智能化、数字化和科学化，提升城市智慧化治理和科学化决策能力。

（4）物联网建构城市精细感知模式

物联网是指通过射频识别（RFID）、红外感应器、全球定位系统、激光扫描器等信息传感设备，按约定的协议，将任何物体与网络相连接，物体通过信息传播媒介进行信息交换和通信，以实现智能化识别、定位、跟踪、监管等功能。

随着城市化进程加快，城市人口激增，给城市基础设施、道路交通、公共安全、资源环境带来了巨大压力。传统的巡查方式无法满足对城市基础设施、突发事件、环境污染等的实时监控，需要利用视频、物联网传感技术、智能分析技术等对城市管理与运行状态自动、实时、全面透彻地感知，并且能够对城市管理对象和事件进行分析、报警，形成集约、共事、高效的智能感知模式，全面感知城市物理空间和虚拟空间的运行状态，形成全量信息视图。

物联网技术提供了对城市基础市政设施状态的实时监控，如城市部件、高速公路、水坝、管道系统、建筑物、石油和天然气管道等。依托物联网技术可以构建良好的公共服务平台，以此来促进人们与城市基础设施的数据信息交互，有效解决城市公共服务过程中存在的问题。

物联网技术提供了对城市环境的实时态势感知，如城市重点污染源监测、重点河段水质监测、城市噪声监测系统、城市大气污染监测等。通过这些基于物联感知的环境监测，可实时发现并总结各种类型的污染源。通过信息传输，可实时指导现场处理，从而提高工作效率和降低工作成本。

物联网技术提供了对交通路况的提前分析和根据拥堵情况的实时预警，能更好地改善交通运输，也能提高运输的安全性和高效性，增加城市运输项目的整体经济效益。通过智能化设备还能对运输的路线、运输的效率和运输车辆进行正确选择，使交通运输可以创造出更高的经济价值。

（5）地理信息技术提供更精准的位置信息

从广义上来讲，地理信息技术包括地理信息系统（GIS）、遥感技术（RS）、全球导航卫星系统（GNSS）。三项技术取长补短、结合应用，三者之间的相互作用形成了"一个大脑，两只眼睛"的框架，GIS从RS和GNSS提供的数据中提取有用信息并进行综合集成，构成对空间数据实时进行采集、更新、处理、分析及为各种实际应用提供科学的决策咨询的强大技术体系。

位置是各类空间的基础性和关键性要素，包括室内定位导航等，基于位置的服务正在向智慧感知、分析和决策控制演进。有了空间位置，我们才能够进行各种各样的活动分析和预测。地理信息技术经过国内外多年发展，从传统的全站仪、航空摄影、动态定位到现在的大数据、云计算、人工智能等新一代信息技术的应用，在对复杂地理场景的感知，空间建模、服务推送等方面，迎来了转型升级的时代，当前位置服务的应用领域、应用模式、信息内容、分析方法、展现方式等正在发生显著变化，用新技术来提供位置服务已成为必然趋势。城市各个区域的细节情况，无论是位置、交通、水文、气候等自然特征，还是其他的一些人文特征，都可以通过地理信息技术的应用获取到，提供高精度的实时测绘基准定位、高精度大地水准面，按需定制地形图、专题图、内容丰富的高精度基础地理信息数据和多时态的增量数据，最大化地满足人们对地理位置空间的需求。地理信息技术的应用越来越为广泛，通过构建地理信息体系，能够实现地理空间数据的精准位置采集，从而为信息化建设提供数据支撑。

1.4 CIM的提出

我国智慧城市建设不仅受新一代信息技术本身的驱使，而且还受到我国新型城镇化发展的内在需求驱动。当前我国的城市建设已进入城市更新时期，建设智慧城市是城市更新的重要目标，这就需要对传统城市建设与治理方式进行信息化、智能化的再造和革新。新一代信息技术的兴起和广泛应用，为城镇化与信息化的深度融合提供了强有力的支撑，将对城市管理能力和社会治理能力的现代化提升产生深远影响，也会及时赋能城市的高质量发展。为了有效解决智慧城市建设中数据共享、业务协同、决策精准的痛点和难点问题，CIM近几年被广泛关注。CIM主要目的是提供一种有效的方法，描述和组织与城市生长、管理相关的信息与技术。这一思路是借鉴了建筑信息模型（Building Information Modeling，简称BIM）领域的成功经验。BIM是将设计、施工、建造、运维全生命周期的建筑信息汇聚关联到三维建筑模型之上，方便信息直观共享，设计团队、施工单位、生产厂家、设施运营部门和业主等各方人员可以基于BIM进行协同工作。CIM平台融合了大场景GIS数据/技术，中小场景BIM数据/技术和物联网IoT数据/技术等，面向新型城镇化的需求，为城市的精细化治理和智慧城市建设提供全要素的"三维空间数据底板"。

基于国内目前对于CIM的研究和应用现状，业内普遍的共识是：CIM是以BIM、GIS、物联网（IoT）等技术为基础，整合城市地上地下、室内室外、历史现状未来多维多尺度信息模型数据和城市感知数据，共同构建起城市三维空间数据底板。对BIM、GIS、IoT进行数据采集与模型建构之后所形成的CIM，使得数字技术的应用维度，从单体工程尺度延展到真实的城市、区域与全国尺度，从而为城市级的精细化治理提供了基础性操作平台。

CIM基础平台是CIM得以运行和管理的有效环境。基于CIM基础平台可实现城市海量数据的汇聚、有效的数据治理以及基础共性的模拟仿真，进而为城市规划、建设、管理、运行提供支撑。CIM基础平台的建设是推进新型智慧城市建设中的重要信息基础设施，也是开展城市更新行动、建设新型城市基础设施、提升城市治理能力现代化工作中的重要"桥头堡"。

第2章

CIM的发展

2.1 我国CIM的发展历程

CIM近年来在学术界和实践中被广泛提及，各地也纷纷开展了CIM基础平台的建设工作。按照中央的有关部署，住房和城乡建设部自2018年起，在发展BIM的基础上，联合多部委开始推进CIM工作，先后在CIM基础平台的试点探索、政策研究、标准发布等方面做了系列工作。同时，住房和城乡建设部、工业和信息化部、科学技术部、中央网信办等多个部委协同工作，陆续开展了CIM基础平台建设中的软件研发、关键技术攻关、政策研究等工作。

2018年3月住房和城乡建设部印发《关于开展运用BIM系统进行工程建设项目报建并与"多规合一"管理平台衔接试点工作的函》，提到在广州、厦门开展运用BIM系统进行工程建设项目报建并与"多规合一"管理平台衔接的试点工作。通过改造BIM报建系统进行工程建设项目电子化报建，提高项目报建审批数字化和信息化水平，并将改造成的BIM报建系统与"多规合一"管理平台衔接，逐步实现工程建设项目电子化审查审批，推动建设领域信息化、数字化、智能化建设，为智慧城市建设奠定基础，并对试点城市（地区）政府提出了相关试点任务和试点要求。

2018年11月住房和城乡建设部印发《关于开展运用建筑信息模型系统进行工程建设项目审查审批和城市信息模型平台建设试点工作的函》，提到在北京城市副中心、南京市和雄安新区开展运用建筑信息模型（BIM）系统进行工程建设项目审查审批和CIM平台建设试点工作。通过建设基于"多规合一"管理平台的BIM审查审批系统，逐步实现工程建设项目全生命周期的电子化审查审批，促进工程建设项目规划、设计、建设、管理、运营全周期一体联动，并在此基础上探索建设CIM平台，为建设智慧城市提供可复制可推广的经验，并对试点城市（地区）政府提出了相关试点任务和试点要求。

2019年6月住房和城乡建设部印发《关于开展城市信息模型（CIM）平台建设试点工作的函》，在广州、南京开展CIM平台建设试点工作，并对试点城市（地区）政府提出了相关试点任务和试点要求。

2020年11月，住房和城乡建设部印发《关于同意中新天津生态城开展城市信息模型（CIM）平台建设试点的函》，中新天津生态城开始探索CIM平台建设。

与此同时，2020年以来结合新型城市基础设施建设（简称"新城建"）的具体工作，住房和城乡建设部开始分批在重庆、成都等21个城市推进新城建试点工作，CIM基础平台建设是必选的试点工作内容。

2018年以来，各地试点通过融合遥感信息、城市多维地理信息、建筑及地上地下设施的建筑信息模型、城市感知信息等多源信息，探索建立表达和管理城市三维空间全要素的CIM基础平台。试点经验证明，CIM基础平台是现代城市的新型基础设施，是城市空间大数据底座，是数字城市、智慧城市的操作系统，是政府实现城市精细化管理的解决方案，可以推动城市物理空间数字化和各领域数据、技术、业务融合，推进城市规划建设管理的信息化、智能化和智慧化，对推进国家治理体系和治理能力现代化具有重要意义。

在总结试点经验的基础上，2020年6月住房和城乡建设部、工业和信息化部、中央网信办联合印发《关于开展城市信息模型（CIM）基础平台建设的指导意见》，文中提到全面推进城市CIM基础平台建设和CIM基础平台在城市规划建设管理领域的广泛应用，提升城市精细化、智慧化管理水平。构建国家、省、市三级CIM基础平台体系，逐步实现城市级CIM基础平台与国家级、省级CIM基础平台的互联互通。同年，住房和城乡建设部联合六部委下发《关于加快推进新型城市基础设施建设的指导意见》，并在太原、苏州、杭州、深圳、佛山、重庆、贵阳、青岛等城市分批开展新型城市基础设施建设的试点工作，其中CIM基础平台建设为各试点必选的建设任务。

2021年4月住房和城乡建设部办公厅发布6项CIM行业标准的征求意见稿，即《城市信息模型平台竣工验收备案数据标准（征求意见稿）》《城市信息模型数据加工技术标准（征求意见稿）》《城市信息模型基础平台技术标准（征求意见稿）》《城市信息模型平台施工图审查数据标准（征求意见稿）》《城市信息模型平台建设工程规划报批数据标准（征求意见稿）》《城市信息模型平台建设用地规划管理数据标准（征求意见稿）》。2021年9月住房和城乡建设部办公厅发布《城市信息模型应用统一标准》行业标准的征求意见稿。2022年1月《城市信息模型基础平台技术标准》CJJ/T 315—2022发布。城市信息模型行业标准的出台有利于加快CIM基础平台的建设，为CIM技术的广泛推广与深度应用营造良好的发展环境，为数字城市、智慧城市建设提供助力。

2.2 CIM的发展现状和试点

2.2.1 国内外CIM技术的发展现状

CIM是管理城市复杂空间中各类要素、各种维度的综合信息模型，同时也是管理城市孪生信息空间的管理平台。CIM最关键的内涵是为智慧城市建立一个全息、综合的数据平台，以信息化的手段为各领域的业务协同和城市的规划、建设、管理、全生命周期的城市治理提供支撑。

建设CIM基础平台是智慧城市建设的必修课，但CIM基础平台与各领域的智慧平台和城市现有信息化平台建设并行不悖，基于CIM基础平台将实现数据的充分融合汇聚，赋能于智慧城市的城市治理和社会治理。在CIM领域，我国自2018年以来发展迅速，已经形成了理论探索、软件研发、标准编制、实际项目落地同步进行的局面。当前，在BIM软件技术、标准体系等领域国际的发展先于我国，而CIM的发展在国内外均属于探索阶段，这是我国在信息化赋能智慧城市建设领域"弯道超车"的良好机遇。但必须认识到，未来我国发展CIM领域，仍面临关键软件自主能力弱，海量数据存储和分析技术不成熟，标准体系不健全等突出问题，需要国家、地方、企业的多方参与，从顶层设计、平台建设、软件开发、数据治理和应用体系等方面全盘考虑，形成一整套赋能智慧城市建设的CIM解决方案。

2.2.2 CIM基础平台的试点工作

自2018年起，住房和城乡建设部先后在北京城市副中心、广州、南京、厦门、雄安新区、中新天津生态城等地开展BIM/CIM试点工作，探索运用BIM技术开展工程建设项目审查审批，以及CIM基础平台的建设工作。各试点城市的相关项目与主要建设内容如表2-1所示。

试点城市CIM基础平台建设内容概览 表2-1

试点城市/项目	建设内容
南京市审查审批系统和城市信息模型平台（CIM）建设试点项目——CIM平台（V1.0）	（1）构建一套标准规范； （2）建设一个数据库； （3）构建一个CIM基础平台； （4）一套审查审批系统； （5）系统集成与衔接； （6）试点项目样例验证

试点城市/项目	建设内容
广州市城市信息模型（CIM）平台项目（一期）	（1）构建一个数据库； （2）构建一个基础平台； （3）建设一个智慧城市一体化运营中心； （4）构建两个基于审批制度改革的辅助系统； （5）开发基于CIM的统一业务办理平台
厦门运用BIM系统进行工程建设项目报建并与"多规合一"管理平台衔接试点工作	（1）构建一套标准规范； （2）构建全市二三维空间数据库； （3）构建建设项目报建辅助审查系统； （4）建设CIM基础平台，统一提供空间信息应用和可视化能力； （5）集成与衔接CIM+应用
雄安新区规划建设BIM管理平台（一期）项目	（1）一个平台——雄安新区规划建设BIM管理平台（一期），包括数据层、应用支撑层、应用层，覆盖现状空间（BIM0）—总体规划（BIM1）—详细规划（BIM2）—设计方案（BIM3）—工程施工（BIM4）—工程竣工（BIM5）六大环节的展示、查询、交互、审批、决策等服务，实现对雄安新区生长全过程的记录、管控与管理； （2）一套标准——数据管理标准体系。研究编制覆盖规划、建筑、市政和地质等4个专业的《数字雄安规划建设管理数据标准》，并结合XDB（雄安新区规划建设BIM管理平台（一期）数字化交付数据标准）数据转换标准实现新区规划建设管理六个BIM阶段数据的全流程打通，为数字空间现实化以及现实空间数字化制定准绳
中新天津生态城	（1）一个CIM三维底板数据库； （2）一个CIM基础平台； （3）八大智慧应用系统
苏州	（1）一个图审数据中心； （2）一个BIM智能审查业务平台； （3）一个BIM智能数字施工图审查工具系统； （4）审查相关标准编制
青岛	（1）建设一个CIM基础平台； （2）建设一个CIM数据中心； （3）建设一批CIM+示范应用

| 第3章 |

推进CIM基础平台建设的相关政策要求

近年来，为了进一步贯彻党中央、国务院关于网络强国、数字中国的系列部署要求，促进数字经济发展，加强数字中国建设总体布局，住房和城乡建设部等多个部门共同推动CIM基础平台的建设工作，自2018年起相继发布CIM基础平台的系列标准、政策和技术性指引文件，逐步规范和指导CIM基础平台的建设工作。目前，CIM基础平台建设已被写入国家"十四五"信息化规划、数字经济规划、科技创新规划等"十四五"系列规划文件，并将CIM基础平台建设作为推动城市治理现代化、助力智慧城市和数字孪生城市等建设的重要支撑。

3.1 国家相关政策要求

（1）《中华人民共和国国民经济和社会发展第十三个五年规划纲要》

2016年3月，十二届全国人大四次会议审查通过了《中华人民共和国国民经济和社会发展第十三个五年规划纲要》，纲要中提出"牢牢把握信息技术变革趋势，实施网络强国战略，加快建设数字中国，推动信息技术与经济社会发展深度融合，加快推动信息经济发展壮大"。"十三五"时期，我国深入实施数字经济发展战略，对经济社会发展发挥了明显的引领带动作用，2019年新冠肺炎疫情发生以来，数字经济为经济社会持续健康发展提供了强大动力，新业态新模式快速发展，在支持抗击疫情、保障生产生活等方面发挥了重要作用。加快推动数字经济、建设数字中国，更好服务和融入新发展格局，是引领中国迈向经济强国的重要引擎。

（2）党的十九大报告

2017年10月，党的十九大报告提出要加快建设创新型国家。要瞄准世界科技前沿，强化基础研究，实现前瞻性基础研究、引领性原创成果重大突破。加强应用基础研究，拓展实施国家重大科技项目，突出关键共性技术、前沿引领技术、现代工程技术、颠覆性技术创新，为建设科技强国、质量强国、航天强国、网络强国、交通强国、数字中国、智慧社会提供有力支撑。

（3）网络强国战略系列部署

自党的十九大报告提出"网络强国、数字中国、智慧社会"的重大战略部署之后，习近平总书记多次对于网络强国做出了重要论述，指出要推进政府管理和社会治理模式创新，实现政府决策科学化、社会治理精准化、公共服务高效化，提升国家和城市治理能力现代化。提出要以推行电子政务、建设新型智慧城市等为抓手，以数据集中和共享为途径，推进技术融合、业务融合、数据融合，打通信息壁垒，实现跨层级、跨地域、跨系统、跨部门、跨业务的协同管理和服务，推进政府决策科学化、社会治理精准化、公共服务高效化，用信息化手段更好感知社会态势、畅通沟通渠道、辅助决策施政。

（4）《中华人民共和国国民经济和社会发展第十四个五年规划和2035年远景目标纲要》

2021年3月，十三届全国人大四次会议通过《中华人民共和国国民经济和社会发展第十四个五年规划和2035年远景目标纲要》，提出分级分类推进新型智慧城市建设，将物联网感知设施、通信系统等纳入公共基础设施统一规划建设，推进市政公用设施、建筑等物联网应用和智能化改造。完善城市信息模型平台和运行管理服务平台，构建城市数据资源体系，推进城市数据大脑建设，探索建设数字孪生城市。

（5）《关于推动城乡建设绿色发展的意见》

2021年10月，中共中央办公厅、国务院办公厅印发了《关于推动城乡建设绿色发展的意见》，提出推进城市更新行动、乡村建设行动，加快转变城乡建设方式，促进经济社会发展全面绿色转型，为全面建设社会主义现代化国家奠定坚实基础。其中，在创新方法中提出要推动城市智慧化建设。建立完善智慧城市建设标准和政策法规，加快推进信息技术与城市建设技术、业务、数据融合。开展城市信息模型平台建设，推动建筑信息模型深化应用，推进工程建设项目智能化管理，促进城市建设及运营模式变革。

（6）《关于加强数字政府建设的指导意见》

2022年4月，中央全面深化改革委员会第二十五次会议审议通过了《关于加强数字政府建设的指导意见》等。习近平总书记在主持会议时强调，要全面贯彻网络强国战略，把数字技术广泛应用于政府管理服务，推动政府数字化、智能化运行，为推进国家治理体系和治理能力现代化提供有力支撑。该意见提出要打造泛在可及、智慧便捷、公平普惠的数字化服务体系，让百姓少跑腿、数据多跑路；要以数字化改革助力政府职能转变，统筹推进各行业各领域政务应用系统集约建设、互联互通、协同联动，发挥数字化在政府履行经济调节、市场监管、社会管理、公共服务、生态环境保护等方面职能的重要支撑作用，构建协同高效的政府数字化履职能力体系；要强化系统观念，健全科学规范的数字政府建设制度体系，依法依规促进数据高效共享和有序开发利用，统筹推进技术融合、业务融合、数据融合，提升跨层级、跨地域、跨系统、跨部门、跨业务的协同管理和服务水平。

（7）"十四五"期间系列规划

2022年1月，《国务院关于印发"十四五"数字经济发展规划的通知》中，提出推动数字城乡融合发展。完善城市信息模型平台和运行管理服务平台。此外，在《"十四五"国家科技创新规划》《"十四五"国家信息化规划》《"十四五"新型基础设施建设规划》等重要"十四五"规划文件中均明确提出推进城市信息模型平台建设的相关工作内容。

（8）党的二十大报告

2022年10月，党的二十大报告提出建设现代化产业体系。坚持把发展经济的着力点放在实体经济上，推进新型工业化，加快建设制造强国、质量强国、航天强国、交通强国、数字中国。同时提出坚持人民城市人民建、人民城市为人民，提高城市规划、建设、治理水平，加快转变超大特大城市发展方式，实施城市更新行动。加强城市基础设施建设，打造宜居、韧性、智慧城市。

3.2 CIM顶层政策制度

2018年11月12日，根据《关于开展〈"多规合一"信息平台技术标准〉工程建设行业标准制订工作的函》，住房和城乡建设部组织住房和城乡建设部城乡规划管理中心等单位起草了行业标准《"多规合一"业务协同平台技术标准（征求意见稿）》，文件首次提到了CIM的概念。2019年9月《工程建设项目业务协同平台技术标准》CJJ/T 296—2019中，强调BIM与CIM成为协同平台重点，有条件的城市可在BIM应用的基础上建立CIM。

（1）《关于开展城市信息模型（CIM）基础平台建设的指导意见》

2020年6月，住房和城乡建设部、工业和信息化部、中央网信办印发《关于开展城市信息模型（CIM）基础平台建设的指导意见》（以下简称《指导意见》），对CIM基础平台建设工作进行了全面的指导，在加快我国CIM平台建设应用方面具有重要的意义。

1）明确了CIM基础平台建设的意义和目标

为了贯彻落实党中央、国务院对于网络强国的重要指示，住房和城乡建设部近年来在广州、南京、厦门等地区开展的CIM基础平台试点的经验证明，CIM基础平台是现代城市的新型基础设施，是智慧城市建设的重要支撑，可以推动城市物理空间数字化和各领域数据、技术、业务融合，推进城市规划建设管理的信息化、智能化和智慧化，对推进国家治理体系和治理能力现代化具有重要意义。

在此基础上，《指导意见》明确了要构建国家、省、市三级CIM基础平台体系，逐步实现城市级CIM基础平台与国家级、省级CIM基础平台的互联互通。同时，对超大和特大城市、省会城市、地级市以及中小城市等做了分步建设安排。

2）规定了CIM基础平台建设的基本原则

充分考虑到政府主导、循序渐进、因地制宜、以用促建、融合共享、安全可靠、产用结合、协同突破。CIM基础平台建设跨多部门、多领域、多主体，要坚持政府主导、部门合作，加强政策、资金、项目的保障。此外CIM基础平台建设应遵循统一规划、统一标准，充分利用和整合城市现有数据信息和网络平台资源，推动CIM基础平台与各信息平台的融合共享。

3）提出了CIM基础平台建设的具体内容

明确了CIM基础平台是城市规划、建设、管理、运行工作的基础性操作平台，是智慧城市的基础性、关键性和实体性的信息基础设施。基于CIM基础平台推动数据、业务、汇聚。提出了CIM基础平台建设的具体内容为：一是建立基础数据库。明确CIM基础平台应构建包括基础地理信息、建筑物和基础设施的三维数字模型、标准化地址库等信息的CIM基础数据库。二是提出要完善平台相关的技术标准、数据标准和应用标准。三是提出CIM基础平台的基础功能应支持数据管理、数据汇聚、支撑"CIM+"等平台应用模式。四是健全数据汇聚和更新机制、平台运行维护机制、安全保障制度。五是推进"CIM+"平台应用。优先推进CIM基础平台在城市建设管理领域的示范应用，积极探索CIM基础平台在城市体检、城市安全、智能建造、智能汽车、智慧市政、智慧园林、智慧水务、智慧社区以及城市综合管理等领域的应用，逐步深化CIM基础平台在人口管理、政务服务、疫情防控、应急管理、环境保护以及智慧交通、智慧文旅、智慧医疗、智慧商业等领域的应用。

（2）《城市信息模型（CIM）基础平台技术导则》

作为《指导意见》的配套性技术文件，2020年9月由住房和城乡建设部发布《城市信息模型（CIM）基础平台技术导则》（以下简称《技术导则》），指导城市级CIM基础平台及其相关应用的建设和运维。

《技术导则》总结广州、南京等城市试点经验，提出CIM基础平台建设在平台构成、功能、数据、运维等方面的技术要求。起草过程中广泛征求了试点城市管理部门、科研机构、行业专家的意见。《技术导则》共7章，主要内容包括：总则、术语、基本规定、平台功能、平台数据、平台运维、平台性能要求。

《技术导则》是CIM系列标准出台前指导各地CIM基础平台落地建设的重要技术和政策性文件，历经一年多的时间，得到了各方的积极响应和广泛讨论。CIM基础平台发展历程短、势头强劲，各界都是在实践中不断取得共识，平台建设也是在实践中不断迭代，一些CIM基础平台的理论和技术性要求需要根据实践需求进一步修订。《技术导则》试行以来，一些地方反映CIM基础平台建设的技术性要求较高、数据构成复杂、实际建设门槛较高。

2021年6月住房和城乡建设部发布了《城市信息模型（CIM）基础平台技术导则》（修订版）（以下简称《技术导则》修订版）。新版导则主要明确了CIM相关概念、CIM分级分类、CIM数据内容与构成、CIM基础平台定位、架构、对外联系、功能和运维等内容。

在技术要求上，《技术导则》修订版CIM分级从数据源精细度方面考虑，综合对比分析城市三维模型、CityGML分级及建筑信息模型（BIM）等标准的分级层次，提出从地表模型到零件级模型逐渐精细的七级CIM模型及其特征。CIM分类方面，在国内外BIM分类标准的基础上，以领域扩展思路对CIM采用面分类法进行扩展分类，从成果、进程、资源、属性和应用五大维度提出分类方法及编码规则。

在数据构成上，《技术导则》修订版大幅精简了CIM基础平台的必选数据内容与构成，目前调整后必选的数据内容包括"行政区划、数字高程模型、建筑三维模型（白模，含建筑统一编码等属性）、实有单位、实有人口、标准地址"六项，同时明确了"一标三实"数据（标准地址、实有房屋、实有人口、实有单位）在CIM模型中的关联关系。

（3）《关于加快推进新型城市基础设施建设的指导意见》

为贯彻落实党中央、国务院关于实施扩大内需战略、加强新型基础设施和新型城镇化建设的决策部署，2020年8月，住房和城乡建设部会同中央网信办、科技部等六部委联合印发了《关于加快推进新型城市基础设施建设的指导意见》，加快推进基于信息化、数字化、智能化的新型城市基础设施建设（简称"新城建"），以"新城建"对接"新基建"，引领城市转型升级，推进城市现代化，整体提升城市的建设水平和运行效率。

"新城建"主要任务包括：全面推进CIM平台建设、推动智能化市政基础设施建设和更新改造、协同发展智慧城市和智能网联汽车、加快推进智慧社区建设、推动智能建造和建筑工业化协同发展、建设城市运行管理服务平台六个方面的内容。其中，CIM基础平台为其他五项任务提供信息基础设施，支撑新城建其他各项任务。

（4）《实施城市更新行动》解读

党的十九届五中全会通过的《中共中央关于制定国民经济和社会发展第十四个五年规划和二〇三五年远景目标的建议》明确提出实施城市更新行动。这是以习近平同志为核心的党中央站在全面建设社会主义现代化国家、实现中华民族伟大复兴中国梦的战略高度，准确研判我国城市发展新形势，对进一步提升城市发展质量作出的重大决策部署，为"十四五"乃至今后一个时期做好城市工作指明了方向，明确了目标任务。2020年11月住房和城乡建设部时任部长王蒙徽撰写的《实施城市更新行动》解读文章中，提出加快推进基于信息化、数字化、智能化的新型城市基础设施建设和改造，全面提升城市建设水平和运行效率。加快推进CIM平台建设，打造智慧城市的基础操作平台。实施智能化市政基础设施建设和改造，提高运行效率和安全性能。协同发展智慧城市与智能网联汽车，打造智慧出行平台"车城网"。推进智慧社区建设，实现社区智能化管理。

（5）CIM基础平台建设的相关国家政策文件梳理

自2018年开始，鉴于CIM基础平台在智慧城市建设和大力提升城市治理能力现代化中的突出作用，住房和城乡建设部、工业和信息化部、国家发展改革委、科技部等陆续在CIM/BIM基础软件攻关、CIM关键技术突破、CIM相关产业生态培育方面出台了系列政策文件，鼓励CIM基础平台的建设和发展。具体发布的相关政策如表3-1所示。

国家CIM基础平台相关政策节选　　　　　　　表3-1

政策及动态名称	发布机关	时间	内容摘要
《关于开展运用BIM进行工程建设项目审查审批和CIM基础平台建设试点工作的函》	住房和城乡建设部	2018年以来	将北京城市副中心、广州、厦门、雄安新区、南京、中新天津生态城列入"运用建筑信息模型（BIM）进行工程项目审查审批和CIM平台建设"试点城市
《"多规合一"业务协同平台技术标准（征求意见稿）》	住房和城乡建设部	2018/11	有条件的城市，可在BIM应用的基础上建立CIM
《关于全面开展工程建设项目审批制度改革的实施意见》	国务院办公厅	2019/03	提出"统一信息数据平台"，建立完善工程建设项目审批管理系统
《工程建设项目业务协同平台技术标准》CJJ/T 296—2019	住房和城乡建设部	2019/03	CIM应用应包含辅助工程建设项目业务协同审批功能，可包含辅助城市智能化运行管理功能
《关于组织申报2019年科学技术计划项目的通知》	住房和城乡建设部	2019/06	将CIM关键技术研究与示范列入2019年重大科技攻关项目
《产业结构调整指导目录（2019年本）》	国家发展改革委	2019/10	将基于大数据、物联网、GIS等为基础的CIM相关技术开发与应用，作为城镇基础设施鼓励性产业支持
全国住房和城乡建设工作会议	住房和城乡建设部	2019/12	会议强调"加快构建部、省、市三级CIM基础平台建设框架体系"
《关于开展城市信息模型（CIM）基础平台建设的指导意见》	住房和城乡建设部等3部委	2020/06	建设基础性、关键性的CIM基础平台，构建城市三维空间数据底板，推进CIM基础平台在城市规划建设管理和其他行业领域的广泛应用
《关于推动智能建造与建筑工业化协同发展的指导意见》	住房和城乡建设部等13部委	2020/07	推动各地加快研发适用于政府服务和决策的信息系统，探索建立大数据辅助科学决策和市场监管的机制，完善数字化成果交付、审查和存档管理体系。通过融合遥感信息、城市多维地理信息、建筑及地上地下设施的BIM、城市感知信息等多源信息，探索建立表达和管理城市三维空间全要素的CIM基础平台
《关于加快推进新型城市基础设施建设的指导意见》	住房和城乡建设部等7部委	2020/08	全面推进CIM平台建设，深入总结试点经验，在全国各级城市推进CIM基础平台建设，打造智慧城市的基础平台

政策及动态名称	发布机关	时间	内容摘要
《关于加快新型建筑工业化发展的若干意见》	住房和城乡建设部等9部委	2020/08	试点推进BIM报建审批和施工图BIM审图模式，推进与CIM平台的融通联动，提高信息化监管能力，提高建筑行业全产业链资源配置效率
《关于印发〈城市信息模型（CIM）基础平台技术导则〉的通知》	住房和城乡建设部	2020/09	对CIM基础平台的定义、构成、特性、功能组成、平台数据体系、平台运维软硬件环境、维护管理、安全保障、平台性能要求做出了明确的说明，是城市级CIM基础平台及相关应用建设和运维的技术指导
《关于以新业态新模式引领新兴消费加快发展的意见》	国务院办公厅	2020/09	推动CIM基础平台建设，支持城市规划建设管理多场景应用，促进城市基础设施数字化和城市建设数据汇聚
《关于加强城市地下市政基础设施建设的指导意见》	住房和城乡建设部	2020/12	有条件的地区要将综合管理信息平台与CIM基础平台深度融合，与国土空间基础信息平台充分衔接，扩展完善实时监控、模拟仿真、事故预警等功能，逐步实现管理精细化、智能化、科学化
《中华人民共和国国民经济和社会发展第十四个五年规划和2035年远景目标纲要》	国务院	2021/03	完善CIM平台和运行管理服务平台，构建城市数据资源体系，推进城市数据大脑建设
《关于印发〈加快培育新型消费实施方案〉的通知》	国家发展改革委等28部门	2021/03	推动CIM基础平台建设，支持城市规划建设管理多场景应用，促进城市基础设施数字化和城市建设数据汇聚
《关于印发绿色建造技术导则（试行）的通知》	住房和城乡建设部	2021/03	宜推进BIM与项目、企业管理信息系统的集成应用，推动BIM与CIM平台以及建筑产业互联网的融通联动
《关于推动城乡建设绿色发展的意见》	中共中央办公厅、国务院办公厅	2021/10	开展CIM平台建设，推动建筑信息模型深化应用，推进工程建设项目智能化管理，促进城市建设及运营模式变革。搭建城市运行管理服务平台，加强对市政基础设施、城市环境、城市交通、城市防灾的智慧化管理，推动城市地下空间信息化、智能化管控，提升城市安全风险监测预警水平
《关于印发"十四五"数字经济发展规划的通知》	国务院	2021/12	深化新型智慧城市建设，推动城市数据整合共享和业务协同，提升城市综合管理服务能力，完善CIM平台和运行管理服务平台，因地制宜构建数字孪生城市

政策及动态名称	发布机关	时间	内容摘要
全国住房和城乡建设工作会议	住房和城乡建设部	2022/01	构建国家、省、市三级CIM基础平台体系，深入推进智能市政、智慧社区、智能建造，协同发展智慧城市与智能网联汽车。组织开展绿色低碳、人居环境品质提升、防灾减灾、CIM平台等技术攻关
《城市信息模型基础平台技术标准》CJJ/T 315—2022	住房和城乡建设部	2022/01	行业标准。适用于CIM基础平台的建设、管理和运行维护
全国住房和城乡建设工作会议	住房和城乡建设部	2023/01	推进城市信息模型（CIM）基础平台等新型城市基础设施建设

3.3 各地相关政策要求

在国家相关政策的号召和CIM顶层制度的安排下，各地也积极探索了CIM基础平台建设工作，具体如表3-2所示。截至2021年底，南京、广州等城市完成CIM基础平台（一期）的验收工作。据调查，截至2023年1月，全国已有深圳、济南、杭州、佛山等近90个城市开始推进城市级CIM基础平台建设。

另有黑龙江等少数一些省份已经开始从省级层面，探索推进省级CIM基础平台建设。其中，辽宁等省份同步开展了CIM基础平台相关技术标准的编制工作。例如，辽宁省发布了《辽宁省城市信息模型（CIM）基础平台建设运维标准》，湖南省发布了《湖南省BIM审查系统技术标准》。

各地推进CIM基础平台相关政策文件节选　　　　　　　　表3-2

政策及动态名称	发布机关	时间	内容摘要
《雄安新区工程建设项目招标投标管理办法（试行）》	河北雄安新区管理委员会	2019/01	在招标投标活动中，全面推行建筑信息模型（BIM）、CIM技术，实现工程建设项目全生命周期管理
《浙江省未来社区建设试点工作方案》	浙江省人民政府	2019/03	到2021年底，浙江计划培育建设省级试点100个左右，搭建数字化规建管平台，构建社区建设模型（CIM）平台，实现规划、设计、建设全流程数字化，建立数字社区基底

政策及动态名称	发布机关	时间	内容摘要
《运用建筑信息模型系统进行工程建设项目审查审批和城市信息模型平台建设试点工作方案》	南京市人民政府办公厅	2019/08	集成现有信息资源，探索建设CIM基础平台；以建设项目BIM规划报建审批为切入点，深化完善CIM基础平台
《2020年建设科技与对外合作工作要点》	重庆市住房和城乡建设委员会	2020/03	以数据赋能治理为核心，打造基于BIM基础软件的CIM基础平台，并逐步拓展城市级应用，建设基于数字孪生的新型智慧城市CIM示范项目
《南京市数字经济发展三年行动计划（2020—2022年）》	南京市人民政府	2020/04	南京市推进数字产业的创新发展，推动数字经济与实体经济相融合打造数字政府和数字孪生城市。构建国土空间基础信息平台、智慧南京时空大数据平台和CIM平台，建立规划资源一体化审批服务系统
《厦门市推进BIM应用和CIM基础平台建设2020—2021年工作方案》	厦门市"多规合一"领导小组办公室	2020/09	制定CIM标准和配套政策，扩大CIM基础平台建设优势，强化试点片区的示范作用形成可复制的厦门经验，开展CIM关键技术专题研究，提升城市的空间治理能力
《关于促进建筑业转型升级高质量发展的意见》	江西省政府办公厅	2020/11	江西试点推进BIM报建审批和施工图BIM审图模式，推进与CIM平台的融通联动，提高信息化监管能力，提高建筑行业全产业链资源配置效率
《北京市"十四五"时期智慧城市发展行动纲要（公众征求意见稿）》	北京市经济和信息化局	2020/11	基于"时空一张图"推进"多规合一"。探索试点区域基于CIM的"规、建、管、运"一体联动
《深圳市人民政府关于加快智慧城市和数字政府建设的若干意见》	深圳市人民政府	2020/12	依托地理信息系统（GIS）、建筑信息模型（BIM）、CIM等数字化手段，开展全域高精度三维城市建模，加强国土空间等数据治理，构建可视化城市空间数字平台
《市政府办公室转发关于加快推进建筑信息模型（BIM）应用的指导意见的通知》	苏州市人民政府办公室	2020/12	深入实施创新驱动发展战略，推动BIM技术的发展和与信息、工业、智能化的深入融合，为CIM和新城建的全面推进提供强有力支撑

政策及动态名称	发布机关	时间	内容摘要
《济南市加快推进新型城市基础设施建设试点及产业链发展实施方案》	济南市政府办公厅	2021/01	推进CIM平台建设、推动智能建造与建筑工业化协同发展、加快智慧物业建设和建设城市运行管理服务平台4项主要任务，同步推进绿色建筑、装配式建筑、传统建筑业高质量发展、BIM（建筑信息模型）、装饰装修、智慧建筑和市政公用7条"新城建"产业链发展工作
《甘肃省住房和城乡建设厅等关于推动智能建造与建筑工业化协同发展的实施意见》	甘肃省住房和城乡建设厅等12个部门	2021/01	探索建立融合遥感信息、城市多维地理信息、建筑及地上地下设施的建筑信息模型、城市感知信息等多源信息，能够表达和管理城市三维空间全要素的CIM基础平台，全面推进CIM基础平台在城市规划建设管理领域的广泛应用，提升城市精细化、智慧化管理水平
《天津市新型基础设施建设三年行动方案（2021—2023年）》	天津市人民政府办公厅	2021/02	推进CIM平台建设，汇集各类地上、地表、地下数据，实现数字化多规合一。开展城市服务创新应用，打造触手可及的智能生活服务圈
《河南省推进新型基础设施建设行动计划（2021—2023年）》	河南省人民政府办公厅	2021/04	依托省市一体化政务云等资源，建设新型智慧城市统一中枢平台，开展城市治理智能化创新应用。推进CIM建设。加快数字城管向智慧城管升级，实施智能化市政基础设施建设和改造，协同推动智能网联汽车发展试点
《湖北省数字住建行动计划（2021—2025年）》	湖北省住房和城乡建设厅	2021/06	省级统筹建设CIM基础平台，利用三维GIS、BIM、物联网等技术，在国家统一时空基准下，整合时空基础、规划管控、资料调查、物联网感知等基础数据，采集省、市、县、乡、村五级房屋建筑和市政公用设施历史信息、现状信息以及地上地下、室内室外的信息和城乡感知数据，开展数据清洗和转换建模，构建全要素的CIM基础平台数据库

政策及动态名称	发布机关	时间	内容摘要
《湖南省城市信息模型基础数据标准》DBJ43/T 531—2022	湖南省住房和城乡建设厅	2022/01	该标准对湖南省全省各级城市CIM基础数据进行规范，对CIM基础平台的数据汇聚和共享应用起到重要的指导作用
《湖南省城市信息模型平台建设运维规范》DBJ43/T 4001—2022	湖南省住房和城乡建设厅	2022/01	该标准规范对湖南省全省各级城市CIM基础平台的建设和运行进行指导和规范
《海南省住房和城乡建设事业"十四五"规划》	海南省住房和城乡建设厅	2022/01	全省统筹，稳步推进CIM平台建设，积极探索推进自主可控BIM软件与CIM平台集成创新应用，提供数据底座基础并赋能行业多元应用，逐步支撑服务城市规划建设运行管理
《关于促进我市建筑业高质量发展的实施意见》	杭州市人民政府	2022/02	探索建立杭州市CIM基础信息平台，推动数字城市和物理城市同步规划、同步建设。加快应用BIM技术，探索制定BIM报建审批标准和施工图BIM审图模式，推进BIM数据与CIM平台的融通联动
《数字青岛2022年行动方案》	青岛市人民政府办公厅	2022/03	建设完善集地理信息系统（GIS）、物联网（IoT）和建筑信息模型（BIM）等多项技术为一体的CIM，汇聚全域地上地下全空间、人地房全要素、规建管全链条多维度数据。加快全国新型城市基础设施建设试点，推进CIM一屏总览，支撑城市"规、建、管、运、服、检"等场景应用
《关于推动城乡建设绿色发展的实施意见》	中共云南省委办公厅、云南省人民政府办公厅	2022/03	深入开展"数字住建"、CIM基础平台建设，打破信息孤岛和数据分割，拓宽数字治理应用场景

第二篇 ｜

技术篇

第4章

CIM的内涵

4.1 CIM系统概述

4.1.1 CIM的组成

CIM是以城市巨系统作为核心对象，如图4-1所示，主要是对城市对象进行数字化表达，并以数字三维模型为载体融合城市业务、社会实体、监测感知等信息，构建城市信息有机综合体的过程和结果。本质来讲，CIM是城市三维信息的载体，在这种信息载体中，城市物理实体是主要的表达对象，而其他社会信息、感知信息等是通过与物理对象建立有效的关系，进而将多源的信息形成有机的信息综合体。

从数字化角度看，CIM是对城市对象的三维数字化描述，常见城市对象包括三类内容（表4-1）：一是建筑物，即城市中人工建筑及构筑物等；二是基础设施，即能源、交通运输、给水排水、机场等城市生存和发展所具备的工程性基础设施和社

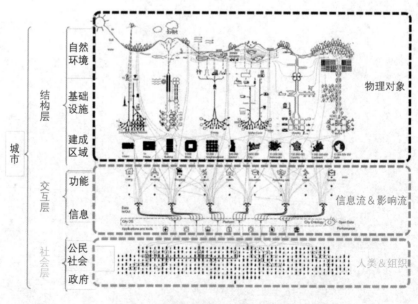

图4-1 CIM核心对象——城市巨系统

会性基础设施；三是资源环境，即支撑城市运营的物质要素，如土地、水、森林、草地等资源和环境。

典型城市物埋空间对象 表4-1

名称	典型事务
建筑物	民用建筑、工业建筑与农业建筑、桥梁等人工建筑
基础设施	能源、交通运输、给水排水、邮政电信等设施
资源环境	土地、水、森林、草地等

CIM的应用以城市公共事务治理作为出发点，将事务需求转化为数据需求，继而在城市气象环境、城市物质空间、城市流动资产的各种组合中寻找数据支持。城市公共事务依赖于对城市气象环境、城市物质空间、城市流动资产对象的感知和处理，并将处理结果反馈给城市物质空间和城市流动资产，同时可能对城市气象环境产生影响。

4.1.2　CIM的核心价值

建立CIM的初衷是应用CIM解决当前城市日益增长的精细化治理要求，因而CIM的应用领域非常广泛，如规划、国土、交通、水利、安防、人防、环境保护、文物保护、能源燃气等各大行业领域以及一切智慧城市相关的领域，但其应用价值可以总结为最终惠及三个维度，即：政府、企业和民众。

对于政府，作为城市的管理者，CIM的应用让城市更智慧、让城市管理更精细化。通过对城市海量多源异构数据的汇聚、融合、处理、服务、分发等过程的数据治理，构建CIM基础平台的"城市信息数据底座"，打破政府各部门信息数据孤岛，解决信息共享不畅、平台重复建设等问题，推动城市规划、建设、管理各个环节的数据互联互通，各部门业务协同联动，对于智慧城市的建设和城市精细化治理方面具有突出作用。通过提升精细化治理能力，可以大幅度提高城市的防灾能力，减少突发情况带来的负面影响，降低现代城市的脆弱性。CIM与BIM正向设计的协调应用，可以实现建设项目立项用地规划许可、工程建设许可、施工许可、竣工验收四个阶段的BIM辅助审查与智能辅助审批，可大大提升政府办事效率与服务质量。

对于企业，CIM的应用将极大幅度提高建筑等行业领域信息化水平，从而能够让建筑企业的竞争力大幅度提升。通过CIM带来的数据服务，建筑企业也能够在未来的行业发展中扮演更为重要的角色，获得技术进步带来的产业红利，从建完就结束的模式，发展为建筑全生命周期服务的模式，为建筑企业带来长尾效应的收益。而对于建设单位而言，通过CIM获得商业治理能力的提升，将大幅度促进企业运维阶段的节能增效，提升企业的核心能力。同时，CIM产业的发展，将带来一个涵盖上下游的高科技产业集群，对于繁荣城市经济，提升城市、企业的人才储备能力都有巨大帮助，为产业链内众多企业提供商业机会。

对于人民群众而言，为人民群众提供更好的服务，让人民群众分享技术进步的红利，始终是CIM发展的核心驱动力。CIM+应用涉及行业包括规划、国土、交通、水利、安防、人防、环境保护、文物保护、能源燃气等各大行业领域和一切智慧城市相关的领域。基于CIM基础平台可拓展更加丰富的CIM+应用系统，让百姓生活更方便、更便捷、更安全。结合推动CIM及数字孪生城市落地和发展的新型信息技术，能提供远程化、可视化、协同化的服务模式，以在线咨询、视频交流等方式为医疗、疫情防控、交通、养老等各方面提供帮助和支撑。通过发展一系列的智慧交通、智慧商业、智慧医疗等，人民群众最直观的感受就是交通不堵了，出行打车更方便了，商场、公共服务机构的空调温度更舒服了，疫情防控效率更高效了，突发大雨冰雹之类恶劣天气的应急管理更有效了，人民群众对于城市生活的美好愿望日益得到满足。

4.1.3 CIM的总体定位

CIM是构建数字孪生城市的基础。与传统数字城市相比，CIM将静态的数字城市升级为可感知、动态在线、虚实交互的数字孪生城市，强调城市本身的全息数字化，并基于"时间"和"空间"，形成城市过去、现在、未来的全息场景。以城市信息数据为基数，以建筑信息模型、地理信息系统、物联网等技术为基础，整合城市地上地下、室内室外、历史现状及未来等多维、多尺度信息模型数据和城市感知数据，构建起三维数字空间的城市信息有机综合体。CIM平台可以实现多学科耦合仿真，基于感知之上构建分析模型，从而进行监督、预判和决策。

CIM平台是实现城市治理能力现代化的重要驱动力。CIM平台是智慧城市建设的基础操作系统，也是城市建设管理全流程智慧应用的支撑性平台。CIM技术可以实现城市建筑的全生命周期管理，加速建筑行业信息化技术的更新换代过程，对建筑进行精细化管理，也可以在小区、街区、城区、城市区域等多个维度，为规划、建设、运维等各阶段进行信息化赋能提升城市治理能力。

CIM是面向"规划—设计—建设—管理—运营"城市全生命周期的基础操作系统。通过CIM技术，可以实现城市全维度数据的接入、展示、管理、融合和计算，并能通过城市物联网实现全面感知。结合城市运行、经济发展、公共安全、环境保护等领域的业务模型，CIM技术可以为城市精细化治理体系、智能化决策体系和高效率公共服务体系的建设提供全维度、一站式、模组化的数据中/前台支撑，真正实现万物互联，全面感知。同时CIM技术具有可计算、可承载、可视化、可分析、可扩展的特点，可以连接人口、房屋、住户水电燃气信息、安防警务数据、交通信息，旅游资源信息、公共医疗等众多城市公共系统的信息资源，实现跨系统应用集成、跨部门信息共享，支撑数字孪生城市的决策分析。

4.2 CIM与其他平台的关系

4.2.1 国家级/省/市CIM基础平台体系

CIM基础平台是整个城市的公共数字底座，横向上，为各政务部门、各行业提供信息服务；纵向上，CIM基础平台要形成国家、省、城市三级CIM基础平台体系，实现纵向数据汇聚和应用服务共享体系，如图4-2所示。

城市级CIM基础平台应具备基础数据接入与管理、BIM等模型数据汇聚与融

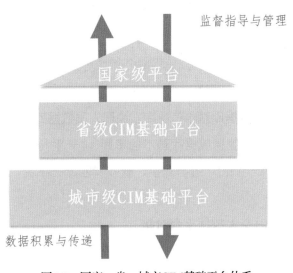

图4-2 国家—省—城市CIM基础平台体系

合、多场景模型浏览与定位查询、运行维护和网络安全管理、支撑"CIM+"平台应用的开放接口等基础功能。

省级CIM基础平台主要是通过汇入市/区级CIM平台的重要数据，联通市级示范应用，强化对城市规划、建设、运行和管理的督导，提升全省城乡建设和其他相关工作管理能力，向国家级CIM基础平台汇交各省的建设管理监管信息，并提供数据资源共享服务，共享省级典型示范应用，提升垂直监管能力。

国家级CIM基础平台主要是履行监测监督、通报发布、应急管理与指导等监督指导职能，与国家级其他政务系统、下级CIM基础平台联网互通实现业务协同、数据共享的CIM基础平台。国家级CIM基础平台应具备重要数据汇聚、核心指标统计分析、跨部门数据共享和对下一级CIM基础平台运行状况的监测等功能。

从整个国家—省级—市级平台体系来讲，数据的积累和传递是自下而上的，城市级CIM基础平台承担基础的数据汇聚功能，自下而上进行数据的传递，传递过程中根据使用的需求不同，数据的精细程度、数据内容等均有所不同。而对于平台功能，尤其是基础应用的设计，则是自上而下进行指导。不同层级的系统之间对接可以分为线上共享与线下交换。其中线上共享是依据共享的数据和信息的类型、安全性、服务对象等在电子政务内外网、互联网等相应的网络环境下进行数据和信息的共享交换。线下交换则是指通过物理拷贝等线下的方式进行信息的交换。

4.2.2 与相关平台和业务系统对接

（1）与省/市工程建设项目审批管理系统对接

实现与省/市工程建设项目审批监管系统对接，获取项目前期规划监测、项目立项、工程建设许可、项目设计与施工、项目竣工验收等工程建设项目审批全过程信息。

（2）与"四库一平台"对接

"四库"指的是企业数据库基本信息库、注册人员数据库基本信息库、工程项目数据库基本信息库、诚信信息数据库基本信息库，"一平台"指一体化工作平台。CIM基础平台与"四库一平台"进行对接，获取"四库一平台"的相关数据，为行业监管提供数据支持。

（3）与智慧城市时空大数据平台对接

与省/市智慧城市时空大数据平台对接，获取基础时空数据、公共专题数据等数据信息，强化地理实体、地名地址等数据的应用，提升CIM基础平台的空间应用能力。

（4）与国土空间基础信息平台对接

通过与省/市国土空间基础信息平台对接，可获取国土空间现状、空间规划、资源调查等专题信息，促进规划、建设、管理、运维全过程的信息互通，同时可向国土空间基础信息平台共享有关信息，提供相应数据支持。CIM基础平台可与国土空间基础信息平台数据库保持数据同步，通过网闸、人工摆渡等方式实现数据交互，支撑CIM基础平台的数据资源建设和功能应用服务（图4-3）。

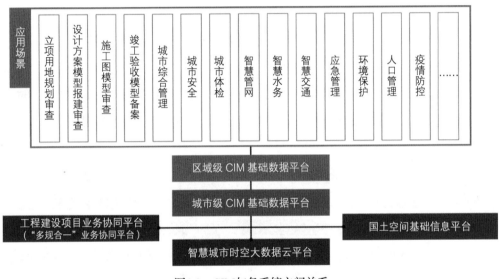

图4-3　CIM与各系统之间关系

第5章

CIM中的关键技术

5.1 CIM相关技术

5.1.1 新型测绘技术

当前，云计算、大数据、人工智能等前沿技术在测绘采集行业逐步应用，并与地理信息技术相互融合，新型测绘手段层出不穷。如图5-1所示，新型测绘方法解决了传统测绘手段低效率、高成本、地域限制等问题，也对数据的采集精度、时效性、结构、区域限制以及融合和应用模式提出了新要求、带来了新机遇。

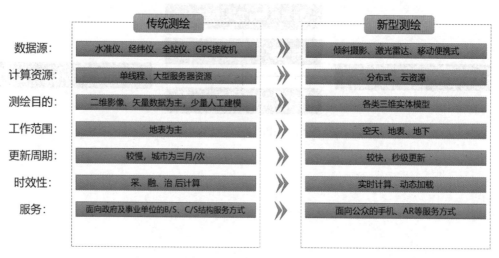

传统测绘		新型测绘
数据源：	水准仪、经纬仪、全站仪、GPS接收机	倾斜摄影、激光雷达、移动便携式
计算资源：	单线程、大型服务器资源	分布式、云资源
测绘目的：	二维影像、矢量数据为主，少量人工建模	各类三维实体模型
工作范围：	地表为主	空天、地表、地下
更新周期：	较慢，城市为三月/次	较快，秒级更新
时效性：	采、融、治后计算	实时计算、动态加载
服务：	面向政府及事业单位的B/S、C/S结构服务方式	面向公众的手机、AR等服务方式

图5-1 传统测绘与新型测绘

（1）移动便携式采集

在CIM建设过程中，不仅仅有大规模范围的数据采集工作，对于室内等小场景，也需要精细化采集。而测量精度和测量成本是室内测图的两个关键要素。由于激光雷达技术的室内测图方式，测量精度较高但测量成本也相对较大，且整体流程较为复杂。因此，在小场景应用中，往往使用移动便携设备，采用惯性测量单元（IMU）和计算机视觉技术相结合的测图技术来进行数据采集工作。

通过获取连续拍摄的实时室内图片，标定摄像机坐标系，基于计算机视觉算法提取连续图片中的特征信息，并进行特征点匹配。然后通过特征点匹配结果还原真实空间位置，得到二三维地图在空间中的实时姿态、位置、距离信息，实现动态空间和高清像素分辨率的精确深度检测与标定。最后，将位置信息通过坐标转换的方式映射到地图中，实现整个高精度采集过程，如图5-2所示。

图5-2 移动便携采集

（2）激光雷达

三维激光扫描主要利用的是激光测距原理。当激光射出并碰到物体反射回来，可以通过时间差来计算射出点到反射物体的距离。无数次向周围发射激光并接受反射信号时，就可以获得无数个周围物体与发射点的相对距离。把这些信息导入电脑，可以根据距离模拟出无数个点的位置，这些具有精确位置的点组成的模型称之为点云。点云可精确到毫米，精度取决于测量设备和技术方法（图5-3）。

（3）无人机倾斜摄影

由无人机飞行生成倾斜摄影是一种新型测绘技术，以往的航拍测绘都是使用一台相机，垂直角度拍摄来进行测绘的，而倾斜摄影通常使用多台相机传感器，例如五镜头相机可以同时拍摄一个垂直加四个倾斜方向的图像，最后通过计算机的三维重建，制作出一张立体的地图模型，如图5-4所示，强大的三维建模能力可提供高效的三维数据生产工作。

由于使用的是真实的图像进行建模，所以倾斜摄影拍摄出来的测绘地图都是实景三维模型，效果要比激光点云渲染或者垂直拍摄地图好很多，并且建模精度可以做到厘米级。其高精度、高效率、高真实感和低成本的优势成为实景三维GIS的重要数据来源，被广泛应用于城市数字孪生基础地理信息数据库建设中，但也存在数据量大、模型更新代价大等困难。

图5-3　三维激光点云

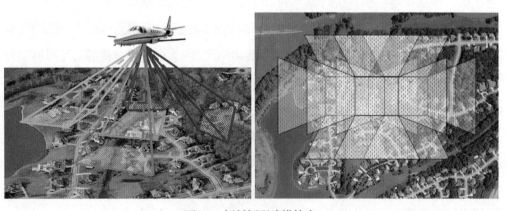

图5-4　倾斜摄影建模技术

5.1.2 3D GIS技术

3D GIS就是建立在三维数据模型基础上的地理信息系统。3D GIS功能的实现以及实用系统的开发，关键在于三维数据模型与数据结构、三维空间关系与空间分析以及三维可视化等关键问题的解决。3D GIS对客观世界的表达能给人以更真实的感受，它以立体造型技术给用户展现地理空间现象，不仅能够表达空间对象间的平面关系，而且能描述和表达它们之间的垂向关系；另外，对空间对象进行三维空间分析和操作也是3D GIS特有的功能。它具有独特的管理复杂空间对象能力及空间分析的能力，现在已经深入社会的各行各业中，如土地管理、电力、电信、水利、消防、交通以及城市规划等。

3D GIS是一个综合性的研究领域，包括了计算机图形技术、三维可视化技术、虚拟现实技术、空间数据结构技术以及三维空间交互与分析技术等多项技术。

5.1.3 BIM技术

BIM包含建筑物全部信息的数字可视化模型，模型内的各类数据将在建筑物全生命周期，包括规划、设计、建造、维护、管理等环节发挥作用。BIM技术可以实现对建筑全部信息的获取，不管是建筑物实时状态，还是过去的经历等，都可以了如指掌，并通过可视化的方式展现出来。这是建筑行业的一次伟大变革，一旦实现了信息的全量实时获取，就意味着可以对建筑空间的变化进行及时反馈，只要是发生在建筑空间内部的事情，无论是建筑本身还是建筑内，甚至是建筑周边的人、事、物等，都有了数据记录和信息处理。可以通过BIM这一"桥梁"，让建筑业与互联网结合到一起。

从应用层面，BIM技术主要应用领域包括建筑工程、市政工程、交通工程、电力工程、水利水电工程等，BIM技术的特性决定了其对处理复杂工程、大体量、大跨度工程有不可比拟的优势。

（1）可视化建模

BIM技术具有多种可视化的模式，包括隐藏线、带边框着色、真实渲染三种模式，在设计过程中实现"所见即所得"，并可通过创建相机路径，创建动画或一系列图像，向客户进行更直观的设计方案展示。借助强大的图形引擎，伴随模型的不断细化、深化，三维渲染技术可以给人真实感和视觉冲击。传统的二维设计对设计师、施工人员的经验、想象力提出了很高的要求。通过二维图纸与三维模型联动，BIM技术可以实现复杂场景直观化，如钢筋排布、管线综合、工作界面界定等。与此同时，BIM技术甚至可以对接AR、VR技术，通过多样的模型可视化方式助力参建人员沟通协调和事前规划。

（2）多专业、多角色协同管理

从建筑项目的设计到施工过程，无论是设计施工单位还是业主之间都需要相互沟通协调，从而找出问题的原因并提出相应的措施。但在CAD二维设计中，各专业设计师与施工人员之间无法做到实时沟通与协同，很多问题都是在出现以后才寻求解决方案。然而，BIM技术则可以提前模拟出可能产生的问题，帮助设计师进行修改，协同设计师与施工人员的工作，避免实际施工操作中出现的冲突问题。同时BIM技术还可以帮助电梯井、防火区与地下排水等布置与其他设计布置的协调问题，将问题前置化，有效节约人力、财力和时间。

（3）模拟优化

BIM技术可在设计、施工以及后期的运营阶段进行多方位的模拟。如在设计阶段的建筑性能模拟（如通风分析、能耗分析、照明分析、日照分析、结构分析、紧急疏散等）；在施工实施阶段的过程模拟（如进度管理、工序模拟、工程量统计、成本管控等），以及在运营阶段建筑物投入使用后各种日常（如设备监控、能源监控和空间管理等）及应急情况的处理模拟等。事实上，信息的完整性、复杂性都影响着项目的优化效果，而BIM技术则将掌握的信息运行贯穿到建筑项目中，做出更有利于项目发展的优化方案，方便项目的各项管理。对于业主、设计方和施工方而言，BIM技术能够将复杂的问题简单化、让成本管控更精确化、让项目方案更优化。

（4）数据管理

BIM模型是可视化展示的工具，更是数据装载的容器，以IFC为核心的数据结构，以IDM为信息交付模板，以MVD为模型视图定义，助力建筑全生命周期信息存储、信息交换，驱动数字化设计、数字化施工、数字资产移交、数字化运维等全生命周期数据生产、计算、分析、管理、应用、共享。与此同时，BIM数据源于建设过程，支撑城市建设全过程审查审批，如规划报建审查、施工图审查、建设过程管理（质量、安全、成本、进度等）、竣工验收等。

5.1.4 IoT技术

物联网（IoT）技术是信息通信领域重要的新一代信息技术，通过建立物联网通信网络，将万物互联，以进行信息交换。通常一个物联网由三部分组成，即：通过网关连接在物联网上的物联感知IoT设备、管理物联网设备和提供物联设备服务的物联感知IoT平台、接入物联感知IoT平台进行通信的系统。而在CIM平台中，IoT是CIM的组成部分，是通过CIM平台直接连接各种物联感知IoT设备，并对外整体提供物联网调用接口的能力。CIM平台作为城市智慧化的数字底座，需要统一的联接管理功能来对城市IoT设备联接进行管理与服务，与其他平台保持互联互通和交互协作，满足智慧城市对设备联接管理与服务的需求。例如利用IoT技术，可以实时对自动驾驶车辆与周围一切物联感知设施互联通讯；可以建立基础设施的各种监测感知，以此为基础建立智慧供水、排水、燃气热力等；可以将城市运行和房屋建筑的各种数据指标通过IoT设施采集，建立城市安全运行管理服务监测等，推进城市智慧化多方面发展。

5.2 CIM基础平台中的关键技术

5.2.1 图形渲染技术

（1）CIM一体化引擎

CIM一体化引擎能将物理世界虚拟化，实现数模一体化，以三维全景智能方式实现物与物、物与人、人与人之间的互联互通及协同作业，并且打破传统行业各子系统间的数据壁垒，用数据孪生真实物理城市，并通过融合物联网，对城市规、建、管、服等全生命周期进行有效监测和管控。

CIM一体化引擎可支持大规模海量时空数据的高效处理，并兼容主流BIM、GIS、IoT多源异构数据及通信协议，从根本上解决城市领域在数据层面、模型层面以及业务层面的技术难题。

CIM一体化引擎可有效整合结构化数据和非结构化数据，采用"一模到底"及一体化的开发思维将城市的三维空间信息、业务流、数据流等有机结合在一起给行业赋能，改善用户体验，提高城市治理现代化水平。

（2）高效渲染引擎

地理信息的可视化为用户提供了兼顾具象和抽象含义的地理信息展示能力，是表达和传递地理信息的工具，其中地图渲染是地理信息可视化的核心技术。无论是地图符号还是各种地图图层，其可视化结果的及时性、高效性和美观性都依赖于快速可视化技术和地图渲染引擎。

高效渲染引擎支持免切片直接发布海量数据服务。为了保证大体量数据在Web端的快速响应，还要解决数据渲染性能的难题。分布式渲染技术，能在服务端对请求的矢量瓦片渲染任务进行分解，交由多个进程执行，更充分、更高效地利用计算资源；还可进一步配置服务器集群，将分块渲染任务发送给集群子节点分别执行，进一步提升计算的并行度。由此可见，这种多进程和集群的强强联合，可极大提升渲染性能，实现超大规模数据的秒级响应效率。

三维模型附加光影技术运用插件渲染而成。其中建筑模型是三维地图渲染的主要对象，它是体现城市景观的主要因素，对模型的渲染方法也是多种形式的，常规环境光渲染和环境光遮蔽（Ambient Occlusion，AO）贴图渲染是两种主要方法。

（3）云渲染

渲染是指利用软件将三维模型生成图像的过程。渲染业务场景需要GPU显卡实现图形加速与实时渲染，同时需要大量计算、内存或存储。基于此，云渲染（Cloud Render）是指云计算在渲染领域的应用，即用户将本地执行渲染任务的应用程序提交到云端服务器运行，利用计算机集群进行运算和操作，完成渲染后将结果画面回传至用户终端。相较于本地渲染，云渲染支持多任务渲染模式，且不占用本地终端资源。利用云端计算机集群计算能力和图形渲染能力，可以快速返回渲染结果，缩短制作周期，提升渲染效率。

5.2.2　微服务技术

CIM作为表达和管理城市三维空间的基础平台，涉及与城市相关的所有应用空间，这一属性说明CIM基础平台会随着城市发展、技术进步而不断演进，数据和功能需要不断更新。这要求平台本身需具备迅速响应数据更新与灵活改进的能力。因此，在平台建立之初就设计一个可拓展、可灵活迭代的生态环境是必要的，这个环境是否具备开放的服务模式和自我造血的运行机制是CIM走向成熟的关键。

微服务作为软件开发技术中面向服务的体系结构（SOA）架构的重要组成部分，

凭借其组件化、灵活可拓展的特征，成为CIM基础平台底层架构搭建的重要支撑之一，满足CIM基础平台组件与数据的快速增加与迭代更新需求。

微服务是一种基于模型的开发方法，微服务将业务拆分为一系列职责单一、细粒度的服务单元，每个服务单元运行在各自的进程中，服务之间采用轻量级的通信机制进行通信。这些服务围绕业务能力构建，并且可通过全自动部署机制独立部署，可使用不同语言开发，可利用不同数据进行存储，从而形成一个最小限度的集中式服务管理。以微服务形式发布各种功能与应用，可有效降低平台结构的复杂度，增加各类功能调用的灵活性，其允许后续功能开发与原平台功能服务实现有机耦合、灵活部署，从而适应技术发展更新与业务应用场景迭代的需求，推动平台升级拓展。

基于微服务架构的CIM基础平台遵循数据资源与应用分离的原则，其应用层从接口服务层请求数据、呈现结果，不进行任何计算，系统的所有计算、统计、分析、数据挖掘等功能均在服务器端由业务逻辑层完成，前端只负责可视化。通过这样的微服务架构，能够大幅度减少应用层的负载，显著降低系统耦合性。

同时，在微服务架构下，由于各服务模块之间相互独立，每个服务可使用不同语言进行独立开发，可以很容易地部署并发布到生长环境里隔离和独立的进程内部，而不用协调本地服务配置的变化和影响其他服务模块和设计，极大地提高了部署效率和服务扩展性，增加了系统灵活性。

5.2.3 空间模型构建技术

空间模型构建技术作为满足全空间三维GIS应用重要的技术基底，包含以下多种模型构建技术：

（1）符号化建模技术

通过三维符号化技术，实现了点、线、面要素在三维场景中的快速构建与可视化表达，解决了海量点、线、面要素在三维场景中真实再现的问题，有效提高了基础测绘数据资产的利用率，降低了三维数据的建模成本。

（2）基于表面模型数据提取

矢量数据通常由点、线、面来表达地理实体，例如使用线表达一条河流，使用面表达一个国家，使用点表达一座城市。这些点、线、面数据都可以叠加到三维地球上，如图5-5所示，从而表达更多实用的信息。

图5-5　基于表面模型数据提取

点数据要绘制在三维地球上首先需要给它们赋予一个合适的高程值。点数据的高程值通常采用从所叠加的地形数据上获取。即在绘制点数据时从高度纹理中获取高程值。三维点符号的实现技术相对简单，将模型、图片、粒子系统对象直接作为三维点符号存储到符号库并对点数据进行符号化表达。如图5-6所示，二维点通过增加提取的倾斜摄影的高程值，形成三维点数据，对其进行符号化表达，形成三维场景中的路灯。

图5-6　二维点升维三维点

同样，如图5-7所示，针对二维线数据，通过提取倾斜摄影中的高程值，并赋值给该线，得到三维线。

（3）规则建模技术

真实世界中的三维线型，如道路、铁路、管线等，具有这样的特征：沿着走向其横截面基本不变。因此我们只需保存其横截面的信息就能反映出整个线型的特征。规则建模技术利用二三维一体化线型技术实现了三维线型的表达。利用线对象和截面，通过放样实现了对三维场景中道路的表达并且可以自定义线型的截面，如

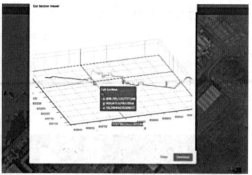

图5-7　二维线升维三维线

图5-8所示。该技术实现了由矢量线数据向三维线型对象的直接转换和对复合线型的支持。

　　另外，在CIM基础平台中利用规则建模技术形成快速规则建模工具，可以提取二维影像的表面纹理，通过拉伸、旋转、放样等操作构建模型拉伸体以及三维几何体（球、柱、椎体等），如图5-9所示，对三维实体对象进行空间运算构建坡屋顶细节，可实现快速规则建模，构建的模型属于三维体数据模型。

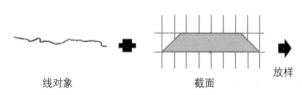

线对象　　　　　　　截面　　　　放样　　　　　　　三维实体对象

图5-8　规则建模

图5-9　规则建模（左）和构建屋顶（右）

（4）拉伸闭合体技术

针对倾斜摄影、地形数据，通过拉伸闭合体技术，采用拉伸的方式构建三维闭合体对象。同时可以设置闭合体的高度模式、底部高程以及拉伸高度，如图5-10所示。

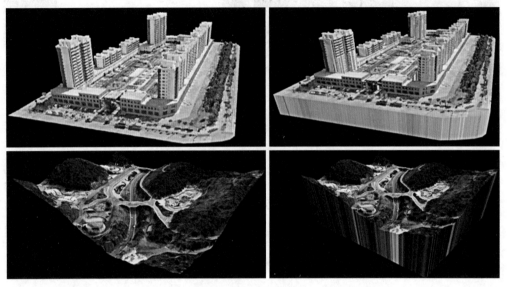

图5-10　拉伸闭合体

5.2.4　地理空间智能技术

地理空间智能（Geospatial AI）是将AI用于GIS领域的分析、方法和解决方案，简称为GeoAI。

近年来，随着类神经网络、数据挖掘、物联网、大数据分析、人工智能与深度学习的技术不断地发展与强化，许多智能化的方法可用于数据分析。GIS作为一个整合各领域的学科，通过这些智能化的方式，分析时间与空间的变迁，解决以往较为困难的问题，扩展了更多的应用可能性。在人工智能与深度学习下的GIS，如图5-11所示，除了能够自动智能地侦测地理数据的对象之外，最重要的还是找出对象之间的关系，以及对象与空间的模式，形成规则，强化后续学习的准确率。GeoAI通过数据整理和清洗、AI算法、计算框架、建模和自动化处理框架等过程实现空间智能的应用，为空间环境系统提供强有力的支持，可以更准确地洞悉、分析和预测周围环境。比如，能够监测从水域、农田到森林的环境系统的变化，从而帮助相关

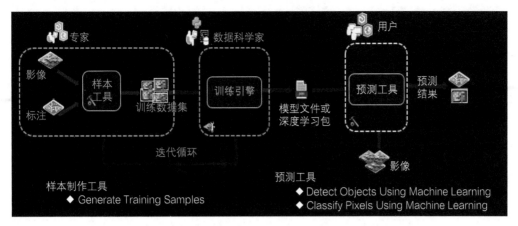

图5-11 深度学习

研究人员、自然保护主义者和政策制定者采取有效行动来保护我们的家园。

在智能化分析过程中，GeoAI结合大量的数据，比如卫星影像、无人机影像、点云、要素数据、自然语言、视频等，处理后形成样本数据，对样本进行管理和训练，通过机器学习，如分类、聚合、预测，大量深度学习如微软的CNTK、谷歌的TensorFlow，以及Keras、PyTorch等，得到训练模型，进而对模型处理的结果进行处理、分析和预测，实现目标检测、对象分类、实例分割和图像分类等，也能够洞悉空间分布规律，预测事物的空间变化情况等。

在CIM基础平台的建设中，空间智能用于多个方面，比如利用遥感影像识别植被、城市部件、建筑房屋等，基于深度学习进行三维建筑物单体建模等，通过空间智能的应用，生成和评估城市在不同场景的应用，比如智能安防、智能交通、环境监测、市政管理等有助于科学规划与管理城市。

（1）遥测影像自动化识别对象

影像相对于矢量数据，相对容易做深度学习应用，原因在于其网格式的数据特性。每一个网格有固定的大小，并且具有一个或多个值，表达这个网格在某空间上的特定属性。

（2）地名地址智能化搜索

基于AI技术进行地名地址搜索技术研究，可以用于自然语言处理、地址智能纠错与匹配等方面。基于自然语言处理技术可以在各种地图场景下做语音识别优化，应用于12345、消防接警等应急服务系统和非紧急救助服务系统。

5.2.5 模拟仿真技术

模拟仿真技术是现代仿真技术的一个重要研究领域，是在综合仿真技术、计算图形技术、传感技术等多种学科技术的基础之上发展起来的，其核心是建模与仿真，通过建立模型，对人、物、环境及其相互关系进行本质的描述，并在计算机上实现。仿真技术正向网络化、虚拟化、智能化、协同化方向发展，基于面向对象的仿真技术、智能仿真技术、分布式交互仿真技术、虚拟现实仿真技术等是仿真技术发展的主要趋势。

模拟仿真通过数据建模、事态拟合，进行特定事件的评估、计算、推演，为方案设计、平台建设提供参考。在CIM基础平台建设中，通过模拟仿真可将城市的基本数据完整详尽地呈现出来。仿真模拟在CIM建设方面的应用，从建筑单体、社区到城市级别的模拟仿真，可支撑城市应急、城市规划、绿色建筑、智慧社区、智慧管网、城市体检、城市实时等典型场景应用。

（1）城市应急仿真：在地震、洪汛、台风等自然灾害发生时，或者发生踩踏、恐怖袭击等人为灾难时，能够第一时间模拟出最佳的应急方案，在最短的时间内给出救援指导意见，能够为救援争取更多的有利空间和提高救援效率。

（2）城市规划仿真：能够更快更真实地模拟出规划设计的方案和效果，同时能够根据建筑项目的评判标准来检查方案是否符合要求和建筑标准。

（3）城市实时仿真：建立一个与现城市同步的数字虚拟城市，收集城市中各个方面的动态数据，实时监测，建立一个基于物联网和服务的城市管理架构。

5.2.6 多源异构数据融合技术

CIM基础平台的建设涉及数据的汇聚融合，数据是一切分析的基础，不断累积的历史数据、爆发式增长的实时数据、不同来源不同结构的数据，如何对多源异构数据的融合便显得尤为重要，对降低平台的建设成本、提高空间数据的使用效率具有重要的现实意义，也为数据治理带来了新的难题和挑战。

CIM基础平台建设包含基础地理数据、三维模型数据、BIM模型、图像、视频、多源传感器数据、属性信息等多源异构数据，这些数据格式多样，几何精度不一致，还存在跨度大、数据不确定等问题，因此需要研究多层次通用空间数据标准、建立数据存储标准，实现多模态数据的融合表达。高质量的数据融合是建设

CIM基础平台的重要保障，需要统一时空基准、统一数据格式标准、实现多源数据精准融合。

统一时空基准：多源异构数据需要在统一的坐标系下进行展示，CIM基础平台数据应采用2000国家大地坐标系（CGCS2000）或与之联系的城市独立坐标系，高程基准应采用1985国家高程基准。只有把不同来源、不同坐标的数据加工处理成统一的基准下，才能确保坐标一致性和地理位置信息的正确展示。通过坐标转换、空间配准、同名点匹配等技术为多源数据融合提供支撑。

统一数据格式标准：针对多源异构的城市空间数据服务发布与共享，需要采用统一的数据格式标准，对矢量数据、栅格数据、倾斜摄影模型、人工建模数据、BIM模型、点云数据、影像等各类数据进行整合，为多源地理空间数据在不同终端（移动端、浏览器、桌面端）中的存储、高效绘制、共享与互操作提供技术支撑。在CIM基础平台建设中，三维数据可以采用I3S、S3M、3D-Tiles等标准；矢量、栅格数据等采用WMS、WMTS、WFS、WCS等标准。

多源数据精准融合：在统一的空间坐标、数据格式标准基础上，多源异构的数据需要在统一的空间地址和编码上进行衔接和匹配，形成统一的城市空间资产。在DEM和DOM、BIM与GIS、倾斜摄影模型与GIS、激光点云与GIS、BIM与倾斜摄影、物联感知数据与GIS等各类数据的融合上，建立信息资源统一的时空框架，做到空间定位、编码一致并在CIM基础平台中建立起有机联系，实现多源信息的准确集成与定位关联是平台建设的重点。通过对数据的镶嵌、压平、挖洞、剪裁等技术实现数据的平滑衔接和精准匹配，以及模型单体化、轻量化等都是提高多源数据精准融合的关键技术。

｜第6章｜

CIM基础平台总体框架

6.1 建设理念

依据住房和城乡建设部2022年发布的《城市信息模型基础平台技术标准》CJJ/T 315—2022，CIM基础平台建设目的是可支撑工程建设项目策划协同、立项用地规划审查、规划设计模型报建审查、施工图模型审查、竣工验收模型备案、城市设计、城市综合管理等应用，用户宜包括政府部门、企事业单位和社会公众等。所以CIM基础平台建设理念主要体现以下几个方面：

（1）CIM基础平台是空间智慧引导城市发展的切入点

CIM通过支撑构建数字化虚拟城市实现对物理城市的映射、监管、分析和模拟，是我国数字社会建设中数字驱动发展的建设理念的具体落地实现。

CIM建设的目标是实现物理城市的全数字与空间化。将城市全要素信息资源在三维虚拟城市空间中进行融合。通过多源传感器和持续勘测等技术手段，保持现实与虚拟的信息同步，可以近乎实时地在数字空间中反映现实世界的状态与变化，实现物理世界与数字虚拟世界的完全映射，构造出一个反映现实世界的数字空间。

CIM借助对空间对象的分析与挖掘能力，在数字空间中构建城市的信息化模型，通过空间技术对信息的分析、挖掘，能够在数字空间中对现实世界的状态发展、变化趋势、管理响应等进行判断与预测，从而能够指导制定城市运维管理政策与手段，减少现实中的试错成本，实现将现实世界映射到数字成果，再将数字成果反哺现实世界的双向驱动，达到城市数字驱动发展的战略目标。

（2）CIM基础平台是三维数字空间城市信息有机融合的载体

传统的GIS技术支撑建设的数字城市，其城市信息管理粒度最大到城市的大型部件，在BIM信息引入后，城市信息管理的粒度从建筑整体延伸到了建筑构件，从而能够构建从城市宏观布局到微观部件的完整全面的城市信息框架，为城市精细化治理提供了数据基础。

在住房和城乡建设部发行的《城市信息模型（CIM）基础平台技术导则》（修订版）中对CIM进行了定义：城市信息模型是以建筑信息模型（BIM）、数字孪生（Digital Twin）、地理信息系统（GIS）、物联网（IoT）等技术为基础，整合城市地上地下、室内室外、历史现状未来多维信息模型数据和城市感知数据，构建起三维数字空间的城市信息有机综合体。

三维数字空间城市信息有机综合体，就是将BIM在建筑领域设计、施工、运营一体化的全生命周期管理的理念应用到城市中，将以BIM技术提供的城市微观信息与GIS技术为基础的城市宏观场景信息进行融合，并将城市交通、人群、资金等动态信息进行结构化整合，形成一个能够同步反映城市完整现状，并且对城市发展进行预测与研究的信息巨系统。

（3）CIM基础平台是城市新一代信息基础设施

CIM目前重要的建设内容，是通过构建一个基于三维数字空间的现实城市数字化版本，成为连接城市现实世界与数字虚拟世界的桥梁。这个数字化的版本，称为CIM基础平台，也是未来新一代城市信息基础设施，将为城市提供如下全方位的数字化管理服务。

一是通过GIS+BIM技术，打通城市宏观布局与微观构件之间的空间数据壁垒，实现室外公共空间信息与室内个体空间信息统一，地上城市构造空间信息与地下资源空间信息关联，形成城市全空间数字化基础。

二是通过构建城市时空信息模型，对城市土地、建筑、设施等各类要素进行全面描述，能够在不同尺度不同级别下为各类要素提供适合计算与表达的信息形式，从而形成城市全要素数字化基础。

三是通过对城市规建管各类业务信息构建业务数据与分析模型，将全空间、全要素数据基础进行融合，为各类城市业务提供信息展现、计算、业务管理等全方面的支撑，从而实现城市全专业的管理能力。

四是通过建立数据标准、数据模型和业务模型，支撑城市业务成果信息的综合展现与计算，实现规划数据对建设数据的审查与约束，建设成果信息对城市运维的支撑，形成城市全流程数字管理能力。

五是通过构建数据融合与共享，将城市不同阶段的信息基于全空间基础进行融合，形成城市规划、建设、运营、管理整个生长过程的城市全生命周期信息管理能力。

6.2 建设原则

CIM基础平台建设应遵循以下基本原则：

（1）政府主导、多方参与

坚持政府主导、部门合作、企业参与、打通"产学研用"协作通道，加强政策、资金，项目保障，统筹CIM基础平台建设。

（2）因地制宜、以用促建

坚持从实际出发，充分结合各地城市规划、建设、管理实际需求和工作基础，在掌握CIM基础平台基本要求的前提下，探索CIM基础平台建设应用的新模式、新方法、新路径，不断在应用中推进CIM基础平台的迭代升级。

（3）融合共享，安全可靠

数据是CIM基础平台建设内容之一，应遵循统一规划、统一标准、资源共享和安全可靠原则，充分利用和整合城市现有数据信息和网络平台资源，在自主可控的基础上，推动CIM基础平台与各信息平台的融合共享。避免CIM基础平台在设计和建设过程中出现信息资源管理分散、数据规范不统一、数据信息孤岛等问题。

（4）产用结合，协同突破

推动CIM基础平台建设应用与自主可控BIM等软件产业发展互促互进，深化供需高效对接，提升产业供给能力。

（5）标准建设、开放兼容

CIM建设要以标准化原则为基础，保证系统实施的规范与安全运行。平台开发接口设计应具备开放性，应提供标准的各类数据接口，以实现平台与其他系统的兼容，促进智慧城市基础平台的建设。

6.3 平台构成

6.3.1 平台概述

CIM基础平台建设，是通过为城市建造、城市安全、城市市政和城市体检等重点的CIM应用领域提供更有针对性的空间信息智慧服务能力，逐步形成城市数字化底盘框架，并完善业务空间建模、指标审核、空间表达的空间服务能力和服务流程，最终形成可以支撑更多业务领域应用的城市数字化治理空间信息基础设施。

CIM基础平台作为一个完整的信息平台系统，应当具有完善的平台运维管理和安全保证的功能，平台的核心能力主要包括：

（1）空间建模：城市治理的基本功

CIM是将城市多源信息基于空间进行再组织，进而能够实现对城市建设、运行和管理的数字洞察与预测分析。

因此，如何将多业务信息、多格式数据在统一的空间尺度下进行融合，构建表达城市状态的信息模型，就成为城市数字治理的基础。

CIM基础平台提供了城市信息建模的功能流程与数据模板。基于对空间数据的兼容能力，实现对城市空间与业务信息的融合与建模，逐步构建并完善城市各类对象、业务、行为的模型库，是城市可视化呈现与城市智慧化分析决策的基础。

（2）数字呈现：城市治理的多样表达

CIM是城市多源异构信息的空间融合与再构，通过空间关系和业务信息的建模，不但是城市设施等静态信息的空间数字化表达，也是对城市交通等城市动态信息的空间数字化表达，更是通过建模分析，实现对城市未来发展的数字化表达。

因此，CIM基础平台需要能够提供覆盖全区域、功能完善、模式齐全的数字可视化呈现界面，不但能够在高仿真虚拟空间中展现城市的物理空间，并且能够以多种模式展现城市的运行动态，并且对城市的发展和变化也可以以直观的方式进行展现，能够让专业人员和城市公众一起对城市信息进行全面了解，增强城市治理的参与度。

（3）指标分析：城市治理的价值导向

对城市各类业务和行为进行指标设置和指标计算分析，是城市管理者和运维者对城市运行状态的解读和分析，代表着城市管理者和运维者对城市的判断和预测，是城市治理价值观的具体表现。

CIM基础平台的核心能力可支持对城市业务进行指标建模与指标分析，实现对城市各类业务信息的模型计算和阈值判断，通过指标的计算评估，形成对城市状态的测算与评估，为城市治理提供更加准确的数字化的决策依据。

因此，CIM基础平台的分析能力不是对信息的简单统计与计算，它是对数据模型进行的挖掘与分析，是面向城市治理需求对城市信息的重组。这就要求CIM基础平台能够拥有完备的全面的空间建模、数据解析、数据编辑与空间分析能力。

6.3.2 CIM基础平台总体架构

根据《城市信息模型基础平台技术标准》CJJ/T 315—2022，CIM基础平台总体架构应包括三个层次和三大体系，包括基础设施层、数据层、服务层，以及标准规范体系、信息安全体系、运维保障体系，如图6-1所示。横向层次的上层对其下层具有依赖关系，纵向体系对于相关层次具有约束关系。

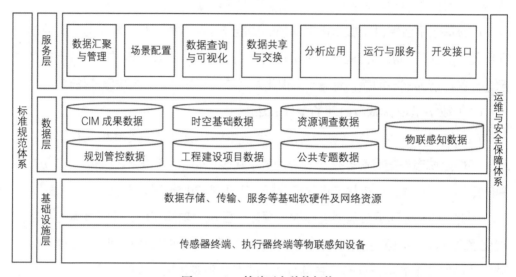

图6-1　CIM基础平台总体架构

（1）基础设施层

设施层主要包括基础硬件和基础云环境，其中基础硬件主要包括服务器、有线或无线网络、终端设备、各类手持与外设以及各类仪器仪表/传感器等物联网设备、电源、空调等；基础云环境主要是通过云原生GIS技术实现了多云环境下的快速部署，提供了多服务智能化编排和弹性资源调度等能力。基础云设施按照用途分为计算资源、网络资源以及存储资源等。

（2）数据层

建立CIM基础平台，首要的问题是对城市现存的各类数据进行分类处理，基于不同的数据获取方式，CIM基础平台可以将不同类型、不同数据结构、不同分辨率甚至不同颗粒度的多源数据进行汇聚，并装载到平台，实现多源数据的存储、管理以及可视化。CIM基础平台数据层主要包括基础地理信息数据、公众专题数据、物联网实时感知数据以及其他数据等。数据不仅包括传统测绘数据、新型测绘数据等常规GIS数据类型，也包括基于互联网的地理位置数据、基于移动互联网或者物联网的实时流数据，基于倾斜摄影、BIM、激光点云的新型测绘数据，基于非结构化的视频、图片、文档等多种新型数据来源。

（3）服务层

CIM基础平台的服务层应包括综合门户、开发接口以及二三维/室内室外/地上地下一体化服务三个部分。综合门户主要基于IOC、个人中心等功能模块展示平台总体资源情况以及个人账户等信息；开发接口提供数据服务、地图服务、功能服务等服务接口，支持住建业务系统以及其他应用系统与CIM平台的数据的交换与共享；二三维/室内室外/地上地下一体化服务支撑CIM平台基本地图工具、动态标绘、场景配置、模拟仿真等基本服务能力支撑。

（4）标准规范体系

以相关国家标准、行业标准为依据，完善CIM基础平台相关技术标准、数据标准和应用标准。加强与BIM等相关领域标准的衔接，支持跨领域标准化合作，推进CIM平台与BIM软件产品、服务标准的贯通。研究制订数据资源从采集、加工、建库、更新及共享利用的一系列标准规范，编制部分急用先行的标准规范和技术性文件，规范平台功能建设，保障各类数据融合，实现数据资源的多方共享利用，为后续推进CIM基础平台建设提供规范依据。

（5）运维与安全保障体系

应按照国家网络安全等级保护相关政策和标准要求建立信息安全保障体系。应建立运行、维护、更新与安全保障体系，保障CIM基础平台网络、数据、应用及服务的稳定运行。

6.4 平台特性

CIM基础平台作为智慧城市的信息基础设施，为相关应用提供丰富的服务和开发接口，对接城市现有的信息化平台或系统，同时，需根据城市发展的实际需求，扩展平台框架和数据结构，以支撑智慧城市应用的建设与运行。因此，平台的特性应归纳为基础性、专业性、可扩展性和集成性。

6.4.1 平台的基础性

CIM基础平台是在城市基础地理信息的基础上，建立建筑物、基础设施等物理实体的三维数字模型，表达和管理城市三维空间的基础平台，是城市规划、建设、管理、运行工作的基础性操作平台，是智慧城市的基础性、关键性和实体性的信息基础设施。各地需要充分认识CIM平台的基础作用，首先建立全市统一的三维空间数字底板，在此基础上根据需要搭建应用场景。避免重应用、轻底层，形成新的行业壁垒。

6.4.2 平台的专业性

CIM基础平台应具备基础数据接入与管理、BIM等模型数据汇聚与融合，多场景模型浏览与定位查询，运行维护和网络安全管理、支撑"CIM+"平台应用的开放接口等基础功能。同时基于其提供的丰富模型和统一底板各城市可根据城市发展阶段、发展情况，探索提供工程建设项目各阶段模型汇聚、物联监测和模拟仿真等专业功能。

6.4.3 平台的可扩展性

CIM基础平台的建设应结合实际情况，从满足基本需求出发，考虑平台框架和数据结构的可扩展性，满足数据汇聚更新、服务扩展和智慧城市应用延伸等要求。

6.4.4 平台的集成性

CIM基础平台应实现与相关平台（系统）对接或集成整合，宜对接智慧城市时空大数据平台和国土空间基础信息平台，对接或整合已有工程建设项目业务协同平台（即"多规合一"业务协同平台）功能，集成共享时空基础、规划管控、资源调查等相关信息资源。

| 第7章 |

CIM基础平台标准建设

　　CIM作为新兴技术之一，在国内外均处于探索阶段，可供参考借鉴的标准规范较少，各界也缺乏对CIM基础平台规范化建设的统一认知。各地对CIM基础平台的建设内容、交付要求、数据共享交换、信息安全保护、平台性能等方面定义模糊，可能造成地方CIM建设出现资源浪费、重复建设的风险。目前国家在第一批试点城市CIM工作成果的基础上，已出台部分CIM标准规范，如《城市信息模型基础平台技术标准》CJJ/T 315—2022等，对平台架构和功能、平台数据、平台运维和安全保障进行了规范。此外，各地在推行CIM基础平台建设的同时，也陆续从CIM技术、安全运维、数据编码等方面探索城市级和项目级CIM标准编制方法。

　　本章将结合国家及地方现有CIM标准规范，对国家及地方标准编制情况进行解读，把握各标准的编写目的和适用范围，为各地CIM基础平台建设及地方、项目标准建设提供参考借鉴。

7.1 标准体系框架

7.1.1 必要性

　　CIM基础平台建设与运行需要可行的标准体系来支撑。在实践中，各部门往往以需求为牵引进行各种标准规范的编制。由于对标准规范之间的关联性、整体性考虑不足，各部门信息交流不畅，导致可能出现标准重叠、层次交错、编制目的不清晰等问题，标准体系效能大打折扣。CIM基础平台作为一个面向国家、省、市级共享的、跨学科的管理工具，需要构建一个具有整体战略性、较强执行性、较高决定性、较好规范性的顶层设计来指导并规划CIM基础平台标准化建设的路径、发展走向和战略定位，推进CIM的标准化工作逐步走向科学化、合理化和实用化。

7.1.2 基本原则

　　CIM标准体系是指由满足CIM健康快速发展所必需的、具有内在联系的、现有的、正在编制的和计划编制的所有标准组成的科学有机整体，也是一个涵盖对象、技术、业务、管理等多方面标准在内的标准集合，具备系统、多元、有机的特点，其标准体系的构建应遵循以下基本原则：

1）层次清晰，分类合理。结合实践，构建层次清晰、分类合理的标准体系框架。

2）顶层统筹，急用先行。在详细梳理现有CIM相关标准的基础上，以实用为原则构建标准体系顶层设计框架，对急需使用的标准，先行建立。

3）面向实施，覆盖全面。建立从CIM基础平台规划设计、平台建设、数据汇聚、平台应用到运行维护的全生命周期标准体系。

4）适度超前，动态迭代。保持标准体系的前瞻性，为新的标准修订及实施预留一定空间，便于体系的逐步完善。

7.1.3 CIM标准体系总体设计

总结当前试点城市的实践经验和现实性需求，一般来讲，CIM标准体系总体上包括平台类、数据类、应用类、安全类以及其他相关标准。

平台类标准是围绕CIM基础平台建设、运行、维护、对外服务等提出的技术性约束要求，规定CIM基础平台的平台框架、功能设计、性能要求、系统接口、对外服务等内容，是CIM基础平台建设的基础性、通用性技术指导。

数据类标准是对CIM数据生产、收集、存储、传递、应用等相关标准的约束。对CIM框架、数据分类及编码进行基本约束后，需编制元数据、数据资源目录、数据技术等通用标准，进一步可根据数据加工和数据格式多样化的需求建立专用标准。

应用类标准是为充分发挥CIM基础平台在新型智慧城市建设中基础性支撑作用，加强CIM基础平台与城市各行业应用共建共享所制定的规范化指导性文件，覆盖工程建设、基础设施、城市交通等行业，对跨领域、跨学科的共享数据及应用创建进行约束。

安全类标准是为了保障CIM基础平台建设运营安全，从政策、管理、平台搭建、运营管理、基础设施环境等进行规定。

其他相关标准是指跟CIM相关的标准，如BIM、IoT标准，其作为CIM基础平台建设的重要数据组成部分；智慧城市标准，其作为CIM基础平台建设的主要服务对象，其标准要求对CIM基础平台标准体系制定具有指导性作用。

7.2 平台类标准

CIM基础平台作为我国"十四五"规划中数字城市建设的重要任务之一，也是推进我国"新城建"的重要工作内容，是地方开展信息化的必要工作。对此，为指导城市CIM基础平台建设，需在国家或行业标准的指引下，根据需要编制适宜本地化的CIM平台类标准，规范平台总体框架、功能设计、运行性能、验收评估、运维管理等内容，明确CIM基础平台的基本性技术要求，保障地方CIM基础平台建设方向不偏不倚，避免地方在建设过程中贪大求全，或因建设不满足使用要求从而导致资源浪费问题。同时，也为未来建成"国家—省—市"三级CIM基础平台互联互通体系奠定基础。

现阶段国家、行业发布的CIM平台类标准主要包括《城市信息模型（CIM）基础平台技术导则》（修订版，2021年6月）、《城市信息模型基础平台技术标准》CJJ/T 315—2022（2022年1月发布，2022年6月起实施）。一些城市也开始探索城市自身的平台类标准，如《辽宁省城市信息模型（CIM）基础平台建设运维标准》DB21/T 3406—2021（2021年4月）、《湖南省城市信息模型平台建设运维规范》DBJ43/T 4001—2022（2022年1月），广州、南京、雄安新区等CIM试点城市也对CIM平台类标准进行了深入研究。

结合现行出台的相关标准以及CIM基础平台建设需求，CIM平台类标准可从平台建设、服务、运维三个方面进行编制，适时也可以编制相应的平台验收、平台测试等平台类标准，实现CIM基础平台从搭建到投入运维的全流程指导。

7.2.1 平台建设标准

平台建设标准主要面向CIM基础平台建设环节，在遵循相关规定的基础上，对平台定位、总体框架、功能设计、性能要求等进行规定。平台定位需包括CIM基础平台的定位、平台与横纵向平台系统的关系以及对接内容，从整体上统筹CIM基础平台在地方层面信息化体系的支撑关系；总体框架即对平台的总体架构、数据架构、技术架构、部署架构、功能架构进行一般性规定，为地方CIM基础平台搭建提供参考借鉴；功能设计是对CIM基础平台建设中需最低限度满足的功能要求予以规定，参考技术导则和平台技术标准内容，对CIM基础平台的功能设计进行细化，满足地方特色需求。最后，性能要求是对CIM基础平台的开发环境、运行效率、响应速度进行规定，从技术层面规范平台建设要求。

7.2.2 平台服务标准

CIM基础平台作为新型智慧城市的底层支撑，需要支撑城市各领域业务应用，即强调CIM基础平台对外的数据及服务共享能力。通过制定CIM基础平台服务标准，对平台接入和共享服务接口内容进行规定，指导CIM基础平台与其他系统平台对接，强化CIM基础平台与其他系统平台间的信息共享水平，并通过标准化、规范化的平台接口，增加CIM基础平台的对外应用支撑能力。

平台接入部分需从地方信息化体系总体框架出发，考虑CIM基础平台与省级CIM基础平台、片区CIM基础平台、智慧应用体系以及各委办局业务系统的接入要求，规定CIM基础平台与不同系统平台的接入方式、接入内容、接入要求等；平台共享服务结构即面向CIM基础平台对外应用支撑需求，规定接口命名规则、通信方式、传控要求、技术要求，满足各智慧应用对CIM基础平台数据及功能服务调用需求，推动资源服务和共享共建。

7.2.3 平台运维标准

除CIM基础平台建设、运行外，CIM基础平台后续的运维工作也不容忽视。编制CIM基础平台运维标准，从硬件设备、数据、软件等方面规范CIM基础平台运维要求；同时，面向CIM基础平台运维管理需求，制定CIM基础平台运维质量管理部分内容，支持对后续运维工作的规范化管理。

平台运维标准主要包括CIM基础平台的运维责任对象、运维服务对象、运维工作内容以及运维质量管理四部分。其中责任对象可包括主管机构、管理机构、服务机构、建设单位等，覆盖自行运维、外包运维、混合运维等不同运维模式；运维服务对象包括信息化基础设施、数据资源以及软件维护更新等；运维工作内容需包括日常性运维及应急性运维，即监控巡检、例行维护、故障响应、应急响应、安全运维、分析总结等；运维直观管理包括平台运行质量分析制度、质量分析成果公开制度以及运维质量管理内容要点等。通过制定标准化的CIM基础平台运维标准，为地方CIM基础平台后续运维工作提供参考与借鉴，保障CIM基础平台验收后的稳定运行。

7.3 数据类标准

数据是CIM基础平台建设的重要内容。CIM基础平台数据涉及规划、住建、市政、公共管理等多个领域，各行各业的数据类型、表达形式、数据体系各不相同。当各类数据汇聚、融合、共享时，数据的兼容性问题将变得尤为突出。为保障CIM数据定义及使用的一致性、准确性，需综合提炼相关行业现行标准规范，编制CIM数据类标准，规定CIM在数据分级分类、编码、治理、整合建库、共享、更新、安全等诸多方面的要求，从而指导CIM基础平台数据建设及应用。

伴随全国各地CIM基础平台建设工作的开展，国家、地方CIM数据标准的研究工作也相继启动。但目前已公开的CIM数据标准较少，主要包括行业标准《城市信息模型数据加工技术标准》（征求意见稿，2021年4月，以下简称《数据加工标准》）以及《辽宁省城市信息模型（CIM）数据标准》DB21/T 3407—2021（2021年4月）、《湖南省城市信息模型基础数据标准》DBJ43/T 531—2022（2022年1月）等地方标准。《数据加工标准》主要以CIM基础平台的模型数据治理为切入点，围绕CIM数据加工、轻量化处理、数据质量检查与评定、数据更新等方面，对CIM模型数据分类分级加工处理进行规范性定义。《辽宁省城市信息模型（CIM）数据标准》和《湖南省城市信息模型基础数据标准》作为地方性CIM数据标准，在数据加工标准和技术导则的指导下，结合地方业务应用需求，对CIM数据资源目录进行了细化，并对CIM数据分级、分类编码、入库和更新与共享进行了明确的规定。

一般来讲，CIM数据类标准可从数据技术要求、数据建库入库、数据共享交换等方面进行标准编制，指导CIM数据汇聚、治理、数据库建设、共享交换等工作开展。

7.3.1 数据技术标准

数据技术标准是CIM数据类标准的基础，主要是对CIM数据的分级、分类编码、资源目录、数据更新等内容进行基础性、通用性规定，也包括数据分级、分类编码、数据构成、数据更新等内容。

其中，CIM数据分级需参考行业标准《数据加工标准》的相关要求，将CIM数据划分为七个等级，并根据地方现有信息化现状，对每级CIM数据表达进行细化；数据分类与编码可按照成果、进程、资源、属性和应用五大维度对CIM数据的编码进行分类，并兼顾CIM基础平台未来可拓展、数据高承载的需求，规定数据分类编码的扩展原则与拓展方式，确保现有CIM数据与未来不可预见的数据资源规整的衔接性；在数据构成上，参照技术导则中现行的构成框架，结合地方业务需求，对各类数据内容进行细化，明确各类数据层级下具体的数据资源清单，从而更好指导地方CIM基础平台搭建。最后，在数据更新上，根据地方数据应用需求、数据资源基础以及数据生产方式等因素，对不同类型数据的更新原则、更新方式以及更新频率进行详细规定，指导实际CIM数据更新工作的开展。

7.3.2 数据建库标准

为规范CIM数据治理建库、入库，搭建层次分明、逻辑清晰的CIM基础平台数据库，支撑CIM基础平台建设应用需求，需编制CIM数据建库标准，规定数据入库要求、数据入库流程、数据库、数据库设计等。其中，数据建库要求主要是对入库前的数据质量、数据技术属性要求等进行规定，确保入库的CIM数据满足平台应用需求；数据入库流程是依据数据类型，对数据清洗、数据治理、数据质检、数据建库入库等各环节任务内容进行详细规定；数据库即参考技术导则对时空基础数据、资源调查数据、规划管控数据、工程建设项目数据、公共专题数据和物联感知数据等各门类建立数据库，明确各数据库所包含的数据内容；最后，数据库设计是对各门类数据库的总体框架、逻辑框架、数据存储类别、数据存储方式等内容进行详细规定。

7.3.3 数据共享交换标准

立足新型智慧城市信息化体系整体建设与统筹规划，充分发挥CIM基础平台的应用支撑能力，推动资源复用和共建共享，编制数据共享交换标准。在保障数据安全的前提下，根据平台关联关系以及对接需要，规定CIM基础平台与其他业务系统共享交换的数据类别、子项内容、数据格式、数据精度及共享要求等，指导CIM基础平台与其他业务系统互通互享。

7.4 应用类标准

CIM基础平台作为新型智慧城市建设的基础性操作平台，将支撑智慧城市各领域业务应用。对此，为规范CIM+智慧应用建设，加强CIM基础平台与应用系统的数据和服务共享能力，需制定CIM应用标准，指导CIM+智慧应用数据资源建设、应用场景搭建、数据及服务共享对接。

为进一步落实国家各部委对CIM基础平台支撑新型智慧城市建设的指导，加强

CIM基础平台对应用的服务支撑能力，2021年9月住房和城乡建设部办公厅发布了行业标准《城市信息模型应用统一标准（征求意见稿）》（以下简称《应用统一标准》），作为CIM应用标准中的基础性标准，对CIM模型在工程建设项目审批和建设管理、市政基础设施建设和改造、智慧交通、智能化城市安全管理等行业中的模型精度、专题数据融合、专题数据更新、协同工作模式以及应用场景创建进行了初步的规定。而在地方上，广州、南京、雄安新区、重庆等地在开展CIM基础平台建设的过程中，结合地方需要开展了基于CIM基础平台的行业示范应用建设，如在规划编制、工程建设等领域，但截稿前仍尚未形成公开发表的标准性文件。

结合《应用统一标准》及基于CIM基础平台应用系统建设实践工作的重难点要求，CIM应用类标准可从基于CIM基础平台行业专题数据标准以及行业专题应用标准两方面进行研究与编写，适时也可编制相关的接口规范、应用指南、服务交付规范、应用成熟度评估等CIM应用系统标准，指导基于CIM基础平台的各项应用工作开展。

7.4.1 专题数据标准

CIM专题数据标准有别于传统的行业数据标准或平台数据标准，它是CIM概念为导向下的行业数据标准与CIM基础平台建设工作深度连接的重要桥梁，即在遵循现有行业数据标准要求的前提下，结合各行业在CIM基础平台上的场景应用需求而衍生出的专题数据标准。在行业专题数据标准中，数据的内容、格式、编码、属性字段、图形技术要求等均需与各行业现行的数据标准保持一致，在此基础上，结合《城市信息模型基础平台技术标准》CJJ/T 315—2022、《数据加工标准》的要求，在CIM基础平台数据统一框架下，对行业专题应用数据的内容、模型深度、数据融合挂接、数据编码转换关系进行补充规定，从而强化行业专题数据与CIM数据体系的关联关系，保障行业专题数据在CIM基础平台上的应用可创建、可实践。

目前在"放管服"、优化营商环境的工作背景下，针对工程建设项目审批改革需求，行业主管部门已发布了支撑工程建设项目审批全阶段应用的数据标准征求意见稿。征求意见稿从数据内容、技术要求、数据组织、数据交付等方面对立项用地、规划审批、施工图审批和竣工验收备案四个环节的行业数据技术要求进行了规定，包括数据内容、空间图形要求、属性技术要求等，从而指导基于CIM基础平台的工程建设项目智能审查审批专项应用工作的开展。

未来随着各地行业应用实践的不断推进以及深入，城市体检、城市安全、智能建造、智能汽车、智慧市政、智慧园林、智慧水务、智慧社区、城市综合管理等其他行业领域的CIM专题数据标准也将逐步出台，规范各行业应用在CIM基础平台上的数据建设。

7.4.2 行业专题应用标准

CIM行业专题应用标准是对工程建设项目、城市体检、城市安全、智能建造、智能汽车、智慧市政、智慧园林、智慧水务、智慧社区、城市综合管理等行业领域在CIM基础平台上的标准化应用场景的规定，包括应用需求、应用场景、应用功能、CIM基础平台对应用场景的数据及功能服务支撑能力范围等，从而明确行业应用与CIM基础平台的关联关系，强化CIM基础平台对行业应用的支撑。

目前行业主管部门已公开的相关专题应用标准主要为《城市运行管理服务平台技术标准》CJJ/T 312—2021（2021年12月），是基于CIM基础平台在城市管理、运行及服务阶段的行业应用。标准规定了在CIM基础平台的支撑下，"国家—省—市"三级的城市运行管理服务的应用内容、应用技术要求以及数据接口交换要求。

此外，《应用统一标准》已对工程建设项目审批、市政基础设施、智慧交通等行业领域的应用范围进行了初步划定，相关行业专题应用标准可参考《应用统一标准》编制。

7.5 安全类标准

网络信息安全是党的十八大以来一直关注的重点。如何建立动态、综合的网络信息防护体系，加快关键信息基础设施的安全保障体系建设，落实国家信息安全保障是在信息化建设过程中无法避免而又必须解决的问题。CIM基础平台作为新型智慧城市的关键性基础性底层平台，承载着高精度、高仿真的城市实景模型数据以及城市动态运行数据，其重要性不言而喻。对此，需制定覆盖全面、落实有效的CIM基础平台安全类标准，规定平台建设、运行、运维等不同环节下的物理安全、网络安全、数据安全等多方面安全保障要求，保障CIM基础平台运行安全以及数据应用安全，增强CIM基础平台抵御安全风险和自主可控能力，指导CIM基础平台安全体系建设运营，规范CIM基础平台安全保护工作。

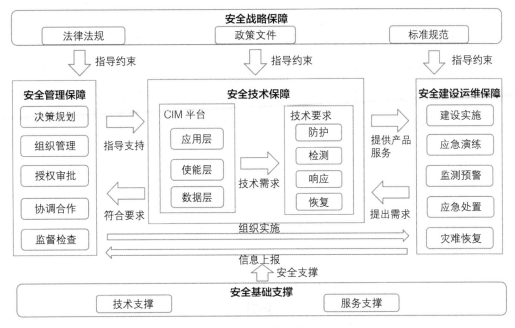

图7-1 安全类标准框架设计

CIM基础平台安全类标准主要包括安全战略保障、安全管理保障、安全技术保障、安全建设运维保障和安全基础支撑，从政策、管理、建设、运维、基础环境全方位保障CIM基础平台运行安全，如图7-1所示。

7.5.1 安全战略保障

CIM基础平台安全战略保障方面的标准建设主要体现在法律法规、标准规范和政策文件三个方面。在法律法规方面，CIM基础平台在其规划、设计、建设、运营、维护、应用等全生命周期中应满足但不限于《中华人民共和国网络安全法》《国家网络空间安全战略》等法律法规，各类数据的收集、存储、加工、使用、提供、交易和公开等数据活动应满足但不限于《中华人民共和国数据安全法》等相关法律法规；在标准规范方面，CIM基础平台需遵守《计算机信息系统 安全保护等级划分准则》GB 17859—1999、《信息安全技术 信息系统安全管理要求》GB/T 20269—2006、《信息安全技术 网络基础安全技术要求》GB/T 20270—2006等相关标准；在政策文件方面，各地方政府主管部门需要出台相关的政策，研究、制定并实施具有区域特征、行业特性的CIM基础平台安全标准。

7.5.2 安全管理保障

CIM基础平台安全管理保障标准是对CIM基础平台相关方的安全责任进行界定，并对其活动进行约束、规范及监督。根据CIM基础平台所面向的业务需求，其相关方主要包括决策规划方、组织管理方、授权审批方、协调合作方、监督检查方等，应按照各相关方业务的安全需求，制定并不断完善与业务操作及人员相关的管理安全标准。

7.5.3 安全技术保障

安全技术保障标准主要对CIM基础平台的数据安全、系统安全、边界安全进行规范和约束。CIM基础平台应当坚持国家安全观，建立健全数据安全治理体系，建设并完善涉密数据脱密处理、数据交换、数据交易、数据销毁、数据安全风险识别、数据存储、备份和恢复等方面的安全标准，加强身份鉴别、访问控制、安全审计和恶意代码防范等系统安全保护以及防护指标、检测指标、响应和恢复等边界安全保护标准的建立。

7.5.4 安全建设运维保障

CIM基础平台安全建设运维保障是指对CIM基础平台数据和业务安全工程建设运行状态的监测与维护，宜包含建设实施、监测预警、应急处置和灾难恢复等内容。

7.5.5 安全基础支撑

CIM基础平台安全基础支撑包含安全技术支撑和安全服务支撑。安全技术支撑包括密码管理、身份管理和时间同步等，安全服务支撑包括产品和服务的资质认证、安全评估、检测以及咨询服务支撑等。

7.6 其他相关标准

CIM基础平台的搭建涉及不同类型数据的汇聚，如BIM、IoT等相关数据。为保障CIM与上述数据的衔接性与协调性，CIM基础平台标准编制需与BIM、IoT现行标准规范性内容进行衔接，从而推动CIM基础平台的兼容性建设与发展。此外，CIM基础平台作为新型智慧城市的基础性操作平台，其标准建设也可在一定程度上参照智慧城市现行标准规范性内容要求。

7.6.1 BIM标准

按照BIM标准体系的规划，目前已实施或在编的标准分为统一标准、基础数据标准、执行标准、应用标准四个层次。如统一标准《建筑信息模型应用统一标准》GB/T 51212—2016对BIM在各个阶段建立、共享和应用进行了统一规定，是其他标准应遵循的基础要求和原则；技术数据标准《建筑工程信息模型存储标准》GB/T 51447—2021针对建筑工程对象的数据描述架构（Schema）做出了规定，以便于信息化系统能够准确、高效地完成数字化工作，并以一定的数据格式进行存储和数据交换；执行标准《制造工业工程设计信息模型应用标准》GB/T 51362—2019规定了设计、施工运维等各阶段BIM具体的应用要求，内容包括该领域的BIM设计标准、模型命名规则、模型的简化方法、模型精细度要求等；应用标准《建筑信息模型施工应用标准》GB/T 51235—2017规定了施工过程中BIM的使用要求、施工模型信息交付要求等。

7.6.2 IoT标准

物联网标准是实现智能传感器设备与应用相互通信、相互理解的桥梁，对数据的自由流通具有重要意义。现行国际、国家、行业等类型标准主要覆盖平台、网络、边缘、端侧等不同维度。

平台类标准如国家标准《智慧城市 设备联接管理与服务平台技术要求（征求意见稿）》、《物联网参考体系结构》GB/T 33474—2016、行业标准《物联网信息模型 物模型标准技术要求》、团体标准《M2M技术要求（第一阶段）安全解决方案》T/CCSA 215—2018、《合作式智能运输系统 通信架构》T/ITS 0097—2018等十余项标准；网络类标准如行业标准《基于LTE的车联网无线通信技术 网络层技术要求》YD/T 3707—2020、团体标准《基于LTE的车联网无线通信技术 空中接口技术要求》YD/T 3340—2018等；端侧类标准如国家标准《物联网 感知控制设备接入 第1部分：总体要求》GB/T 38637.1—2020。

7.6.3 智慧城市标准

回顾智慧城市标准体系建设，早在2012年，全国信息技术标准化技术委员会就已发布了包括基础、支撑技术、建设管理、信息安全和应用5个大类的智慧标准体系框架。2013年11月，全国智能建筑及居住区数字化标准技术委员会发行了《中国智慧城市标准体系研究》，其中包括总体标准、建设与宜居、管理与服务、产业与经济、安全与运维6个大类的标准,分5个层次,覆盖了19个技术领域。2016年,国家标准《新型智慧城市评价指标》GB/T 33356—2016批准发布,标准中划分了八大指标,即惠民服务、精准治理、生态宜居、智能设施、信息资源、网络安全、改革创新和市民体验,如图7-2所示。2016年11月22日,国家发展改革委、中央网信办、国家标准委联合发布了《关于组织开展新型智慧城市评价工作务实推动新型智慧城市健康快速发展的通知》(发改办高技[2016]2476号),《新型智慧城市评价指标(2016年)》成为评价工作的指标依据和核心内容。

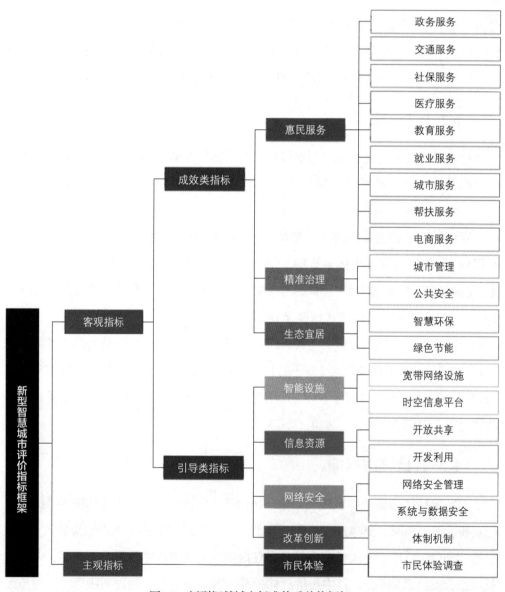

图7-2 新型智慧城市标准体系总体框架

| 第8章 |

CIM基础平台数据库建设

CIM基础平台的搭建，首先要解决的就是将不同类型、不同结构、不同分辨率甚至不同颗粒度的多源数据进行汇聚融合治理，并按照住房和城乡建设部《城市信息模型基础平台技术标准》CJJ/T 315—2022的目录，进行相应的数据库搭建。CIM基础平台数据包括基础时空数据、资源调查数据、规划管控数据、工程建设项目数据、公共专题数据、物联感知数据等类别，不同的数据类型需要采用不同的存储方式，因此需要丰富的数据存储机制与多类型存储引擎的支撑，共同构成CIM基础平台的数据库体系。

8.1 数据资源

CIM基础平台数据资源包括时空基础数据、资源调查数据、规划管控数据、工程建设项目数据、公共专题数据、物联感知数据等，可根据实际需要拓展数据建设内容。各类数据可由各地的大数据（政务服务数据管理）、规划和自然资源、住房和城乡建设、生态环境、交通运输、统计、林业、气象等部门分别进行收集，各个城市以具体应用情况对接不同的部门进行接入汇集。各类数据基于统一的标准规范、统一的数据基准接入，参照CIM基础平台的数据建设标准完成数据建库。

（1）时空基础数据

CIM平台可以完整地描述结构复杂的城市系统，丰富的城市时空信息是必不可少的，这些城市时空信息来源于各类数据，包括行政区数据、测绘遥感数据及三维模型等。

1）行政区数据：主要包括国家级、省级、地级、县级等数据。这类型数据都是矢量数据，精度较高，坐标信息准确，便于空间分析计算，特别是网络分析。这类基础地理数据常用于城市基础信息底图制作，为城市规划、建设与管理提供数据支撑。

2）测绘遥感数据：主要包括数字正射影像图和倾斜影像等栅格数据。数字正射影像图是同时具有地图几何精度和影像特征的图像，具有精度高、信息丰富、直观真实等优点，成为城市底板数据的重要组成部分之一。倾斜摄影技术的出现，大大降低了城市三维数据生产的人工成本和时间周期，推动了三维数据的大范围推广及应用，为智慧城市建设提供丰富的数据基础。

3）三维模型：包括栅格数据数字高程模型及各类三维信息模型，如建筑三维模型、水利三维模型、交通三维模型、管线管廊三维模型、植被三维模型、其他三维模型等。数字高程模型是在二维数字地形图的基础上增强了空间性，使数字地形图更加丰富化、三维化，即将被研究的自然地理形态通过横向和纵向的三维坐标表现出来，充分地将制图区域反映出来，同时表达了空间立体性。CIM基础平台的建设应支持各类型的数据接入，如3ds Max，并支持多种模型格式导入，如：osg、obj、flt、wrl、dae等。

（2）资源调查数据

资源调查数据可按调查对象分类，包括国土调查、耕地资源调查（耕地资源、永久基本农田）、地质调查（基础地质、地质环境、地质灾害）、水资源（水系水文、水利工程、防汛抗旱）、房屋建筑普查（房屋建筑、照片附件）和市政设施普查（道路设施、桥梁设施、供水设施、排水设施、园林绿化、照片附件）等，将城市公共服务设施、地下空间现状数据等纳入。资源调查数据多以矢量数据的形式存储，部分照片附件等以电子文档形式进行存储。该类专项数据作为业务辅助分析的基础数据，通常应用于项目规划阶段的分析研究，对方案是否合理进行预先研判。

（3）规划管控数据

规划管控数据包括三条控制线（生态保护红线、永久基本农田、城镇开发边界）以及规划成果数据等，如城市总体规划数据、土地利用总体规划数据、国土空间规划数据等，以及绿地规划数据、矿产资源规划数据、道路规划数据、电力规划数据、防洪规划数据、人防规划数据、水资源规划数据、三水规划数据、铁路专项规划数据、燃气专项规划数据、消防专项规划数据、综合交通规划数据、热力专项规划数据、环卫专项规划数据等专项规划数据。

（4）工程建设项目数据

工程建设项目数据涉及项目审批四大环节，数据可细分为立项用地规划许可数据、建设工程规划许可数据、施工许可数据和竣工验收数据。用地规划阶段以策划项目信息、协同计划项目、项目红线、立项用地规划信息和相关报建批文、证照材料为主，其余阶段以对应的工程建设项目BIM数据和相关审批批文、证照材料为主。

工程建设项目数据涉及不同项目类型全周期的规划、建设和运维数据，由于尺度范围较小、聚焦信息较细，因此重点依靠BIM模型数据来实现对工程建设项目信息的表达及描述，数据粒度可以细化到工程内部的一个机电配件、一扇门。基于BIM技术，人们可以从一个整体城市视图，快速定位到一个项目、一个单体，甚至可快速查找到一个零部件的生命周期信息，从而获取所有相关数据。

（5）公共专题数据库

公共专题数据库涉及常用城市要素的属性信息，包括社会数据（就业和失业登记、人员和单位社保）、实有单位（机关、事业单位、企业、社团）、宏观经济数据（国内生产总值、通货膨胀与紧缩、投资、消费、金融、财政）、实有人口（自然人基本信息）等主要关联行政区的结构化数据以及以矢量数据呈现的兴趣点数据[①]、地名地址数据（地名、标准地址）等。

（6）物联感知数据

物联感知数据主要为各种信息采集设备、各类传感器、监控摄影机等获取的数据，包括建筑监测数据（设备运行监测、能耗监测）、市政设施监测数据（城市道路桥梁、轨道交通、供水、排水、燃气、热力、园林绿化、环境卫生、道路照明、垃圾处理设施及附属设施）、气象监测数据（雨量、气温、气压、湿度等监测）、交通监测数据（交通技术监控信息、交通技术监控照片或视频、电子监控信息）、生态环境监测数据（水、土、气等环境要素监测）、城市运行与安防数据（治安视频、三防监测数据、其他）等。支持CSV、TXT、JSON、GeoJSON等多种常用数据格式，支持Socket、HTTP、JMS、Kafka等主流数据传输协议。

8.2 数据汇聚

CIM基础平台的数据汇聚主要实现各类数据的收集、分类，依据统一的标准、规范进行数据建库。数据汇聚主要通过各平台和系统的数据接口、拷贝等方式实现多部门数据及IoT数据等多源异构的各种实时/非实时、结构化/非结构化数据的接入管理和信息资源的整合。常见的汇聚方式包括：

[①] 引用自《地理信息兴趣点分类与编码》GB/T 35648—2017。

1）数据共享：对于数据时效性强和经常发生变化的数据采用在线接入、实时互联，如感知数据和政务数据等；对于不经常变化的数据，如地理空间信息数据，为提高系统的访问速度，采用集中统一共享。

2）业务系统数据整合：通过各个业务系统获取相关数据，针对各类业务数据，以业务协同和资源共享为目标，进行数据格式的统一和关系建立，并进行数据空间化。

3）社会数据汇聚：通过第三方渠道汇聚各类历史数据、城市运行数据等，并按照数据标准清洗入库，丰富数据体系。

CIM基础平台将汇聚后的各类数据资源，包括汇总的各类二维数据以及经过清洗治理的三维数据进行数据建库，实现数据资源的统一管理，支撑各类业务系统的建设和共享应用。

8.3 数据治理

8.3.1 数据治理目的

CIM数据治理是为了满足三维、BIM信息的轻量化和整合化，打破三维数据与基础地理数据等图形数据之间的壁垒，解决在业务审批管理中数据使用的难题，使CIM数据成果可支持二三维管理决策。

CIM数据治理是根据CIM基础平台建设标准，使用一定的方式和工具将来自不同维度、不同业务和不同来源的源数据进行集成联合，同时将二维空间数据与三维数据、表格属性数据与三维数据进行数据挂接，构建快捷、高效和强大的数据成果。

8.3.2 数据治理方法

（1）统一数据治理框架

CIM数据应至少包括时空基础数据、资源调查数据、规划管控数据、工程建设项目数据、公共专题数据和物联感知数据等门类。

（2）确定数据治理标准

规定CIM数据分类、分级和入库更新的技术标准，用于指导规划和自然资源（含测绘）、城市住房和建设、交通管理、水务管理和城市管理等部门和相关单位，按统一的标准更新、共享和协同应用城市二维和三维数据，涵盖时空基础数据、资源调查和登记数据、规划管控数据、公共专题数据、工程建设项目数据和物联网感知数据等。

8.3.3 技术规范要求

空间数据的坐标系统应采用2000国家大地坐标系或与之联系的城市独立坐标系，以及1985国家高程基准。BIM数据、房屋建筑工程CAD图、房屋楼盘表等数据应实现与空间数据的位置配准。

8.3.4 模型分级分类

（1）模型分级

参考《城市信息模型数据加工技术标准（报批稿）》，CIM根据精细度可分为七级，每级模型主要内容、特征、数据源精细度应符合表8-1的规定。

（2）模型分类

CIM应按照类型进行模型分类，并应符合表8-2的规定。

8.3.5 数据治理内容

（1）数据清洗

针对CIM基础平台据类型比较多、数据源存在版本不一致、坐标不统一等问题，CIM基础平台需要对数据源进行数据清洗操作。

增：添加辅助的GIS数据或者倾斜摄影数据；

删：删除多余的无用数据，删除重复数据；

改：修改位置、方向及原点；

查：检查是否有远处多余的幽灵元素等；

出：对整理好的数据进行导出操作。

（2）数据预处理

预处理前期是收集基础地理数据和规划和整理业务数据。对现有的不同数据进行不同类别数据进行整理、归纳、入库，形成基础数据统一标准，为后续数据格式转换、坐标统一和轻量化处理提供准确信息，夯实数据基础。

主要处理内容包括：

1）文件完整性校验；

CIM分级

表8-1

模型基本参数 \ 模型分级	CIM1级	CIM2级	CIM3级	CIM4级	CIM5级	CIM6级	CIM7级
要素构成	承载省域、城市群主要信息的空间对象	承载市域主要信息的空间对象	承载城市主要信息的空间对象	承载城市建设专业领域信息的空间对象	承载城市功能系统信息的空间对象	承载城市运维信息的空间对象	承载精细表达城市状态的空间对象
表达精度	满足区域要素识别需求	满足市域空间占位粗略识别需求	满足城市主要对象真实感识别需求	满足建设专业领域细节识别需求	满足功能系统细节识别需求	满足设施设备构件细节识别需求	满足城市动态细节高精度识别需求
位置精度	最高相当于1:50000比例尺地形图的几何位置精度	相当于1:5000~1:25000比例尺地形图的几何位置精度	相当于1:500~1:2000比例尺地形图的几何位置精度	绝对精度优于1:500比例尺地形图的位置精度，相对精度优于20厘米	绝对精度优于1:500比例尺地形图位置精度，相对精度优于10厘米	绝对精度优于1:500比例尺地形图位置精度，相对精度优于10厘米	绝对精度优于1:500比例尺地形图位置精度，相对精度优于1厘米
属性信息深度	满足查询定位需求	满足分类统计需求	满足分类统计需求	满足城市建设专业领域管理需求	满足城市主要功能系统管理需求	满足城市设施设备运维管理需求	满足城市实时的动态感知和管理需求
关系信息深度	连接关系	连接关系	连接关系	连接关系、组成关系	连接关系、组成关系、控制关系	连接关系、组成关系、控制关系	连接关系、组成关系、控制关系

分类名称	大类	备注
模型	地形模型	分类方法应符合国家现行标准《基础地理信息要素分类与代码》GB/T 13923和《城市三维建模技术规范》CJJ/T 157的有关规定，并可进行扩充和细分
	行政区模型	
	建筑模型	
	交通设施模型	
	水系模型	
	植被模型	
	场地模型	
	市政设施模型	
	管线管廊模型	
	地下空间模型	
	地质模型	
	城市部件模型	
	其他模型	

2）数据标准校验；

3）三维坐标一致性校验；

4）专项资源属性查验。

（3）数据格式转换

包括矢量格式转换、栅格格式转换、矢量坐标投影转换、金字塔创建功能。

（4）数据坐标转换

平台支持的坐标系需要包含：2000国家大地坐标系和城市独立坐标系。高程标准：1985国家高程基准。

（5）模型分级分类构建

参照住房和城乡建设部《城市信息模型数据加工技术标准（报批稿）》对汇聚的模型数据进行数据加工治理。对DEM、DOM、DLG、倾斜摄影数据、Max模型数据、BIM模型数据等数据源进行模型重建，建立CIM1~CIM7级的模型分级分类体系。

模型文件组合区域大小原则：建议CIM1级别按照城市整体区域进行整体处理；CIM2~CIM4级按照行政区划进行模型区域的拆分处理；CIM5~CIM7级按照文件大小进行组合处理（需要考虑运行效率），在实际处理中确定文件大小，一般按照地块进行组合。

（6）CIM1～CIM7级模型几何加工方法

1）CIM1级模型几何加工处理

利用DEM、DOM及DLG等数据生成地形模型、行政区划模型、交通设施模型、水系模型及植被模型，并进行模型轻量化及渲染效果加工。数据需要CGCS2000投影信息，DEM、DOM数据是需要通用的TIF格式，DLG数据为通用的shp数据，含数据属性。

2）CIM2级模型几何加工处理

利用DEM、DOM、DLG及房屋楼盘表等数据生成地形模型、建筑简模、行政区划模型、交通设施模型、水系模型、植被模型及场地模型。数据需要CGCS2000投影信息，DEM、DOM数据是需要通用的TIF格式，DLG数据为通用的shp数据，含数据属性。

3）CIM3级模型几何加工处理

利用DEM、DOM、DLG、倾斜摄影测量数据、一般精度城市三维精细模型等数据生成地形模型、建筑外观模型、行政区划模型、交通设施模型、水系模型、植被模型、场地模型等，并进行模型轻量化及渲染效果加工。数据需要CGCS2000投影信息，DEM、DOM数据是需要通用的TIF格式，DLG数据为通用的shp数据，含数据属性，倾斜摄影需要提供金字塔结构的OSGB数据。

4）CIM4级模型几何加工处理

利用DEM、DOM、DLG、高精度城市三维精细模型等数据生成地形模型、建筑外观模型、建筑分层分户模型、交通设施模型、水系模型、植被模型、场地模型、地下空间模型等，并进行模型轻量化及渲染效果加工。数据需要CGCS2000投影信息，DEM、DOM数据是需要通用的TIF格式，DLG数据为通用的shp数据，含数据属性，高精度城市三维精细模型需要提供obj等通用格式数据。

5）CIM5～CIM7级模型几何加工处理

利用BIM模型生成建筑外观模型、建筑内部模型、交通设施模型、场地模型、市政设施模型、地下空间模型等，并进行模型轻量化及渲染效果加工。BIM数据是主流的数据格式，如rvt、dgn、skp、ifc、obj。

6）其他数据几何加工处理

规划图、城市设计模型数据加工，实现与CIM1～CIM5各级模型空间位置配准。BIM数据是主流的数据格式，如rvt、dgn、skp、ifc、obj。

（7）模型属性信息加工主要内容

1）所有模型单元应具有标识编码、分类编码、名称、加工时间等通用属性信息。

2）建筑模型单元宜具有地址、建筑结构、层数、用途、建筑面积、建造年代、建筑高度等基本属性信息。

3）交通设施模型单元宜具有道路等级、道路宽度、养护单位等基本属性信息。

4）水系模型单元宜具有所属流域、深度等属性信息，水工建筑物等水利设施模型对象宜具有建筑类型、建筑结构、流速、水位、水量、管理单位、建造年代等基本属性信息。

5）植被模型单元宜具有种类、树龄、权属单位、养护单位等基本属性信息。

6）市政设施模型单元宜具有类型、规模、管理单位、服务范围、建成时间等基本属性信息。

7）管线模型单元宜具有类型、材料、规格、埋深、建成年份等基本属性信息。

8）地下空间模型单元宜具有结构、层数、用途、建造年代等基本属性信息。

9）地质模型单元宜具有钻孔直径、采样时间等基本属性信息。

10）城市部件模型单元宜具有主管部门、权属单位、养护单位、部件状态等基本属性信息。

11）BIM零件级模型宜具有设施设备种类、工作形式、工作状态、工作动作、工作触发前置条件、作业流程、安全标准等扩展属性信息。

（8）模型关系信息加工主要内容

1）建筑模型单元应建立建筑外观、建筑室外组件、建筑分层分户、建筑地下空间的空间组成关系；

2）交通设施模型单元应建立路网、道路、车道、路侧设备以及路桥隧涵的连接关系与拓扑关系；

3）水系模型单元应建立河流拓扑关系和湖泊池堰连接关系；

4）管线模型单元应建立管网管廊拓扑关系。

（9）数据空间化

1）匹配上图

对于带有地址信息的专题业务数据，基于地名地址工具，采用匹配上图的方式，进行批量自动匹配上图。系统匹配的过程中，将专题业务数据的地址信息和标准地址库的地址信息进行比对，查找潜在的位置，根据与地址的接近程度为每个候选位置指定分值，最后用分值最高的来匹配这个地址，返回分值最高标准地址，完成数据的匹配上图。用户可以根据地址数据匹配的精度，对上图的专题数据进行核对和完善编辑。

2）标绘上图

对于没有地址信息的专题业务数据，若各单位对专题业务数据的空间位置比较熟悉，可以借助电子地图、影像地图、周边参考物等辅助参考数据，基于地图标绘功能，通过在地图上进行标点、标线、标面，获取专题空间数据。

（10）数据扩充

政府各职能部门拥有的大量业务信息都与地理空间位置密切相关，但是这些信息几乎都没有空间坐标，无法与地理空间信息整合，无法实现可视化的空间分析。为了建立这种空间与非空间信息之间的联系，地名/地址成为专题信息与地理空间信息叠加或匹配的桥梁，是建立这二者之间联系的最重要最实用的手段。在现有地名地址数据基础上进行规范化整合，扩充自然村以上的行政地名、建立市级、县级、镇级和行政村级四级区划单元，丰富街、巷名，以及制造企业、批发和零售、交通运输和邮政、住宿和餐饮、信息传输和计算机服务、金融和保险、房地产、商务服务、居民服务、教育科研、卫生社会保障和社会福利、文化体育娱乐、公共管理和社会组织等兴趣点名。

（11）数据入库

1）数据入库流程

数据入库应包括数据预处理、数据检查、数据入库和入库后处理等步骤。

2）数据入库要求

对于二三维空间数据，应采用开放式、标准化的数据格式组织入库，为保证数据传输和可视化表达的高性能，应将三维模型进行二三维空间数据加工处理并建立多层次LOD。

为保证数据统计分析和模拟仿真的高性能，应额外保存一套相应的实体数据，其中传统二维数据、三维模型数据可依据现行的OGC或者是行业标准数据格式组织入库。

BIM数据应建立模型构件库，并保留构件参数化与结构信息，应采用数据库方式存储。

按数据库存储的要求，应收集并整理相应成果数据与元数据等，并对入库前的成果数据进行坐标转换、数据格式转换或属性项对接转换等预处理工作。

3）数据检查入库

数据检查应包括完整性、规范性和一致性检查，检查内容应符合如下规定：

①二维要素应检查几何精度、坐标系和拓扑关系，应检查其属性数据和几何图形一致性、完整性等内容；

②三维模型应检查包括数据目录、贴图、坐标系、偏移值等完整性和模型对象划分、名称设置、贴图大小和格式等规范性；

③BIM数据应检查模型精确度、准确性、完整性和图模一致性，规范模型命名、拆分、计量单位、坐标系及构件的命名、颜色、材质表达。

（12）数据发布

需要提供二三维矢量数据发布的功能，治理后的成果可以发布成云服务的形式在公有云或私有云（局域网）上进行共享应用，也可以输出成相应的数据格式供本地计算机加载和使用。发布的数据格式（二维通用格式）为WMS、WFS、WMTS等符合OGC标准的服务，三维数据格式为3dtiles、i3s、S3M等符合行业标准的服务格式，包括但不限于能够被Cesium、OSG、ArcGIS、SuperMap等平台正确加载显示。

8.4 数据融合

CIM基础平台提供多源数据转换能力，通过汇集融合多源、异构各类城市运行和管理数据，可以构建城市数字底板，提高城市数据使用效率。在CIM+应用中，重点解决多家用户不同种类的数据不能融合的问题，打通数据链路，实现多源数据的应用和分析，如图8-1所示。

8.4.1 BIM数据融合

目前市面上拥有数十种不同类型的BIM设计软件或插件，为BIM应用的各个专业和领域服务。因此，也产生了各种类型的BIM模型数据格式，如rvt、dgn、ifc、fbx等。各种类型的数据格式为BIM模型数据的应用造成了非常大的困难，所以无差异的BIM模型融合与轻量化变得尤为重要（图8-2）。

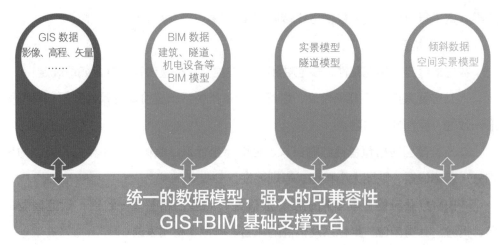

图8-1　数据融合

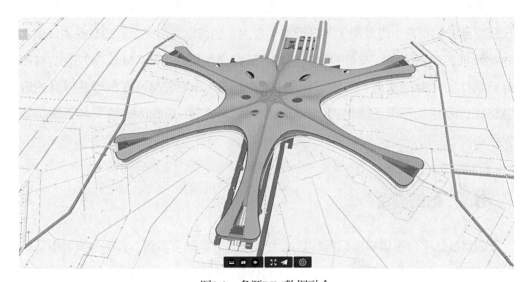

图8-2　多源BIM数据融合

8.4.2 空间数据关联融合

模型与专题数据融合工具根据业务专题数据（文本数据、矢量数据）包含的地名地址信息，利用中文地理编码技术与三维数据进行时空关联，实现业务数据空间化操作，实现房屋基底数据与诸如法人空间数据和地址数据等矢量空间化关联建立。

8.4.3 模型与物联网感知数据融合

IoT融合工具将IoT物联设备进行空间关联和数据关联，以实现基于空间的传感数据的调取和可视化应用。同时，在大尺度空间体系下，需要将IoT物联点位和CIM模型进行空间坐标的融合关联。

8.5 数据存储

海量城市大数据融合需要丰富的存储机制与多类型存储引擎的支撑，CIM平台的多源数据融合应提供多种数据存储机制，为各类数据的高效存储提供技术支持，如图8-3所示。

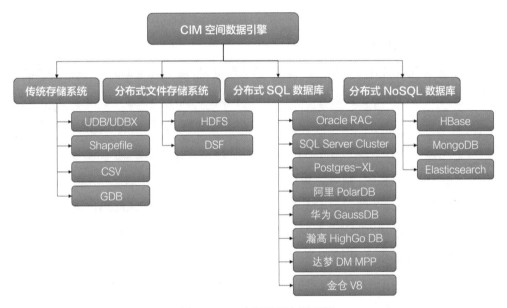

图8-3　CIM空间数据存储引擎

（1）传统存储系统

传统GIS处理的多为静态数据，主要通过文件存储引擎，如UDB、Shapefile、CSV、GDB等方式进行存储，在空间大数据时代，GIS平台不仅需要接入传统测绘所支持的数据如矢量数据和影像数据，也需要接入新型测绘数据如倾斜摄影模型，以及BIM模型等相关数据。同时，随着技术手段的发展，动态数据越来越多。特别是随着移动互联网的高速发展，产生了大量的手机信令数据、移动社交数据、导航终端数据等，这些数据80%都包含地理位置，而且类别繁杂且数据变化越来越快。其中，很多城市时空大数据还具有模态多样、杂乱无章、标准不统一、时空尺度不统一、精度不统一等特点。面临着不断累积的数据存量和持续增加的数据增量，用户面临的数据量已经从GB级、TB级向PB级发展。如何存储和管理如此庞杂的数据，成为空间大数据应用的首要问题。这就需要对传统空间数据引擎进行扩展，也需要通过实现对分布式文件系统、分布式数据库的支持来提升对空间大数据的存储和管理能力。

（2）分布式文件存储系统

基于大数据时代对数据存储提出的高要求，CIM基础平台提供了标准、统一的空间大数据引擎，它在原有对文件数据库、关系型数据库、国产数据库等支持的基础上，扩展了分布式文件系统的支持能力，对海量多源城市时空数据的存储提供强大的读写性能。

（3）分布式SQL数据库

分布式数据库的分布式技术架构可以实现横向扩展（Scale-Out），通过集群的分布式处理方式对城市海量数据进行水平拆分（将数据均匀分布到多个数据库节点中），这样相比较每个数据库节点的数据量会变小，相关的存储管理性能也自然提升。此外，主流的分布式数据库的分布式能力对用户相对透明，可以无缝顺应用户的SQL操作习惯，让用户在使用和管理上更加的简单便捷。分布式SQL数据库主要包括Oracle RAC、SQLServer Cluste等关系型数据库管理系统以及阿里POLARDB、华为GaussDB等新型数据库，同时也适配了对PostgresSQL中原生空间引擎PostGIS的支持。

（4）分布式NoSQL数据库

新技术的发展给城市空间数据存储与管理提出了新的挑战。物联网、移动互联网和云计算技术及应用的蓬勃发展，使得空间数据在数据量和应用模式上发生了转变。此外，传感器技术的发展，使采集数据的空间分辨率和时间分辨率显著提高，导致所获取的数据规模呈指数级快速上升，面对动辄以TB，甚至PB计的数据，给城市时空数据的存储和处理带来巨大的压力。CIM平台通过扩展基于分布式NoSQL数据库，实现分布式存储和分发，解决了海量城市大数据的技术难题。分布式非关系型数据库的主要代表为MongoDB、Elasticsearch、HBase等。

8.6 数据安全

CIM基础平台建设过程中，基础城市基础地理信息数据获取和处理以及各类业务数据体系庞大，制作费用高，甚至还有很多大比例尺数据可能涉及国家安全。因此，如果对城市空间数据不能很好地加以保护，对于平台来说，将会产生十分重大的损失。

CIM基础平台可采取多种数据加密的方式，可以通过工作空间加密确保地图及数据源的安全；通过基础数据库加墨机制保证存储在内的数据源安全；通过加密方式对缓存数据建立安全机制；系统定期对数据进行备份以确保数据安全。各类数据安全保护措施需要用户根据自身需求进行相关设置，主要通过可视化界面实现，方便用户操作。

CIM基础平台数据安全保护，应当坚持总体国家安全观，建立健全数据安全治理体系，提供数据安全保障能力。包括数据分级分类、涉密数据脱密处理、数据保护措施、数据交换、数据交易、数据销毁、数据安全风险识别、数据存储、备份和恢复。

CIM基础平台数据安全保护原则，应当坚持总体国家安全观，建立健全数据安全治理体系，提供数据安全保障能力。数据安全保护应达到但不限于以下要求：

1）应使用安全可靠的数据库及数据存储设备；

2）应对CIM平台中的数据安全分级，并实施分级保护；

3）应支持安全传输协议，保障传输过程中数据的完整性；

4）应对CIM平台中的数据存储采取完整性保护措施，防止数据被篡改；

5）应根据数据分级分类，采用合适的脱敏技术后共享或应用；

6）应采用身份认证、权限控制、访问监控等技术手段，保证数据访问过程安全。

| 第9章 |

CIM基础平台功能建设

信息化技术是提升城市规划、设计、建设、管理、运营工作效率和效益的重要手段。CIM基础平台作为数字孪生城市的信息化底座，要实现对城市立体空间、建筑物和基础设施等三维数字模型的管理和表达，支撑智慧城市的建设，提升城市数字化管理能力，平台的功能构建是至关重要的。

本章将围绕住房和城乡建设部等部委《关于开展城市信息模型（CIM）基础平台建设的指导意见》及新型城市基础设施建设任务与目标，结合CIM试点城市建设经验和现有标准成果，对CIM基础平台应建设的基础功能要求做相应的阐述。

9.1 CIM基础平台的功能架构

2020年6月，住房和城乡建设部会同工业和信息化部、中央网信办印发《关于开展城市信息模型（CIM）基础平台建设的指导意见》（建科〔2020〕59号），提出了构建国家、省、市三级CIM基础平台体系，逐步实现城市级CIM基础平台与国家级、省级CIM基础平台的互联互通的主要目标。在国家政策与城市数字化发展需求的双重引领下，住房和城乡建设部联合工业和信息化部、科学技术部等多个部委陆续协同推进CIM工作；同时，与CIM相关的GIS、BIM设计、建筑信息化领域大量企事业单位从业者也都纷纷介入CIM的探索工作中。目前已公开发布《城市信息模型（CIM）基础平台技术导则》与行业标准《城市信息模型基础平台技术标准》CJJ/T 315—2022（以下简称《技术标准》）等指导CIM平台建设工作。

《技术标准》的发布，首次从行业层面给出了国家级、省级和城市级CIM基础平台的定义与相互之间的联系，同时明确了三级平台的基础功能建设要求。其中，要求国家级平台和省级平台应具备重要数据汇聚、数据查询与可视化、统计分析、数据共享与交换、监测监督、运行管理和开发接口等功能。市级平台应具备数据汇聚与管理、场景配置、数据查询与可视化、数据共享与交换、分析应用、运行与服务及开发接口等功能，由下至上打造赋能城市建设、管理数字化转型和高质量发展的

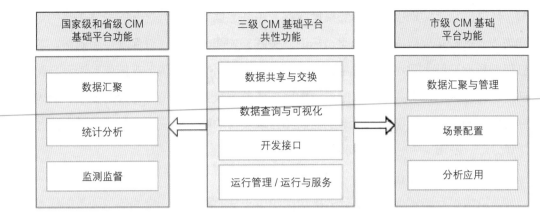

图9-1　国家、省、市三级CIM基础平台功能架构

新型信息基础设施，提升城市在规划、设计、建设和管理方面的现代化水平。各级平台功能建设具体如图9-1所示。

通过数据的汇聚融合功能，实现城市多重空间数据的共享共用，可以解决空间信息应用面临的相关数据壁垒问题；通过提供三维可视化、模型分析等应用服务，可解决工程建设等领域的相关业务难题；通过提供平台运行与服务管理功能，保障平台的正常使用及运行；通过提供各类预留接口，可以开发各类支撑智慧城市建设的延伸应用。CIM基础平台功能的建设，对提升社会管理水平和公共服务能力，提高城市治理的精细化、可视化水平具有重要意义，为智慧城市的建设及高效运行提供基础保障。

9.2 CIM基础平台功能

9.2.1 国家级和省级CIM基础平台功能

9.2.1.1 数据汇聚功能

国家级和省级平台的数据汇聚功能模块主要是实现对核心、重要数据的获取、数据清洗、数据融合与数据资源编目等功能。国家级和省级平台的资源调查、业务系统、工程建设项目等重要数据的获取应通过服务接口从市级CIM平台和其他政务系统获取，可帮助提高平台实际建设中获取到的数据的可靠性，避免数据重复。数据清洗包括对多源异构数据坐标、格式、属性项等的转换、审核、比对校验以及数据内容的去重和纠错等，有助于确保入库至省级、国家级平台的大体量数据资源质量。数据融合是实现接入平台的模型数据、关联数据建立数据之间的关联关系的重要功能，需能实现数据信息分类、标识、关联、加载、入库，以保障平台对数据的应用。数据资源编目可有效地组织和管理入库的CIM信息资源，支持信息资源与跨部门、跨地区的信息共享。数据资源编目功能参照政务信息资源目录的要求，明确系统应实现信息资源编目、目录的注册和目录发布功能，促进形成部门间信息资源物理分散、逻辑集中的信息共享模式。

9.2.1.2 统计分析功能

国家级平台和省级平台统计分析功能侧重于从时间跨度、空间范围和多指标等维度对CIM数据进行统计和分析，并能以报表、图表等形式对结果进行可视化展示及导出，辅助支撑上级主管机构对下级各项工作的决策和部署。

9.2.1.3 监测监督功能

国家级平台和省级平台需具备对下级平台远程监测监督功能，支持对下级平台无缝调入以及对下级平台运行机制和运行状况进行监测监督。其中，对下级CIM基础平台无缝调入，包括页面级调入和模型级调入，国家级平台可无缝调入省级CIM平台页面和模型，省级CIM基础平台可以无缝调入市级CIM页面和模型。对下级CIM基础平台运行机制监测监督包括对数据汇交完备情况、模型数据及档案数据完备情况、离线数据入库情况的信息监测。对下级平台运行状况监测监督包括对平台总用户数、活跃用户数、用户登录情况（部门用户以及用户具体信息）、服务的调用、接入、发布情况以及模型数量等信息监控。

9.2.2 市级CIM基础平台功能

在国家、省、市三级CIM基础平台中，前两级平台偏向于上层对下层业务的监测监督、决策指导作用，市级平台主要作用在于实现城市运行管理和服务全过程具体业务应用的执行落地。因此，市级平台的功能侧重于实现具体业务操作。

9.2.2.1 数据汇聚与管理功能

市级CIM基础平台作为城市基础数据底座，为了充分实现城市级相关系统平台的业务协同与数据共享，要汇聚城市海量多源异构信息资源，解决数据量庞杂、交换文件大、数据入库和更新频率快等问题，平台需提供数据汇聚融合、数据管理功能。

（1）数据汇聚融合

CIM基础平台通过物联感知等技术手段实现数据的采集汇聚，并将汇聚的各类数据通过数据源清洗、数据坐标格式转换、数据检查等数据治理步骤处理达到平台数据入库的要求，实现数据的汇聚融合，支撑后续对各项数据进行存储、管理以及调用等应用。通过数据的汇聚融合，平台可实现模型检查入库、碰撞检测、模型轻量化、模型抽取、模型比对与差异分析等重要功能。

1）模型数据汇聚

CIM基础平台通过云计算、大数据、互联网、IoT、GIS、倾斜摄影等技术实现平台实时互联、在线接入城市各类信息数据，这些数据来自各政府部门、企事业单位和社会公众，包括基础地理信息、城市现状三维信息模型数据、工程建设各阶段项目二维及三维GIS数据、多源BIM模型数据、多规合一管理平台数据、基础设施专题数据、物联网实时感知数据、其他普通三维模型数据等。

2）模型检查入库

模型检查入库主要是指对于汇聚至CIM基础平台的BIM等模型数据进行入库前检查。首先需要按照BIM模型交付标准进行基础信息检查，包括文件命名与数据组织、属性数据质量、空间是否重叠交错、构件属性完整性等；其次检查BIM模型的上传入库、发布是否符合相关要求，并将最终的检查结果以清单列表形式展示出来，可查看检查结果详情，包括模型名称、检查状态、执行检查时间（开始时间、结束时间）、执行信息结果、操作等。

3）碰撞检测

碰撞检测是利用BIM技术消除变更与返工的一项主要工作。利用BIM的三维技术在前期进行碰撞检查，直观解决空间关系冲突的问题，优化工程设计，减少在施工阶段可能存在的错误和返工，并且优化净空及管线排布方案。碰撞检查分为硬碰撞和软碰撞两种。在模型校核清理链接之后通过碰撞检查系统运行操作并自动查找出模型中的碰撞点，用于完成场景中所指定的任意2个选择集合中的图元之间根据指定条件进行碰撞和冲突检查，并对结果进行显示和管理。

例如，在对暖通（供热、供燃气、通风及空调工程）等专业中的管道进行布置时，可能遇到构件阻碍管线的布置。这种问题是施工中常遇到的碰撞问题，而BIM的协调性服务，可以帮助处理这种问题，也就是说BIM建筑信息模型可在建筑物建造前期，对各专业的碰撞问题进行协调，生成并提供出协调数据。

4）模型轻量化

随着BIM应用的深入化，无论是在民建领域还是在基建领域，BIM模型越来越精细、体量越来越大已经成为一种现实与趋势，大部分建设工程的施工图BIM模型、施工BIM模型、竣工验收BIM模型包含的构件非常多，文件非常大，如果全量加载到CIM基础平台，对于BIM模型的浏览、应用体验感很差，因此，实现模型轻量化功能是平台必不可少的应用。

模型轻量化系统是基于开放通用的标准数据格式开发的功能性插件，主要是实现对BIM模型进行轻量化，提升数据加载展示性能，以支撑大场景多个BIM的加载，方便不同的系统、不同的终端使用BIM模型开展各类应用，实现轻量化后的BIM模型在WEB端、移动端的"轻量化"应用模式。BIM模型轻量化包括提取外壳、BIM模型导入、BIM模型格式转换、坐标投影定义、数模分离、简化三角网、模型拆分子对象、删减子对象、模型切分、移除背立面顶点、相似对象提取、图元合并、数据流压缩、LOD提取与轻量化、BIM图片材质提取及BIM模型轻量化服务等功能操作。

5）模型抽取

模型抽取是指使用应用程序接口（API）进行二次开发，实现从CIM基础平台汇聚的各类模型中提取数据的功能。如对BIM模型、城市现状三维模型、规划现状等模型进行数据提取。其中对BIM模型信息的提取主要分为两大内容：一是BIM模型中所有的构件清单，二是所有构件所带有的属性参数。将所有构件具有的参数化属性信息提取出来得到完整的模型信息。

6）模型比对与差异分析

模型比对支持对平台中同一个模型不同版本之间的比对、同一个项目不同过程之间的比对以及差异分析（如施工BIM模型和竣工BIM模型）。

（2）数据管理

CIM基础平台对其汇聚融合的城市海量数据需要具备相关的数据管理功能，以便于数据合理分类、有序存储、及时调用等数据应用服务。平台数据管理需实现数据资源目录管理、元数据管理、数据清洗、数据转换、数据导入导出、数据更新、专题制图、数据备份与恢复等功能。

1）数据资源目录管理

资源目录管理是指将汇聚平台的各类数据资源根据相关数据标准规则要求按门类、大类、中类等级别进行目录分类，组织成不同的数据资源目录结构，可依据需求对目录进行增、删、改等操作。用户可以通过提供标题、关键词、摘要、全文、空间范围、登载时间等条目，对平台中的各类资源进行组织、管理和调用。

2）元数据管理

元数据是描述平台数据的详细信息数据，对元数据的管理主要包括管理数据类型、来源、数据版本、覆盖区域、数据编码、比例尺、坐标参照系统、投影类型、投影参数、高程基准等相关信息，可以对这些信息进行新增、删除、修改、查询、授权、启用及停用等操作。

3）数据清洗

对于汇聚平台的各类数据，平台需要具备数据清洗功能，对接入的数据进行清洗，纠正数据错误，检查数据一致性，处理无效值和缺失值。该功能由系统后台设定的清洗规则实现，无须用户操作。

4）数据转换

对于入库后的数据，平台应具备根据数据库设计的要求进行一致性转换，主要包括格式转换、坐标变换、投影转换和数据压缩等。利用转换规则，支持用户传入的非格式化数据进行识别，转换为标准化数据。该功能由系统后台处理，无须用户操作。

5）数据导入导出

平台支持数据导入导出功能，用户可以根据需求，按照数据的导入导出要求，导入或导出需要的相关数据。例如导入"多规合一"平台数据、工程建设项目全生命周期数据、地形和影像数据、三维模型数据、BIM模型数据、矢量数据及物联网数据等。

6）数据更新

CIM基础平台应提供对平台数据库中各分库、子库、要素、属性和其他信息的更新与维护，实现数据按范围、按时间、按类型的更新。同时实现业务数据、主题数据的自动入库更新，提供对现有数据库进行按增量更新和按范围更新。

数据更新前，应根据相关规定和数据库建设方案对数据成果质量进行全面检查，并记录检查结果，对质量检查不合格的数据予以返工，质量检查合格的数据方可进行数据更新。在数据更新过程中，应达到以下要求：

①更新数据的坐标系统和高程基准应与原有数据的坐标系统和高程基准相同，精度应不低于原有数据精度。

②几何数据和属性数据应同步更新，并应保持相互之间的关联，应同步更新数

据库索引及元数据。

③数据更新时，数据组织应符合原有数据分类编码和数据结构要求，应保证新数据之间的正确接边和要素之间的拓扑关系。

7）专题制图

CIM基础平台可提供基于矢量和栅格数据制作专题图的功能，支持的专题图类型包括：单值、分段、标签、统计、等级符号、点密度、自定义、栅格单值和栅格分段等。

8）数据备份与恢复

为应付文件、数据丢失或损坏等意外情况，平台应具备数据备份与恢复的功能，将计算机存储设备中的数据复制到大容量存储设备中，使用第三方的专用数据恢复软件，能针对删除、格式化、重分区等深度损坏执行恢复操作。

9.2.2.2 场景配置功能

CIM基础平台是实现精细化、智能化管理城市的重要工具，可依靠平台对城市物理实体建模生成的虚拟实体开展城市规划、设计等工作，过程中需要对相关场景进行模拟分析，市级平台应能针对不同应用场景提供不同模型、图形等组合，实现场景配置功能，辅助开展城市设计等场景应用。

9.2.2.3 分析应用功能

CIM基础平台分析功能对于辅助城市设计工作具有重要作用，平台分析可提供缓冲区分析、叠加分析、空间拓扑分析、通视分析、视廊分析、天际线分析、绿地率分析和日照分析等功能，为工程建设项目各个环节的审批提供智能辅助决策以及辅助各类规划编制。

（1）缓冲区分析

缓冲区分析是指支持用户设置缓冲距离、面积等参数，根据参数对缓冲区区域的指定图层数据进行分析，如基于三维场景计算应急事故发生地半径影响范围及救援物资统计。缓冲参数以点、线、面和物体实体为基础，自动建立其周围一定宽度范围内的缓冲区图层。

（2）叠加分析

叠加分析是指支持用户对模型等数据的多个数据进行叠加，基于时间、空间维度进行对比分析。例如在规划数据中，叠加总规、控规、现状等数据，根据数据进行空间的叠加分析，统计现状用地中各类用地与总规的吻合情况，支持图表联动，可自主定位查看用地空间分布情况。叠加分析能够分析出多层数据间的相互差异、联系和变化等特征。

（3）空间拓扑分析

拓扑关系是明确定义空间关系的一种数学方法。在GIS中，通常用它来描述并确定空间的点、线、面之间关系及属性，并可实现相关的查询和检索。空间拓扑分析就是对复杂的地理内容进行抽象简化，将其以最本质的面貌或形式还原出来。

（4）通视分析

通视分析是指对模型当前视角的下一个或多个目标之间的可视性分析，包括视线分析和可视域分析，利用DEM判断地形上任意两点之间是否可见，可用于景观分析、城市设计。

1）视线分析

运用视线廊道分析模拟人在地面上或某个建筑的阳台、窗户眺望周边风景时的视野情况，由平台自动生成眺望点和被观看对象之间或最大的视线范围。对视线廊道内对眺望点产生阻挡的建筑，平台将自动进行提示分析。应用于将单个模型置于城市中，考虑建筑的视线要求，从宏观的角度考虑是否需要对模型进行优化调整。

2）可视域分析

给定观察点基于一定的相对高度（模拟人眼视角）查找给定的范围内观察点能通视的区域。可用于分析城市标志性建筑的可视域、住宅设计。

（5）天际线分析

天际线分析是指通过绘制天际线视野、控制调节观察视角、设置效果图参数（像素大小、天际线背景颜色），分析生成特定视角下的城市天际线，并支持对分析结果下载导出应用。

（6）绿地率分析

绿地率分析是指平台可以实现计算出任意给定范围的绿化率。根据平台提示在地图中绘制需要计算的范围，绘制完成后平台会自动根据所绘制的范围计算出其对应的绿地率。

（7）日照分析

日照分析是指用户可通过平台提供日历和时钟表盘小工具，自主动态模拟可视化区域内模型在一年四季、一天当中的日照变化情况。可以查看不同月份不同日期一天24小时的光影变化，显示真实时间日照情况下系统的光影变化，且可操作时间变化来模拟三维模型在系统上显示光照不断变化的效果。

9.2.3 三级CIM基础平台共有功能及区别

国家、省、市三级CIM基础平台除了特有功能外，在数据交换与共享、数据查询与可视化、开发接口与运行管理四大功能模块上有一些共性要求，本节将对相应功能及其在三级平台之间的区别进行介绍。

9.2.3.1 数据交换与共享功能

三级平台均强调了数据共享与交换功能，以约束平台实际建设过程中需要预留数据共享、数据汇聚和信息交换的接口，实现城市管理相关部门的数据互联互通，促进业务协同。

对于该功能模块，三级平台均要求应支持跨部门数据共享与交换。其中，跨部门数据共享功能应支持跨部门间联审业务，实现跨部门间业务协同，市级平台跨部门数据共享还应支持部门间CIM数据共享与汇聚；数据交换宜采用前置交换、在线共享或离线拷贝方式，前置交换应提供CIM数据交换参数设置、数据检查、交换监控、消息通知等功能；在线共享应提供服务浏览、服务查询、服务订阅和数据上传下载等功能。

（1）前置交换

前置交换可通过前置机交换CIM数据。应提供CIM数据的交换参数设置、数据检查、交换监控、消息通知等功能。

1）交换参数设置：支持用户对交换参数进行设置，提供自定义的数据交换类型。

2）数据检查：对数据交换时进行前置检查，对其数据是否规范与通用进行确认，防止错误数据同步产生的问题。

3）交换监控：对数据交换过程全程监控，以日志记录相关用户及数据的交换详细信息，保证信息交换可溯源，防止违规数据交换的意外事件。

4）消息通知信息：对计划进行前置交换的数据、完成数据交换、数据更新等形成消息通知信息，同时进行动态消息提醒。

（2）在线共享

在线共享应提供服务浏览、服务查询、服务订阅和数据上传下载等方式共享CIM数据。

1）服务浏览：根据用户权限提供对服务的浏览权限。

2）服务查询：提供对CIM平台的全局服务进行查询、定位及详细介绍，并提供对用户开放服务的快捷入口。

3）服务订阅：通过订阅方式管理用户使用的服务集，方便用户进行灵活的服务变更与使用。

4）数据上传下载：提供数据上传功能，方便历史数据的治理，错误数据的替换，遗漏数据的补充；提供全局的数据下载功能，支持用户进行数据的下载及应用，对敏感数据进行权限管理和日志记录。

9.2.3.2 数据查询与可视化功能

为了基于CIM基础平台实现智能化应用，三级平台均需要具备数据查询与可视化功能，该功能可以总结概括为数据查询与统计分析和可视化浏览展示两个模块。

（1）数据查询与统计分析

在数据查询与统计分析功能模块三级平台建设要求一致，平台应提供模型基础属性信息查询、模型信息检索、关联信息查询、数据统计分析等功能。

1）模型基础属性查询

应实现对平台中所有数据的包括模型名称、地名地址、关键字、关键词、构建要素等基础属性信息进行查询，并可以通过单项属性条件组合进行查询。如对于BIM模型而言，可以查看BIM模型每一个构件的属性，将模型所有的构件通过树状结构按类型展示，可筛选构件，可定位具体的构件并查看其详细属性信息，包括但不限于模型名称、项目名称、项目地址、项目编号、上传时间、上传对象、数据名称、设计单位、审批单位、建设单位、用途、关联的文件等内容。

2）模型信息检索

支持模型单体化展示城市建筑信息模型，在图层列表搜索框中输入目标模型名称的关键字，即可检索出相关模型，方便用户快速查找CIM。

3）关联信息查询

模型关联信息展示可以以分项列表的形式展示BIM模型上传时候所关联的全部信息，包括相关的文档、图纸、图片、视频、压缩包等，并可同步查看不同文件类型的数目、上传文件的名称、格式、大小、上传时间、上传人等详细信息。同时，支持用户输入关键字快速检索相关材料，在线预览，按需下载及查看下载状态，还可以添加个人标注、说明等。

4）数据统计分析

平台可实现数据统计分析功能，统计分析可按年份、月份、区域、阶段分类统计，如统计平台中某年或某月汇聚的模型总数、设计模型数、竣工模型数；统计分析区域（某街道、片区、社区）的总用地面积、总建筑面积、建筑数量；统计某个BIM模型中所有构件种类、构件数。实现分析结果多种表达形式的直观展示，图表文联动，支持分析结果的在线查看和导出应用。

（2）可视化浏览展示

在可视化浏览展示功能模块三级平台的建设要求存在部分差异，具体体现在如特效处理、交互操作、模型平移、旋转、飞行、定位、批注等涉及对模型更为具体和细化的操作功能仅要求在市级平台实现，国家级和省级平台不做相应建设要求，如果后者需要进行这些操作，可直接调用市级平台功能实现。这是因为这些功能在实际工作中并非国家和省级平台日常所需频繁使用的功能，同时这些功能的实现需要大量模型及其他数据的支撑，大幅提高了对国家级和省级平台的数据加载能力要求。

三级平台共有的可视化浏览展示功能包括多源数据融合展示、二三维数据联动展示、室内室外、地上地下一体化展示等功能，此外，市级平台还需建设对模型实现相关可视化操作的功能。

1）多源融合展示

CIM基础平台可实现融合的地形、影像、三维模型、BIM模型等海量多源异构数据的加载和高效渲染，支持融合的基本二维数据、城市白模数据（城市框架模型）、倾斜摄影数据、普通三维模型、BIM模型数据、地形数据等基础数据及规划、地质、管线等业务数据的图、文、表形式展示。

2）二三维联动展示

CIM基础平台实现二维数据、三维数据同台展示，方便用户直观查看对比数据的变化情况，提高用户体验，更好地感知城市建设。如二三维地图联动、三维提取建筑底面等。

3）地上地下一体化展示

CIM基础平台可以实现城市三维空间模型的从地上快速切换到地下模式，不仅可以浏览城市地上建筑、道路规划等信息，还可以浏览地下管线、管廊、地铁等数据，展现地上地下一体化的城市三维空间。

4）室内室外一体化展示

CIM基础平台实现BIM模型室内室外浏览，支持用户在室内进行自由切换视点进行漫游，观看室外景观。提供如室内导航、快速定位、楼层切换等小工具。

5）BIM模型全流程展示应用

CIM基础平台支持用户通过授权选择查看BIM模型的全周期信息，如直观展示建筑模型所在立项用地规划许可、工程建设许可、施工许可、竣工验收各阶段信息，并对应展示该建筑审批全过程的所有信息，同时支持项目定位展示，实现项目审批联动化。

6）模型的可视化操作

为了体现市级CIM基础平台的实用性和可操作性，应支持对汇入的数据进行高效无缝集成浏览，支持二三维模型切换、分级缩放、拖拽、定位、资源加载、分屏比对和透明度设置等功能。可以根据需要对BIM模型进行平移、分级缩放、旋转、距离长度测量等基本操作；支持三维模型或BIM的纵向、横向、任意角度及方向的剖切，可通过动态剖切面实现BIM模型内空间的显示操作，了解内部构造，并对模型构件及关键数据进行批注；实现在场景中对建筑模型进行同台多屏对比，支持同一模型不同版本之间或不同模型之间的空间体积或面积的测量对比等功能。

9.2.3.3 开发接口功能

三级CIM基础平台均考虑了平台的扩展性，要求平台具备相应开发接口功能，便于CIM平台的使用方根据自身的使用需求定制开发应用。该功能的实现通过提供网络应用程序接口（Web API）或软件开发工具包（SDK）等形式支撑CIM应用，同时提供开发指南或示例等说明文档，并同时提供开发指南或示例等说明文档。

其中，三级CIM基础平台至少提供包括资源访问类、地图类、控件类、数据交换类、事件类、数据分析类、平台管理类7项服务接口。市级平台还需提供项目类、三维模型类、BIM类、实时感知类和模拟推演类五类服务接口，以支撑市级平台的具体业务操作，例如，对物联感知设备定位、接入，对建筑信息模型进行剖切、绘制、测量、编辑，对CIM的典型应用场景模拟等。

（1）三级平台共有接口

1）资源访问类接口

提供CIM资源的描述信息查询、目录服务接口、服务配置和融合，实现信息资源的发现、检索和管理。

2）地图类接口

提供CIM资源的描述、调用、加载、渲染、场景漫游及属性查询、符号化等功能。

3）控件类接口

实现CIM基础平台中常用功能控件的调用，包括图例、相机快照、比例尺、卷帘功能、视点录制、地图打印、地图缩放等控件。

4）数据交换类接口

提供元数据查询、CIM数据授权访问、模型预览、数据上传下载和转换等功能。

5）事件类接口

CIM场景交互中可侦听和触发的事件。

6）数据分析类接口

提供历史数据的分析接口，可按空间、时间、属性等信息对比，进行大数据挖掘分析。

7）平台管理类接口

提供平台管理如用户认证、资源检索、申请审核等管理功能。

（2）市级平台特有接口

1）项目类接口

管理CIM应用的工程建设项目全周期信息，包含信息查询、进展跟踪、编辑、模型与资料关联等操作。

2）三维模型类接口

提供BIM模型、倾斜摄影等三维模型的资源描述、调用与交互操作，包括直线测量、面积测量等。

3）BIM类接口

针对建筑信息模型的信息查询、剖切、开挖、绘制、测量、编辑等操作和分析接口。

4）实时感知类接口

支持物联感知设备定位、接入、解译、推送与调取。

5）模拟推演类接口

基于CIM的典型应用场景实现过程模拟、情景再现、预案推演，包括日照分析、视线分析、疏散模拟工具。

9.2.3.4 运行管理功能

作为信息化平台，具备运行管理功能是平台的基本要求之一。为了保障平台安全、稳定运行，三级CIM基础平台在平台运行上有着一些共性的功能要求。各级平台均应提供组织机构管理、角色管理、用户管理、统一认证、平台监控和日志管理等功能。此外，市级CIM基础平台作为一个支撑工程建设项目审批、政府管理等多个业务应用的平台系统，面向用户涵盖政府、企事业单位及社会群众等人员，为了保证业务的协同以及数据的安全，需要考虑到CIM数据服务、功能和接口的管理。同时，为了保证平台能够安全对外提供服务，需要考虑对所有的服务进行管理和维护，包括服务的发布、聚合、代理、启动与停用、监控和访问控制等。

（1）三级平台共有运行管理功能

1）组织机构管理

系统将登录用户在组织机构中分部门进行管理，任何一个应用部门在使用平台时需首先向系统管理部门申请登记机构信息，才能在用户管理或用户注册中申请本机构的用户。部门管理对使用平台的各应用部门进行信息和权限管理，主要功能包括机构列表、新建机构、修改机构、删除机构以及启用和禁用机构等。

2）用户管理

应用部门在登记部门信息，并分配一个管理员后，才能由本部门的管理员分配、管理本部门的用户来访问平台。用户管理包含用户账号管理、用户权限管理和信息反馈三个方面的内容。用户账号管理包括增加用户、删除用户、修改用户信息。用户权限管理包括数据权限管理、功能权限管理。

3）角色管理

角色管理功能供应用系统管理员用来增加、修改、删除、查看该应用功能权限的集合，并能将添加的角色权限授予使用该应用系统的机构的岗位，也可将已经授予的角色权限进行回收。

4）统一认证

为用户提供统一的单点登录、统一的功能授权与数据授权、统一的门户服务。

5）平台监控功能

主要监控服务运行中的异常级别与处理措施、当前访问连接数、总运行时间、总请求数、当前访问的客户的地址、访问持续时间以及其总的请求次数等。实现对服务状态、在线用户的活动情况的监控，可实时监控系统登录的用户名、主机名、

IP地址、登录时间等。

6）日志管理功能

实现统一的日志记录、查询、统计、备份管理，可查看日志清单，支持查看平台访问日志、专题访问日志、功能使用日志等日志清单。具体包括平台访问日志、专题访问日志、功能使用日志、数据管理日志、服务访问日志、安全管理日志、平台监控日志、平台在线日志、短信日志等功能。

（2）市级平台特有运行管理功能

1）CIM资源统一授权管理

该功能可实现平台的功能、数据、服务、专题、BIM模型等按用户和角色进行统一授权管理。如可实现对平台每一个可操作功能的权限管理，包括功能菜单、功能按钮等，包含数据下载、浏览权限。

①功能权限管理

功能权限管理由系统管理员统一根据不同角色不同用户的使用需求和个人职务便利情况，授予相应使用功能，实现平台功能权限的配置。这样的方式做到了对平台功能的化繁为简，信息隐藏，简化了每个工作人员的平台应用界面。工作人员只能看到需要自己掌握的平台中的功能即可，实现做到简单、易用、实用。

可实现对平台每一个可操作功能的权限管理，包括功能菜单、功能按钮等，包含数据下载、浏览权限。

②数据资源目录访问权限设置

通过数据授权管理实现对数据资源目录访问权限的设置，用户可根据需要在对应的数据资源目录设置访问权限，系统支持对任意一级数据资源目录进行授权、移除权限等相关操作。

③数据授权

系统管理员可以通过此功能来实现将数据共享给系统用户，可以设置授权对象、授权数据、授权用户、授权范围、授权时限等，同时也可以随时收回数据共享权限，实现像控制开关一样控制数据是否共享。

④BIM模型权限控制

BIM模型权限控制主要针对BIM模型数据进行用户或角色的授权，限制特定用户使用BIM模型的访问权限，提高BIM模型数据的安全性。

在对指定用户授权后，可按需勾选用户对于BIM模型的访问权限，包括模型预览、下载、新增、编辑、删除、授权的权限控制，可针对任一层级文件夹，对组织或成员进行灵活授权，支持批量新增或修改授权等。

⑤专题授权

可按专题将数据授予权限给某个用户，使授权后的用户能够使用这些专题数据。

2）平台服务管理

①服务发布

支持上传本地资源发布成服务。支持ArcGIS、GeoServer引擎的服务发布，设置发布服务的基本信息，包括：服务资源（支持非打包的.gdb+.msd的地图资源）、选择资源文件、发布目录。支持将BIM模型轻量化功能发布成服务，外部应用可以通过接入服务实现BIM模型轻量化。

②服务注册

当服务发布后，需要将服务注册到平台中，而基于对服务管理的需要、注册的服务需要、基于严格的规则流程、满足相应的规范要求才能进行注册。可以注册的服务类型有两类：ArcGIS服务和GeoServer服务。

③服务验证

服务的使用群体分成平台内部用户、外部用户。服务被用户的调用过程中，当且仅当外部用户调用情况时会有服务需注册的提示。用户在注册完服务后在该服务验证页面中就能看到该服务的使用申请了。

④服务配置

服务配置实现对指定的数据服务进行配置管理，可设置该数据服务所在的图层组、是否可编辑、可查询、是否在平台上默认显示、与其他数据服务的相对顺序等。

⑤服务运行

服务运行管理功能是实现对平台运行的服务进行启动、停止、禁用、授权、删除、浏览以及查看服务的运行状态等操作。

⑥服务监控

服务监控主要监控服务运行中的异常级别与处理措施、当前访问连接数、总运行时间、总请求数、当前访问的客户的地址、访问持续时间以及其总的请求次数等。

⑦服务统计

服务统计功能可根据日志对平台中服务使用情况、服务访问流量、服务性能等进行分类统计。

| 第10章 |

CIM基础平台运行保障

10.1 政策实施保障

在CIM技术的推广中，各地应以中央精神和国家政策为指导，结合省/市/区（县）当地特色和现有政策基础，完善CIM平台顶层规划设计，配合制定一系列落地实施路径方案和支撑政策。在工作过程中，可以以政策为引领、以标准做支撑，形成一套完善的可复制可推广的工作机制和运作模式。需要注意的是，为了保障CIM基础平台搭建工作顺利有效开展，政策实施宜从科学规划建设路径、推动数据生态建设两个方面设计相应的政策。

10.1.1 协同创新，科学规划建设路径

在国家大力推进CIM发展的背景下，各级CIM基础平台正在如火如荼地建设中，示范城市也在探索数字化转型的过程中进行了大量有益探索。从目前的招标公告中，不难看出建设单位分布在了政府不同部门（住房和城乡建设部门、规划与自然资源部门、大数据局）、管委会等。从平台的用户视角来看，它们分别参与城市规划—建设—管理的不同阶段，对平台的使用需求各有不同。单个部门独立牵头建设市/区（县）的CIM基础平台建设是否可以满足城市全生命周期的应用需求，值得深思。因此从横向上明确责任主体的同时，应建立由城市政府高度重视的组织保障和统筹协调机制，各部门之间合作协同，共同推动CIM基础平台的产品规划、设计、研发、落地。

CIM基础平台是智慧城市的基础性和关键性的新型基础设施。城市本就是一个复杂的巨系统，面向城市全生命周期，需要对接多个部门、多个系统，是典型的一把手工程。从合作机制上，需要动员多方积极性，形成建设合力。面对巨系统，体系工程建设是首要任务，应以业务架构、标准体系、数据库建设、应用架构、基础设施架构、安全体系及机制建设为重点，建立系统、完整的顶层框架体系，为平台在各类试点城市中的应用提供技术和机制保障。还要注重基础数据，按照部委/省/市

发布的技术导则和相关标准，结合当地实际需求，分级建立CIM基础数据库，丰富数据资源，建立数据共享和管理机制。此外，应以用促建，通过具体应用场景和试点项目来检验平台的落地性和促进平台的优化，优化后的平台为应用提供更好的支撑，分阶段、分步骤形成良性循环。

规划科学的建设路径，应以建设一个大体量的可视化、可计算的平台为目标，以BIM、IoT、CIM技术为基础，从实现BIM数据、GIS数据、业务数据、感知数据集成的角度出发，建立二维、三维一体化的基础底图和统一空间坐标系统，解决BIM、GIS、IoT数据不融合等问题，实现CIM数据结构化、多维度展示和多层级管理。同时，要实现数据跨行业、跨专业、跨部门的传导与应用，促进行业技术与新兴技术融合，为城市发展提供空间计算与分析能力。还要为规划、设计、建设、管理、运行全生命周期业务赋能，同时建立CIM多源异构数据应用链条、汇集链条，形成良性的数据闭环。

具体实现方面，应优先考虑以样板城市为母版，打造完善的、可复制、可推广、可持续的CIM平台建设模式和应用生态。

10.1.2 多方联动，推动数据生态建设

传统的信息化系统"烟囱式"建设模式是以业务需求为导向，针对性建设独立的应用系统。其弊端在于信息、数据掌握在各个部门手中，系统之间底层数据不互通，会造成重复建设、低效协同等风险。CIM基础平台强调"底座"的概念，旨在建立统一的数字基底，供不同应用场景进行数据调用。在规范和完善不同形式参与机制的前提下，促进CIM数据互联互通，探索多元主体共同治理的模式，共筑CIM平台智慧生态圈。

推动数据生态建设，应以丰富和完善CIM平台数据资源，利用信息化的手段同步更新平台数据为重要任务。按照国家相关标准和规范，严格落实信息和数据安全保密制度，完善安全和保密措施，建立立体防护安全架构，加强重要系统和关键环节的安全监控，加强涉密信息系统集成及外包服务安全和保密管理，提升信息安全支撑保障水平和风险防范能力。

在保障数据安全的同时，宜促进数据共享，通过制定数据共享交换政策适当开放部分基础数据权限给企业、高校和公众，集结行业团体和民间力量参与数据挖掘等工作，共同探索数据对城市运行、企业管理、社会发展的应用价值。基于BIM、IoT、CIM等技术集成开发的公共服务平台，具有广泛的应用推广价值。在数据沉淀

汇聚形成海量城市数据资产的前提下，政府部门可以通过及时了解情况、动态跟踪预警和科学分析决策，实现对城市的精准治理；企业单位可以通过低成本的数据，提升管理水平、转变运营思路和改善服务品质，实现对资源的优化配置；社会公众可以通过审批服务便利化实现获得感和幸福感的提升，同时，更可以通过CIM带来的商业、公共服务治理水平的提升而获得便利。

10.2 组织实施保障

10.2.1 强化组织领导

CIM基础平台是整个城市的新型基础设施和基础操作系统，其建设过程需要各个部门、各个行业、各类主体的协同。为协调联动推进CIM基础平台建设，应建立由城市人民政府高度统筹协调的机制，组建相应的工作领导小组，制定CIM基础平台建设管理协调机制，指导CIM基础平台建设工作，及时研究解决CIM基础平台建设工作中遇到的重大问题，推动工作有序开展。根据当地实际情况，组建工作专班，制定工作方案和实施计划，明确建设主体、牵头部门及配合部门，理清责任，明确任务，统筹推进平台建设实施，推动CIM基础平台共建共享。还可以联合国内权威智库机构及行业专家、高校学者、企业技术骨干，组建专家咨询团队，为CIM基础平台建设整体推进提供可行性研究、技术咨询和业务指导。

10.2.2 建立保障机制

CIM基础平台作为新生事物，应建立科学合理、符合当地实际情况的保障机制，降低平台建设风险、提高平台建设和运行效率。首先，建议将CIM基础平台建设纳入当地重点建设项目清单，由政府协调落实建设专项资金，建立定期调度制度，及时跟进工作计划执行情况、存在问题。其次，应联合多方，因地制宜地积极探索平台数据更新、数据安全保障等制度设计。再次，应积极培育本地化的专业人才队伍，保障平台规划建设运维全生命周期的高质量发展。此外，还应积极探索各类CIM+应用的良好模式和多方参与的激励机制，培育良好的平台生态。

10.3 技术实施保障

10.3.1 软件测评

软件测试是软件生命周期中不可缺少的重要环节，是系统质量保证的重要手段。科学合理的测试方案，严格高效的测试管理，是项目成功的有力保障。软件测试包括软件系统测试、系统集成测试和系统验收测试三个阶段的测试工作。

1）软件系统测试：完成单元测试、集成测试和规范的系统测试，包括功能测试、强度测试、性能测试、恢复测试、可用性测试和安装/卸载测试。

2）系统集成测试：系统集成测试的主要方法是以黑盒测试为主，采取重点功能、重点特性抽样测试的方法进行。

3）验收测试：验收测试的主要方法是委托第三方评测机构进行测试，或者由验收委员会成立验收测试专家组组织测试。测试一般采用抽样的方法进行，对功能和性能进行测试评价，提交测试报告给验收委员会，作为项目验收的依据。

10.3.2 安全测评

全面了解平台当前安全现状与安全需求符合程度，根据测评结果发现系统存在的安全问题，并提出相应的控制策略。

1）体系结构分析：通过对信息系统设计方案和安全解决方案进行静态分析，对该系统达到安全要求的可能性给出结论。根据系统安全体系相关的设计和建设方案历史数据，结合系统现状，对方案涉及的系统安全方针、安全体系结构、安全设计实现、产品选型、工程实施等内容进行分析。

2）脆弱性分析：脆弱性（弱点）是指可能为许多目的而利用的系统某些方面，包括系统弱点、安全漏洞和实现的缺陷等，对象包括主机系统、网络系统、数据库和应用软件等。将从网络安全、主机安全、应用安全、数据安全等方面鉴别和理解系统当前技术安全状况与验收目标的符合程度，分析当前存在的脆弱性，并提供整个系统的脆弱性列表。

10.3.3 质量管理

从软件项目的策划，到用户需求调研、系统设计、代码实现以及最终的系统测试验收，进行全过程的质量管理、控制和检验。制定软件开发过程中各种文档的详细规范，作为质量检查的标准和依据。

1）质量保证目标：对该系统的实施过程进行全程监控、对该系统产品进行严格检验，确保该系统过程符合质量保证体系，确保该系统产品符合用户需求及体系规定的质量标准和要求。

2）质量保证措施：为CIM基础平台建设的质量保证活动制定周密的计划，用以指导项目的质量保证工作，贯穿于项目开发的整个生存周期。

3）质量保证机构：保证部门将组织专门的质量保证小组，全程参与该项目的整个建设过程，全面检查项目的计划制定过程、项目的评审过程和项目例会等过程，并为项目组提供咨询意见。质量保证小组独立于软件开发组。

4）质量保证核准计划：CIM基础平台质量保证核准的内容主要包括两方面：项目过程/活动、项目工作产品。项目过程/活动主要包括：项目计划、需求管理过程、设计过程、编码过程、测试过程、里程碑评审过程、基线评审过程、变更评审过程、项目例会、配置管理过程、问题的解决过程等。项目工作产品主要包括：软件开发计划、周报、配置管理计划、需求规格说明书、概要设计说明书、详细设计说明书、源代码、测试计划、测试用例、测试分析报告、用户手册、安装手册、管理员手册等。

5）质量保证活动：应用软件系统的质量保证活动分为日常活动和阶段性活动：日常活动是软件质量保证工程师每周对项目进展状态进行检查；阶段性活动指项目里程碑和基线评审之前所进行的评审和审计工作，评审和审计的对象为项目活动及工作产品。里程碑评审：里程碑评审的目的是保证阶段性的软件工作产品的合理性、正确性、完整性以及与需求及计划的一致性等；基线评审：基线评审的目的是要对阶段性的工作产品进行认可，以便此后它们作为进一步开发的基础。

6）质量保证工作报告：软件质量保证工程师必须及时将项目过程中的质量状况向质量保证部门汇报，定期形成质量评审报告、工作总结报告等。

7）问题跟踪与处理：软件质量保证工程师对上述活动中发现的问题要及时进行跟踪，直到所有不符合问题得到解决。问题的解决情况，由软件质量保证工程师验证。验证结果记录于《问题处理单》。

10.4 资金实施保障

10.4.1 保障资金来源

CIM基础平台的建设要保障平台建设的资金来源，把信息化专项经费列入经费预算中，积极争取上级主管部门、本级发改、财政等部门的立项支持，形成以"财政投入为主、多方筹资共建"的经费保障机制。

在平台建设实施过程中，对整个项目资金实行统一规划、统一管理、统一调配，建立专账、专人的财务管理制度，专款专用，严禁挤占、挪用、截留，采取报账制，实行一支笔审批，严格按平台建设计划和进度分期分段拨付建设资金，并定期检查资金活动情况，发现问题及时处理，确保专项资金使用合理，产生最大的投资效果。

资金的拨付和投入应做到以下几点：

1）加强对平台建设资金的统筹，综合考虑平台全生命周期的建设内容和建设时序，有效解决CIM基础平台建设前期可行性研究、标准制订修改等相关的工作经费。

2）要保证CIM基础平台运行维护经费、数据更新经费等的持续投入，把此类经费作为发展专项列入预算中。

3）落实资金去向，在程序上集中进行专人负责，专人管理审批，避免重复建设、资源浪费。

10.4.2 保障资金实施

保证平台资金的合规合理使用是平台顺利实施的重要条件，在平台建设过程中，实施单位不因资金问题影响平台建设质量及考核目标，要做到专款专用。

（1）专项资金管理制度

成立专项基金，专款专用，严禁挪用，制定相应的资金管理制度。按照批准的经费预算，按任务提出年度预算，列入部门预算，资金的使用要接受财务和审计部门的监督和审计。

（2）资金计划管理

为确保平台建设的有序进行，建设单位拨付的资金应合理支配，提高计划管理的权威性、可实施性，财务管理部门在这一环节除了承担主要的控制任务外，还有义务指导监督其他部门的有关费用支出情况，随时跟进计划和实际情况对比，发现问题，予以调整。

（3）实施成本控制

实施成本控制时要注意各部门的及时沟通和良好合作，最大限度地减少在各环节出现损失的概率，达到成本控制的目的。

（4）资金监管

平台建设资金投入大，实施周期长，实施单位在项目管理过程中，要对资金到位情况、平台的运营情况、质量、成本的控制等进行实时监控，从而做出科学的计划调整决策，以保证运营的高效、安全。实施单位以目标成本为基础，实施统计项目实际发生成本，并与目标成本进行对比分析，实现成本的动态控制。

10.5 安全实施保障

10.5.1 数据安全保护措施

数据安全保护应达到但不限于以下要求：应使用安全可靠的数据库及数据存储设备；应对CIM平台中的数据安全分级，并实施分级保护；应支持安全传输协议，保障传输过程中数据的完整性；应对CIM平台中的数据存储采取完整性保护措施，防止数据被篡改；应根据数据分级分类，采用合适的脱敏技术后提供给对方；应采用身份认证、权限控制、访问监控等技术手段，保证数据访问过程安全。

1）数据分级分类：对CIM平台进行等保定级，根据业务信息与系统服务受到破坏后对侵害客体的侵害程度来判定各自的等级，取两者最高为平台的等级。CIM模型涉密数据划分，应参考相关法律法规或标准规范要求，标注CIM模型中各类数据是否涉密。存储、处理涉及国家秘密的数据应当遵守有关法律法规及标准规范的规定。

2）涉密数据脱密处理：应明确数据脱密场景，包括数据治理、应用程序调用、运维操作处理等，制定各场景的数据脱密规范、脱密方法和使用限制等。

3）数据保护措施：应采取有效措施对数据进行保护，并至少满足以下要求：应建立数据逻辑分层分级保护，支持存储授权管理和操作；应对访问用户进行身份鉴别和权限控制，并对用户权限变更进行审核记录；应支持安全管理员操作用户标识与鉴别策略、数据访问控制策略，包括访问控制时效管理和验证，以及接入数据存储的合法性和安全性认证；应严格限制批量修改、拷贝、下载等重要操作权限。

4）数据交换：应明确数据提供者与共享使用者的数据安全责任和安全防护能力；应明确数据共享涉及机构或部门相关用户的职责和权限，保证数据共享安全策略有效性；应审核共享数据应用场景，确保没有超出数据服务提供者的数据所有权和授权使用范围；应采用数据加密、安全通道等措施，保护数据共享过程中的个人信息、重要数据等敏感信息；应对数据接收方在共享数据过程的安全防护能力进行评估；应建立统一的数据共享在线审核和审批机制和系统。

5）数据销毁：应依照数据分类分级建立数据销毁策略和管理制度，明确数据销毁的场景、销毁对象、销毁方式和销毁要求；应建立规范的数据销毁流程和审批机制，设置销毁相关监督角色，监督操作过程，并对审批和销毁过程进行记录控制；应配置必要的数据销毁技术手段与管控措施，确保以不可逆方式销毁敏感数据及其副本内容。

6）数据安全风险识别：应进行数据安全风险识别，针对风险事件关联用户操作，完善溯源审计链条，对安全违规并及时预警，预防数据泄漏。

7）数据存储：应提供适当的硬件加密能力，以确保数据存储介质的安全性；应提供适当的加密算法，对敏感字段予以加密后进行存储；数据库经删除后，应支持通过回收站强制保留策略，确保数据误删除后得以恢复。

8）备份和恢复：应提供重要数据的本地数据备份与恢复功能；应提供异地实时备份功能，利用通信网络将重要数据实时备份至备份场地。检测备份策略设置是否合理、配置是否正确，验证备份结果是否与备份策略一致，检测近期恢复测试记录是否能够进行正常的数据恢复。应设置合理的备份策略，并定时进行恢复测试，根据业务需求配置异地备份策略。平台受到破坏时，应根据安全日志确认时间节点，查找最接近的备份文件进行备份恢复，保证系统正常运行。

10.5.2 系统安全保护措施

1）身份鉴别：为确保系统的安全，必须对系统中每一用户进行有效的标识与鉴别，只有通过鉴别的用户才能被赋予相应的权限，进入系统并在规定的权限内操作，有效防止非授权用户访问系统。

2）访问控制：为保证系统资源受控合法地使用，需在系统中实施访问控制，用户仅根据自己的权限大小来访问系统资源，不得越权访问。

3）安全审计：为保持对系统的运行情况及用户行为的跟踪，需对系统进行安全审计，以便事后追踪分析。

4）入侵防范：为防范网络内系统被攻击的情况，需在边界处入侵检测的基础上，对系统进行入侵检测，补充检测出现在"授权"的数据流或其他遗漏的数据流中的入侵行为。

5）恶意代码防范：为防止各种移动存储设备接入系统导致感染病毒，从而通过网络内部感染其他系统，需在系统层面进行恶意代码防范，结合边界处恶意代码防范进行双重防范。

10.5.3 边界安全保护措施

1）边界防护：应保证跨越边界的访问和数据流通过边界设备提供的受控接口进行通信；应能够对非授权设备私自联到内部网络的行为进行检查或限制；应能够对内部用户非授权联到外部网络的行为进行检查或限制；应限制无线网络的使用，保证无线网络通过受控的边界设备接入内部网络。

2）访问控制：应在网络边界或区域之间根据访问控制策略设置访问控制规则，删除多余或无效的访问控制规则，优化访问控制列表，并对源地址、目的地址、源端口、目的端口和协议等进行检查，根据会话状态信息为进出数据流提供明确的允许/拒绝访问的能力；应提供自主访问控制功能，依据安全策略控制用户对文件、数据库表等客体的访问。

3）入侵防范：应在平台边界及关键网络节点处检测、防止或限制从外部发起的网络攻击行为；应采取技术措施对网络行为进行分析，实现对网络攻击特别是新型网络攻击行为的分析，应具有实时获取受保护网段内的数据包的能力用于检测分析。

4）恶意代码防范：应在区域边界及关键网络节点处对恶意代码进行检测和清除，并维护恶意代码防护机制的升级和更新；应具备对一种或多种编程语言检测源代码缺陷的能力，具有对源代码编译后的字节码进行检测的能力；应能够检测出目前主要的代码应用安全漏洞和严重的质量缺陷。

5）安全审计：应在区域边界进行安全审计，对所有用户的重要行为和重要安全事件进行审计；应提供覆盖到每个用户的安全审计功能，记录所有用户对安全管理平台重要操作和安全事件进行审计；应提供对审计记录数据进行统计、查询、分析及生成审计报表的功能；应根据统一安全策略，提供集中审计接口。检测安全审计范围是否覆盖到每个用户。

| 第11章 |

BIM/CIM主要技术软件

根据各地对于CIM基础平台的建设需求，同步考虑各地对于工程建设项目审批等CIM+应用建设的需要，本章将分别从CIM基础平台类软件、BIM基础软件和工程项目审批类软件、CIM+应用类软件、国外CIM/BIM相关软件几方面对部分软件进行介绍（以软件首字母拼音为序）。

11.1 国内CIM基础平台类软件

11.1.1 奥格城市信息模型基础平台（AgCIM）

奥格科技股份有限公司开发的奥格城市信息模型基础平台（AgCIM）具备二三维一体的城市信息模型汇聚、清洗、转换、轻量化、模型单体化、模型特征提取、单体语义化、信息模型服务引擎与可视化表达、查询统计和空间分析等基本功能，提供工程建设项目各阶段模型汇聚、物联监测和模拟仿真等专业功能（图11-1）。

图11-1 奥格城市信息模型基础平台（AgCIM）示例

该软件技术特点：

1）以WebGL为渲染引擎，支持城市PB级大数据的轻量化处理、渲染展示。

2）支持规划报建BIM、施工BIM及竣工BIM数据的自动化接入和展示。

3）以"一张图"为基础，形成从微观到宏观的多尺度、多维度的综合治理应用。

4）强大的三维仿真分析能力，为辅助决策以及城市设计提供细化量化的数据支持。

5）支撑城市空间规划、城市设计、工程建设项目审查等多个核心业务板块，涵盖城市"规、设、建、管"的全过程。

6）通过国产操作系统、数据库、中间件、浏览器等十余项国产软硬件适配（兼容性）测试认证，通过华为鲲鹏技术认证。

11.1.2 超图CIM基础支撑开发平台

北京超图软件股份有限公司所开发的超图CIM基础支撑开发平台是构建城市CIM平台的核心基础，它融合了BIM、GIS、IoT等新一代信息技术，对城市海量多源异构空间数据统一汇聚管理，实现构建资源丰富功能强大的城市数字底盘；能够接入物联网等城市运行信息，实现对城市的运行状态实现全面掌控；能够支持城市空间的智能运算，实现对城市的一体化、智能化管控，为各政务部门构建一体化、智能化的CIM+应用奠定基础（图11-2）。

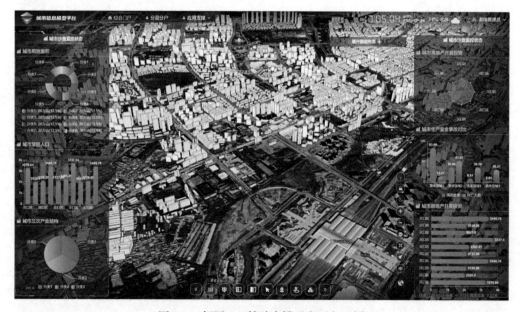

图11-2　超图CIM基础支撑开发平台示例

该软件技术特点为：

1）全要素：可以汇集城市中各类设施要素信息，统筹山、水、林、田、湖、草等自然资源要素信息，融合人、车、路、地、房等城市运行要素信息，形成城市空间全要素融合的管控基础。

2）全场景：通过将GIS宏观测绘数据与高精度倾斜摄影、雷达点云数据、手工贴图精模数据、BIM模型数据等城市微观数据的分级管理与一体化融合，能够满足不同行业、不同业务在不同尺度下的CIM应用需求，实现对城市CIM的全场景应用支持。

3）全空间：平台可以支持对城市空天场环境、地表设施模型和地下地质与人工构造物模型的汇聚、展示与一体化应用，从而实现对城市空天地一体化的全空间应用支持。

4）全周期：平台能够整合城市建设过程数据，城市运行状态数据，支持不同运行时期，不同建设阶段的CIM的融合与管理，实现城市规划、建设、管理、运行和应急救援的全生命周期的应用支持。

5）全过程：平台提供了完整的CIM数据采集与生产、治理与管理、存储与融合以及分析与发布等全过程，通过S3M标准实现从建模到应用的完整流程，提供CIM平台建设的全过程支持。

6）国产化：SuperMap采用标准C++实现GIS软件内核，软件能够原生支持包括x86、OpenPOWER、ARM（如鲲鹏、飞腾）、MIPS（如龙芯）、SW-64（如申威）等多种架构的国产CPU芯片、麒麟、欧拉等国产操作系统和高斯、瀚高、达梦、金仓等国产数据库的运行环境，为CIM平台提供全国产环境下的二三维一体化应用，保障CIM平台建设的信息安全。

11.1.3 飞渡城市信息模型基础平台（DTS for CIM）

北京飞渡科技股份有限公司开发的飞渡城市信息模型基础平台（DTS for CIM）定位于构建城市数字空间底座，将城市土地、建筑、水体、路桥、管线、管网、管廊等地上地下基础设施和空间资源全面数字化并提供支撑服务。基于新一代数字孪生体底层引擎（DTS）打造CIM基础平台，构建数字原生级融合GIS+BIM技术体系；以"全空间三维数据自动化治理"为核心、提供高逼真实时数字现实能力。面向CIM应用场景CIM1~CIM7级数字底板快速构建和自动化治理能力。提供支撑"规、设、建、管、服"的软件功能服务API及数据服务，支持各级CIM平台需求和应用模式（图11-3）。

图11-3　飞渡城市信息模型基础平台（DTS for CIM）架构图

该软件技术特点为：

1）多源数据整合汇聚管理。提供集成时空基础、规划管控、资源调查、公共专题和物联感知等空间数据，构建全要素、全空间、多维度、多尺度的CIM数据资源池，为"CIM+"服务应用提供数据支撑。

2）城市级三维数据空间存储及快速调度。采用先进的数据优化算法，让渲染跟数据规模和复杂度无关，解决城市级海量数据可视化应用的性能瓶颈。

3）高逼真可视化渲染效果。支持BIM、倾斜摄影、影像、点云、3ds Max模型、单体模型等的大场景、海量、大体量数据的高逼真渲染；支持CIM1～CIM7级效果精度输出，可实现海量数据的快速调度和应用。

4）业务应用服务化及快速场景组装。为了满足城市范围的CIM+应用服务，提供一个微服务组装环境，将功能与数据包装为微服务为业务提供场景。能够将CIM基础平台的业务功能、业务数据与空间模型、空间功能进行场景组装，从而将功能和数据整合为有价值的场景，支持在多团队、多项目、多实体之间协作，且始终保证唯一和一致。

11.1.4 广联达CIM平台

广联达科技股份有限公司开发的广联达CIM平台是驱动城市数字化转型的一体化技术集成、数据融合、业务协作平台。平台基于新一代通用技术和智能基础设施，依托技术中台、数据中台和业务中台的技术体系，支持兼容多种系统部署环境、不依赖特定云基础设施、云中立。

CIM平台架构体系如图11-4所示。

图11-4　广联达CIM平台架构

平台核心能力为：

1）全方位：数据、业务、运行管理全方位；空间：空、天、地、室；时间：过去、现在、未来。

2）全融合：融合政务服务、城市运行感知、市场与社会主体等多源异构数据，统一数据标准、规范和服务。

3）全联接：联事、联人、联物、联技术、联数据、联业务、联平台，横向到边、纵向到底。

4）全过程：用数据驱动城市规建管服全过程业务创新，沉淀完整的城市大数据资产。

平台技术创新点为：

1）建立多维度、多类型、全过程CIM多源异构数据的融合数据引擎。

2）基于人工智能和自主图形引擎的高精度、空天地室一体化全景空间城市信息模型快速构建。

3）基于Web的高逼真渲染、高性能大场景调度、模型在线编辑、多尺度和多粒度的一体化CIM渲染。

4）基于业务驱动的低代码快速开发、高效应用集成、统一数据共享交换、云中立部署的CIM开放集成。

11.1.5 广图CIM基础平台

北京广图软件科技有限公司研发的广图CIM基础平台可集成GIS矢量图、遥感影像图、倾斜摄影模型、三维人工精细模型、BIM模型等多类型的空间数据以及动态感知数据，实现城市地上/地下、室内/室外、规划/现状/审批等综合信息的集成，实现CIM综合数据的二三维一体化浏览、查询统计、空间分析、工程建设项目各阶段方案模型数据的上传和浏览、BIM方案指标计算及与批复指标对比、动态感知数据的汇聚与展示等业务功能（图11-5）。

图11-5 广图CIM基础平台示例

该软件技术特点为：

1）以构建全市空间大数据体系的维度来组织城市CIM数据库建设。在统一数据标准、统一坐标参考、统一数据检查的机制下，实现全市现状一张图、规划一张图、审批一张图等二维、三维空间数据的统一汇聚和集成浏览，并做好空间数据的更新、历史库管理和分级权限管理。

2）具有丰富多样的三维空间分析能力，支持多维度的数据挖掘，实现多场景应用下的领导决策支持。

3）支持工程建设项目规划报建不同阶段方案BIM数据的导入、BIM数据与三维GIS场景数据集成浏览以及指标分析计算和对比等功能，更好地辅助工程建设项目的审批决策。

4）打造高效协同的统一时空信息服务模式。按照"一数一源"、共建共享的原则，平台同时提供丰富多样的二次开发接口，可对外提供统一时空信息服务。

5）支持各类感知数据的动态汇聚与展示。

6）具备灵活可维护、可扩展的运维配置。

11.1.6 国地城市信息模型基础平台（GDCIM）

广东国地规划科技股份有限公司研发的国地城市信息模型基础平台（GDCIM）提供海量异构数据汇聚与管理、数据高效查询与可视化、多维空间立体分析、多级平台运行监测、服务共享以及定制化业务应用场景，满足不同层级基础平台建设及业务应用需求。同时，国地GDCIM可借助次世代PBR物理引擎打造灵境·数字孪生双引擎沙盘，将平台中全息三维城市模型投射至物理空间中，并予以沉浸式漫游及互动式体验，从而实现物理世界与数字世界的交织（图11-6、图11-7）。

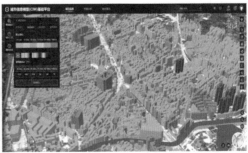

图11-6　国地城市信息模型基础平台（GDCIM）示例

图11-7 国地灵境·数字孪生双引擎沙盘

该平台技术特点为：

1）多元技术架构适配工作需要。国地城市信息模型基础平台（GDCIM）兼容SuperMap、易智瑞、Cesium（开源）等多种GIS开发端，适应不同开发对接、业务支撑、自主可控需求。

2）GIS引擎+游戏引擎混合架构驱动多维场景应用。创新采用双引擎支撑模式，兼顾GIS引擎的定量化分析能力和游戏引擎的高效动态渲染展示能力，实现GIS数据的高仿真可视化与查询分析有机融合。

3）大体量BIM模型极限压缩技术。面向几何信息和非几何信息拆分、几何信息轻量化处理、最大限度保留原生模型信息等技术瓶颈，采用先进的三维模型格式对转换后的BIM模型进行极限压缩，实现BIM原生模型轻量化后的无差别展示应用。

4）三维全景视频融合技术。用自动投影、校准、畸变矫正等摄像测量学算法，将相邻摄像头传输的视频画面进行无缝拼接与融合，从而实现对重点区域整体现场的全景、实时、多角度监控。

5）数字孪生全息投影技术。依托集群渲染服务器，融合次世代PBR物理引擎，借助可视化信息大屏，实现全息城市空间的物理投射，提供直观可触的数字沉浸互动体验。

11.1.7 集思创源EasyGlobe易景时空大数据一站式应用平台

北京集思创源科技有限公司研发的EasyGlobe易景时空大数据一站式应用平台聚焦场景式城市运管智慧化建设，整合高清影像、地形地貌、线划矢量、倾斜摄影、三维模型、点云数据、运行监测等多源数据，实现Online级CIM场景搭建、场景共享、服务发布，全程可视化操控、一站式应用（图11-8）。

图11-8　集思创源EasyGlobe易景时空大数据一站式应用平台示例

该软件技术特点为：

1）CIM场景在线搭建：提供Online级CIM场景在线承载与搭建能力，支持多源异构数据解析和海量城市级展现；

2）丰富的主题展示：提供数十种地理专题图和复合图表展示，可从三维空间、时间序列视角，实现业务数据空间主题展现；

3）百万动态上图：采用WebGL渲染机制，建立大数据策略，构建最优客户端渲染引擎，海量秒级上图绘制，操作体验流畅；

4）无级尺度体验：以GIS引擎为核心，支持天空地海、地面地下、海面海下、室内室外等全空间缩放漫游，实现全球、区域、建筑等不同尺度无缝融合；

5）便捷行业应用：标准化服务接口和应用端口，服务引擎和终端应用绿色，支持无插件浏览器直访，具备多终端适配能力。

11.1.8　蓝色星球城市信息模型平台（BE CIM）

上海蓝色星球科技股份有限公司研发的BE CIM平台，支持国产操作系统、数据库、中间件、浏览器等，包括：城市数据信息采集汇聚与服务（CIM数据服务）、城市信息模型引擎（CIM引擎）、CIM基础平台（图11-9）。

该软件技术特点为：

1）BE CIM产品采用结构化体系，支持组合应用，也支持分项应用；

图11-9　蓝色星球城市信息模型平台BE CIM示例

2）BE CIM产品通过标准化设计，支持各级CIM基础平台的层次架构；

3）CIM数据服务具有城市级地理空间数据信息采集汇聚和服务能力；

4）CIM引擎具有城市级BIM模型加载能力和超强多类型数据融合能力；

5）CIM基础平台提供了二次开发接口（API）/资源库/算法库/组件库等。

11.1.9 伟景行城市信息模型平台

北京伟景行信息科技有限公司所研发的CIM平台，采用全新的数字孪生信息模型时空特征数据库技术，提供精确的数字孪生信息模型场景数据融合服务融合支撑基础能力，可支撑数字孪生CIM数据融合服务、融合交互体验、综合展示、决策支撑、时空大数据一体化等（图11-10）。

该软件技术特点为：

1）提供信息模型通用的三维漫游、特效展示、三维测量、输出视频和图片及各垂直行业专业功能；提供与物联网、视频云、人工智能、大数据、其他系统的数据接口。

2）可实现实时云渲染，视频流传输确保数据安全，跨浏览器无须插件。

3）三维空间信息数据融合前置生产系统：承载多源（元）海量城市级高精度三维调度和渲染性能，同时提供三维超大场景效果的展现能力，采取FDB数据库管理方式，对数字城市建设中所涉及的多种数据类型都进行了完整的定义，使用多空间列技术对同一个对象的不同类型数据进行统一管理，便于后期数据的更新和维护。

同时可以为数据赋予时间信息，依据时间信息，结合时间轴功能可以有效地展示场景的变迁。

4）面向政府、面向企业、面向工程建设领域全生命期信息模型数据发布平台：基于面向服务体系构架（SOA）创建、组织和管理各种空间数据服务，包括地形、影像、模型、矢量、信息模型等数据服务，并通过高效的空间索引机制组织数据，通过动态负载均衡技术响应海量并发访问请求，通过高效的流媒体压缩技术和网络传输技术，将三维空间数据快速地推送到系统应用终端，从而为网络用户海量并发访问提供高质量的网络数据服务。

5）联合开发能力应用拓展空间：通过伟景行信息模型系统软件所提供的联合能力开发环境，为数字孪生信息模型场景应用提供联合开发服务支撑。

6）伟景行信息模型系统软件平台支撑能力：多终端信息模型服务融合能力：信息模型集成研讨大屏幕、数字沙盘、环幕、CAVE、DIMS信息屏、VR头盔、PC端、手机端等多种数据呈现形式。

11.1.10 迅图城市CIM模型数字孪生仿真能力服务平台

上海迅图数码科技有限公司开发的迅图城市CIM模型数字孪生仿真能力服务平台，采用自主开发的QMAP核心图形引擎及工具产品，集合城市的数据管理经验，

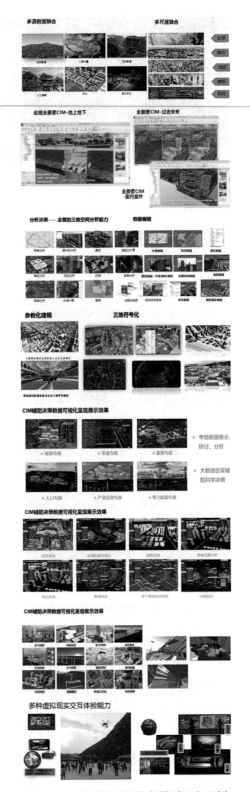

图11-10 伟景行城市信息模型平台示例

图11-11 迅图城市CIM模型数字孪生仿真能力服务平台示例

为用户提供具备公众服务能力的城市CIM数字孪生仿真能力服务平台。在平台上通过结构化模型处理、实时数据对接、大数据集成,统一支持全市各类数据高性能可视化交互、大规模超高速仿真呈现。通过构建行为识别行为预测分析能力,实现人工智能分析基础,为智慧城市应用提供前提和保障的信息化数据平台(图11-11)。

该软件技术特点为:

1)高速网络三维图形展示技术:平台采用高速实时三维地理信息图形引擎作为可视化平台的支撑,具备完整适应国内独立计算机产业环境的能力,可运行于中标麒麟等国产操作系统,并且通过了华为鲲鹏技术认证。

2)城市自动化建模、多源数据融合、实时状态仿真:支持基于二维矢量GIS数据自动建模,通过二维矢量地图数据自动生成城市地物三维模型,包括普通建筑、水系模型、绿地模型等,并支持单体化楼层查询,人工模型优化等功能。通过地理信息(GIS)、建筑信息(BIM)、工业设备信息(IoT)模型大规模的整合、数据对接、交互应用,实现不同来源的模型及数据交互共享、综合应用,支持大规模城市动态物体实时数据仿真呈现。

3)全面开放的能力服务平台:提供完善的API接口和完整的数据加工处理工具,实现对行业二次应用开发的支持。支持第三方厂商在大屏、桌面、移动端结合自身业务低成本高效率完成定制开发,可以提供具备通用性的特殊底层功能定制开发支持服务,满足国内不同行业快速和个性的发展要求,支持客户私有云及公有云的SAAS及PAAS服务独立部署。

11.1.11 易智瑞GeoScene平台

易智瑞信息技术有限公司研发的GeoScene平台是针对我国用户打造的新一代

国产地理信息平台。平台以云计算为核心，并融合各类最新IT技术，提供丰富、强大的GIS专业能力，包括制图与可视化、空间数据管理、大数据与人工智能挖掘分析、栅格影像管理与分析、实时数据可视化及分析、实景三维等新型数据的三维可视化与分析、空间信息可视化以及整合、发布与共享等。

其中三维能力是GeoScene平台的核心能力，平台在三维数据的数据管理、可视化、空间分析和共享等方面提供了完整且强大的功能支持。具备基于规则的快速批量建模技术、具备高效的前端渲染和缓存技术，支持多源三维数据的接入、支持OGC i3s标准以及智能的三维制图、多种应用终端的能力。

该软件技术特点为：

1）桌面端三维产品：GeoScene Pro是新一代国产地理空间云平台的专业级桌面软件，拥有强大的数据编辑与管理、高级分析、高级制图可视化、影像处理能力，同时还具备二三维融合、人工智能、大数据分析、矢量切片制作及发布、时空立方体、任务工作流等特色功能。

2）服务器端三维产品：GeoScene Enterprise是新一代的服务器产品，是在用户自有环境中打造地理信息云平台的核心产品，它提供了强大的空间数据管理、分析、制图可视化与共享协作能力。它以Web为中心，使得任何角色任何组织在任何时间、任何地点，可以通过任何设备去获得地理信息、分享地理信息；使用户可以基于服务器进行在线数据处理与编辑、制图可视化、空间分析、矢量/栅格大数据分析，以及时态数据的持续接入与可视化分析，并在各种终端（桌面、Web、移动设备）访问地图和应用；同时还以全新方式开启了地理空间信息协作和共享的新篇章，使得Web GIS应用模式更加生动鲜活。

3）平台三维应用场景：GeoScene平台一方面提供了三维数据制作、编辑、存储管理的能力，另一方面提供了众多二、三维分析工具满足应用的需求。这些数据分析能力能够以服务的形式通过JavaScript API、GeoScene Runtime SDKs进行调用与定制开发，因此可以应用到交通、规划、环保、水利、气象、石油等行业中。

11.1.12 中设CBIM城市信息模型基础平台

由中设数字技术有限公司研发的CBIM城市信息模型基础平台攻关了多场景图形引擎关键技术，实现了BIM+GIS+遥感+二维+三维的大体量多源异构数据加载、展示，可支持城市级海量数据的载入、展示、分析，使用了更加灵活的微服务架构，业

图11-12 中设CBIM城市信息模型基础平台示例

图11-13 城市信息模型基础平台云渲染数字底座

务场景、数据格式、传输存储等按国内业务需求设计研发（图11-12、图11-13）。

该平台技术特点为：

1）CBIM基础平台由CIM基础平台和CIM+应用系统两个部分构成。CIM基础平台嵌入高性能综合图形引擎应用软件，提供底层支撑和数据容器，具有多元时空大数据的汇聚、融合功能，为上层应用提供丰富的RESTful API和相应的界面、业务、流程配置等功能。CIM+应用系统以插件的方式建立在CIM上。

2）系统采用微服务架构。各系统、微服务之间通过RESTful API互联互通，实现自上而下、集中统一的网络、设备监控和管理。系统的模块之间相互独立、接口开放、职责明确。模块能够被方便地移植，从而被其他系统复用。一个模块的损坏和替换不会影响到其他系统。

3）CIM平台的可扩展性。基于CIM基础平台和CIM+应用系统的松耦合关系和微服务架构的技术架构，CBIM平台具有良好的可扩展性，可以根据平台使用者的管理需求在基础平台基础上扩展各种应用，CIM基础平台也可以进行各种功能模块的迭代更替升级和研发新的功能模块。

4）BIM图形文件的互联互通和轻量化。CBIM平台可支持RVT、Rhino、Bentley MicroStation、SketchUp、3ds Max、CATIA、Tekla数据文件轻量化及互联互通（CIM-BIMHub）。

11.1.13 51WORLD全要素数字孪生平台（51AES）

北京五一视界数字孪生科技股份有限公司研发的51WORLD全要素数字孪生平台（51AES，All Element Scene，简称AES），包括数字孪生PaaS平台、全要素场景（AES）、51Sim-One自动驾驶仿真测试平台等核心平台级产品，可实现多源时空数据融合、城市数字底座搭建、多元仿真模型模拟等具有应用价值的平台功能建设。同时，为客户提供灵活丰富的工具链及合作平台，打造基于数字孪生的二次开发与全行业数字孪生应用生态（图11-14）。

图11-14　51WORLD全要素场景平台（51AES）示例

该软件技术特点为：

1）支持UE与Web GL双引擎，高性能模式支持数十亿级别三角面模型的显示、基于物理真实的视觉渲染、非连续面仿真等，轻量模式支持常见终端设备访问。

2）支持OGC、3Dtiles、BIM等多类文件服务、数据的离线及实时在线加载，并与数据中台对接，实现静态场景和动态场景的参数化建模。

3）支持与GIS平台对接，实现坐标统一、同屏同态、二三维一体化。

4）支持几何关系、流程关系、物理关系的仿真与推演，如规划、车流、人流、作业流程。

5）融合CIM与TIM（交通信息模型），完成V2X通信仿真、交通信号源配时仿真、无人驾驶算法对抗仿真、人机交互仿真等高置信度的仿真推演，支撑车城双智，如TOCC、城市IOC、城运中心、规建管一体化等应用。

6）场景制作开放友好，采取低代码和无代码模式，用户可自行生成CIM1、CIM2级别万级平方公里场景并完成城市底板切割和分发，自行导入BIM和FBX等完成百公里级平方公里和路网级别场景编辑。

11.2 国内BIM基础类软件

11.2.1 BIMMAKE施工建模及深化设计软件

广联达BIM施工建模及深化设计软件BIMMAKE是基于广联达自主研发的图形和参数化建模技术，为技术工程师/BIM工程师全新打造的聚焦于施工阶段的BIM建模、专业深化设计与应用软件（图11-15）。

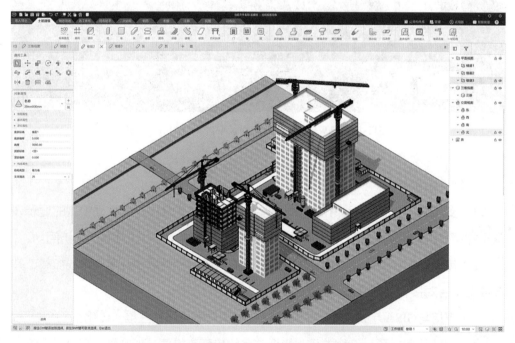

图11-15　广联达BIMMAKE软件应用界面示例

该软件技术特点为：

1）更快的模型创建

一是导模。兼容算量GTJ模型，GCL\IFC\Revit\CAD\SKP等数据格式。二是翻模。识别CAD图纸智能生成主体结构与钢筋模型，准确率95%。三是建模。包括创建场地、基础、主体、二次结构、临建、防护等施工特色模型。

2）更快的构件获取

可实现参数化快速建族，并持续更新的施工云端构件库。支持施工企业CI标准化族库创建，规范现场布置。

3）更优的深化设计

可完成二次结构、砌体深化设计和木模板配模一键深化设计。能实现钢筋节点深化与三维交底和塔式起重机堆场智能排布与计算。可实现深化出图、出量（混凝土、模板接触面积、临建、施工机械等）。

4）更全的BIM应用

可实现一键上云、轻量化扫码查看与交底汇报一键渲染、高真实感高质量效果漫游连接工序动画、施工组织模拟软件，支持虚拟建造连接项目管理平台BIM5D，实现项目成本质量管控支持导出Revit、3DS、CAD、云翻样、IGMS等多种格式。

11.2.2 马良XCUBE-BIM数智设计平台

中国建设科技集团、紫光集团联合中设数字技术有限公司等12家企业共同进行探索，从基础核心底层数据层到应用层，研发出了国产的BIM软件——马良XCUBE。马良XCUBE是新一代高性能三维几何造型技术软件和BIM设计基础软件平台，拥有自主知识产权、能兼容其他BIM基础软件格式的国产BIM基础软件（图11-16）。

该软件在功能和性能上具有以下特点：

1）简单：更适合我国设计师的设计习惯，既能查看展示效果，又能实现二维制图和创建参数模型，实现了与其他软件无缝过渡。

2）强大：马良XCUBE通过云计算把绝大多数工作量都交给了云端服务器。

3）智能：马良通过智能设计，把BIM世界领域常见的重复、高精度的工作交给人工智能去自动完成，通过智能工具的使用为设计师提供更多创造力的场景。

马良XCUBE 国产自主知识产权BIM设计平台

空间定义建模算法

以空间设计为基础，让软件紧密贴合设计师思维，回归设计本身

支持在建筑单体空间内进行空间划分，对建筑单体空间进行业态规划，对楼层内的空间功能进行设计，并基于空间数据模板自动生成空间的围合构件

自主可控几何内核

基于国产造型内核打造，兼容主流造型内核，为用户提供多种选择，有效解决"卡脖子"问题

三维云渲染引擎

支持全专业、多种格式BIM模型的云端设计协同可视化，可实时编辑光照系统，模拟太阳光，点光源，聚光灯的光影效果，内置1000+材质库资源（支持pbr材质），1000+模型资源，基础粒子资源，方便用户对场景进行材质编辑和辅模拼装，支持2K-8k级高清图片（VR全景图）和视频输出

与制造业数据互通

打通建筑业和制造业模型，数据互通，格式兼容，可实现用户在制造业软件中设计的构件直接导入马良 XCUBE 中编辑与装配，也可在马良 XCUBE 中设计的构件直接导入到制造业软件中进行深化设计，以达到制造业生产加工的需求

图11-16 马良XCUBE产品特色

11.2.3 PKPM-BIM建筑全专业协同设计系统

北京构力科技有限公司研发的PKPM-BIM建筑全专业协同设计系统，涵盖建筑、结构、给水排水、暖通、电气五大专业；各专业按照我国BIM标准编制，内置建筑行业规范，支持伴随设计过程的规范查询和规范检查；系统采用中心数据库的构件级协同设计工作模式，可基于局域网、公有云、私有云部署，支持多人多专业实时协同，数据差量传输，确保工作成果的唯一性和关联性（图11-17）。

该软件技术特点为：

1）支持智能建模、协同设计、规范审查、模拟分析、图纸清单、对接智慧运维等多场景数字化应用；

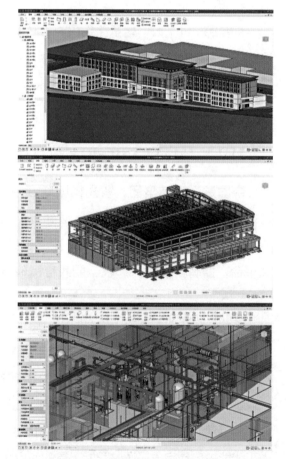

图11-17 PKPM-BIM建筑全专业协同设计系统示例

2）基于国产自主平台BIMBase研发，拥有国产化核心技术；

3）支持多种协同模式，可基于局域网、公有云、私有云部署，支持多人多专业实时协同，数据差量传输，确保工作成果的唯一性；

4）支持局部构件、单层、多层、全楼模型的三维显示模式，并可通过视图参照进行专业间的相互参照，解决专业间模型数据的协同应用；

5）平台内置Python工具，支持参数化复杂模型创建，通过开放的图形系统，支持自由地构思设计、创建外型，并以逐步细化的方式来表达设计意图；

6）提供跨专业提返资协作机制，支持在平台内开展碰撞检查，自动生成碰撞报告，并结合丰富模型编辑工具，对模型进行优化调整，实现管线排布的优化；

7）提供云端智能构件库，支持企业私有云端构件库建立及管理，具备参数化构件分类体系，便于形成企业独有的构件库；

8）支持DWG、IFC、FBX、3DS、SKP、PMODEL等多种数据格式，可以满足前后端应用场景的数据对接，制定统一数据标准XDB格式，可无缝对接审查平台；

9）内置BIM规范审查工具，各专业模型支持规范自审，实现边设计边审查，同时实现跨专业数据联合审查，有效提升BIM报审通过率。

11.3 国内CIM+应用类软件

11.3.1 福大未来城市CIM融合平台

福建福大建筑规划设计研究院有限公司研发的福大未来城市CIM融合平台以BIM数据应用、物联网数据融合、专业算法模型的以CIM相关核心技术为架构的智慧城市类应用平台。平台基于WebGL的数字城市三维可视化引擎，有效融合BIM、IoT等多源异构数据，可与GIS、倾斜摄影、激光点云等数据无缝桥接，实现三维城市空间模型和城市基础设施数字化与信息化的转变，构建智慧城市系统的基础支撑（图11-18）。

该产品技术特点为：

1）提供二维和三维一体化的基础底图和统一坐标系统的能力；

2）多专业、多源BIM、IoT数据的接入；

3）BIM数据与其他空间数据的融合匹配；

4）BIM对象与GIS对象间的拓扑关系重构；

图11-18   福大未来城市CIM融合平台示例

5）面向场景的BIM数据识别、提取等空间综合处理；

6）丰富的API以及可定制化；

7）无插件、跨浏览器、跨平台；

8）展现形式多样化，支持H5、WebGL等现代Web技术；

9）支持倾斜摄影模型、BIM、激光点云等数据的管理和展示；

10）无差别支持大规模、密集型三维模型数据场景展示。

11.3.2　构力BIM+AI的智慧审查系统

北京构力科技有限公司研发的构力BIM+AI智慧审查系统基于BIM三维模型和人工智能技术，使用行业通用开放的标准数据格式，利用云端引擎与AI引擎对设计说明、设计成果、国标规范文件智能学习识别，形成数据知识图谱及档案在网页端进行模型浏览与智能审查。智能审查范围包含房建领域建筑、结构、机电、消防、人防、节能、装配式等各专业国家规范强制性条文与审查要点。利用BIM技术和三维模型的先天优势，可以快、全、准、省地智能检查出BIM设计模型违反重难点规范条文的部分，自动生成审查报告（图11-19）。

该系统具有以下特点：

1）国产BIM对接，提供自主研发的BIM交付—BIM审查—CIM平台整体解决方案，实现边设计边审查，提高方案质量，提高审查效率。

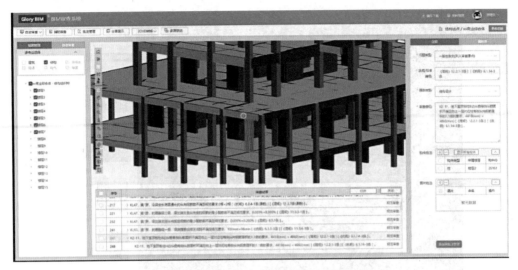

图11-19　构力BIM+AI的智慧审查系统示例

2）可视化审查，提供平面化表达、三维模型表达、符号化表达、实体钢筋表达等多种可视化表达方式，让方案审查更直观。

3）轻量化平台审查，联网即可使用，无须安装操作简便，可对接多款软件，基于统一平台进行交流。

4）低代码维护规则库，当审查规则发生变化时可以通过低代码方式调整规则算法快速修正规则变化。

5）AI技术赋能，实现更快速、更广泛、更专业的审查，可实现二维+三维的双重审查，机器审查防止遗漏，审查维度更丰富，规范体系检索智能化。

11.3.3　国泰新点基于BIM的工程建设项目全数字化交付

国泰新点软件股份有限公司开发的基于BIM的工程建设项目全数字化交付平台，实现了全过程数字化资产在工程建设项目全生命周期中的可溯可查，并可根据材料的提供对象、审批对象，实现责任落实到人；同时，数字化资产在住建各业务阶段中的共享共用，能够深度结合一体化数字住建平台，实现政企协同的智慧住建"数字生态"（图11-20）。

该软件技术特点为：

1）BIM+规划报建，BIM报审平台负责对BIM模型的质检、规整相关标准进行配置管理，协同相关BIM报审数据标准，确保BIM报审成果符合报建要求；同时，对BIM方案进行标准化质检、规整，满足BIM方案申报需求。

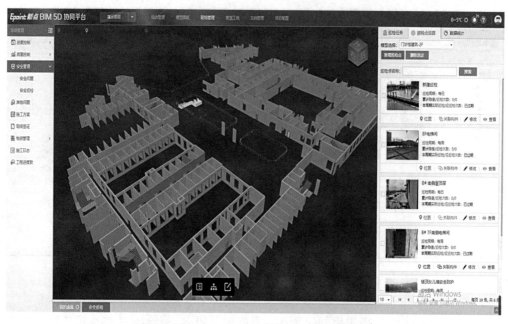

图11-20　国泰新点基于BIM的工程建设项目全数字化交付平台示例

2）BIM+图审，在统一的BIM审查数据交付标准、数据格式标准和管理规范的基础上，充分利用"互联网+"和先进的图形处理技术，探索施工图三维数字化审查，就施工图审查中部分刚性指标，依托施工图三维数字审查技术实现计算机半自动审查，减少人工审查部分，提高审查效率；解决BIM深度设计、BIM设计成果检查、BIM设计质量认定、BIM设计闭环不足等问题。

3）BIM+质量安全，构建三维建筑模型，关联造价清单、进度、质量、安全等关键要素，最大限度提高建筑结构设计质量，为后期建筑施工安全提供可靠的依据；构件可以关联质量安全问题，查看各个构件的质量安全问题整改情况，同时，构件中包含的设备，可以与实际设备进行关联，比如查看空调、监控等设备的信息。

4）BIM+城建档案，围绕建设工程BIM资源的收集、管理和利用阶段所涉及的数据内容，结合建设工程档案管理特点，可借助BIM可视化、可挂接等相关技术，为城市建设BIM档案的移交、管理和利用提供三维空间可视化数据支撑服务。

11.3.4　广州建筑工程技术审查BIM三维电子报批系统

广州市城市规划勘测设计研究院研发的建筑工程技术审查BIM三维电子报批系统，面向建筑工程规划报建阶段指标审查，针对市场上BIM软件众多、数据格式不一、BIM模型数据体量大等问题，基于BIM引擎+GIS引擎进行融合开发，实现数据

图11-21　广州建筑工程技术审查BIM三维电子报批系统示例

高度轻量化、数据格式统一及自主研发的图形及数据引擎开发（图11-21）。

该软件技术特点为：

1）底层基于国产化BIM图形引擎+GIS引擎融合开发。

2）基于浏览器、无须任何BIM平台软件即可实现审查；软件自动统计、提取规划报建指标，一键完成与规划条件的对比及核验，提高建筑工程规划报建的效率与质量；同时提供三维GIS下的周边环境辅助审查，辅助决策科学合理。

3）自主设计统一的数据格式，支持Autodesk Revit、Bentley等BIM设计软件的数据格式，兼容性良好。

4）规划报建数据高度轻量化，轻量化比率达10%，满足数据传输、存储及使用轻量化的需求。

11.3.5　广联达施工图二三维联审系统

广联达施工图二三维联审解决方案是利用BIM技术、AI技术为行管部门提供的全过程、全要素、全参与方的施工图二三维联合审查新模式。实现施工图的设计、审查从二三维分离向二三维联动，从人工向智能审查转变，促进设计质量提升，推动二三维平滑过渡，加快BIM技术在工程建设项目全过程的应用（图11-22）。

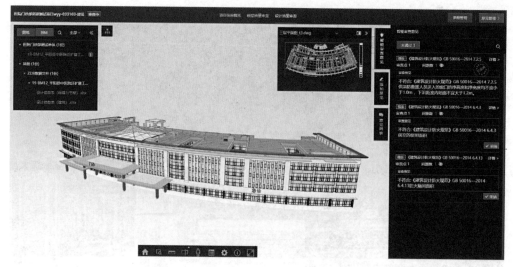

图11-22　广联达施工图二三维联审系统界面

该软件主要具有以下技术特点：

1）二三维人工辅助审查。图模轻量化浏览；测量、旋转，剖切、小地图定位、轴网定位、漫游；多专业集成参照、模型批注、问题关联模型定位、变更对比；正向设计图模构件级联动和反向设计图模空间级联动。

2）图模相符性审查。智能和人工相结合的图模相符性审查，保障模型质量；主体构件的位置、截面尺寸、配筋、空间用途查询、各类构件统计表对比的智能审查。

3）设计质量智能审查。建筑全专业460多条国家标准的智能审查；专业人员使用规则编辑器将建筑规范条文编写为检查规则。一键发布即可执行审查应用。智能审查意见同时匹配至图纸和模型，审查人员可以清晰查看图模问题。

11.3.6 沈阳市地下综合管廊项目智慧运维管理平台

中国建筑东北设计研究院有限公司针对综合管廊具体需求，结合BIM、GIS、物联网等现代方法，研发了综合管廊智慧运维管理平台，保障了综合管廊的安全运行与精细化管理（图11-23）。

综合管廊智慧运维管理平台建设主要包含如下内容：

1）环境系统：包含气体检监测、通风、排水、智能照明等。

2）通信系统：包含无线通信系统、光线电话系统等。

图11-23　沈阳市地下综合管廊项目智慧运维管理平台示例

3）安防系统：具体包含入侵、视频监控、电子井盖、巡更系统等。

4）机器人系统：智能化监控机器人搭载摄像设备、气体传感器等。

5）用户和巡检管理：用户管理、巡检任务、维修任务、保养任务等。

6）移动App：将重要功能集中在App供相关人员使用。

11.3.7　星宇建筑房屋结构安全监测平台

福建省星宇建筑大数据运营有限公司研发的星宇建筑房屋结构安全监测平台可实现对房屋的实时动态监测、采集、趋势分析、智能预警，通过AI快速建立城市模型底座，通过大数据挖掘和人工智能辅助判别，为老旧小区改造和城市更新提供数据支撑，为专家远程诊断辅助决策。推进物联网监测+大数据在城市防灾减灾、城市安全、应急管理等方面的深度应用（图11-24）。

该平台技术特点为：

1）监测对象模型可视化，与监测、报警、数据筛选等业务功能形成联动。

2）监测数据实时查看与分析、风险趋势变化分析。

3）安全风险分级分类监测预警，平台、App、短信等联动告警消息推送。

4）通过数据可视化的呈现房屋安全数据一张图、房屋风险分布一张图。

5）网格化人防巡检与群防群策机制实现网格化人工巡检及社会公众隐患上报，数据现场采集实时上传。

图11-24　星宇建筑房屋结构安全监测平台示例

6）建立房屋结构隐患源和隐患指标体系，科学设定监测阈值指标。

7）构建房屋安全监测数据中心汇聚房屋基础数据、排查数据、BIM模型、全景等影像数据、GIS定位等静态数据，以及人工巡检、动态数据、风险数据等各类动态数据。

11.3.8　益埃毕慧城宝平台（EBASE）

上海益埃毕建筑科技有限公司开发的慧城宝平台（EBASE）定位为平行宇宙的基础底座，打造1∶1虚拟世界。EBASE致力于服务全域数字空间场景，推动新一代CIM+技术应用与发展（图11-25、图11-26）。

该平台技术特点为：

1）EBASE具备融合多源异构数据的能力，全面覆盖地理空间数据分析处理需求，支持更多样化的地图表达效果。

2）EBASE支持TB级倾斜摄影数据秒级加载和城市级BIM模型高性能渲染，支持亿级点云数据的高效和千万级三角网的地质体高逼真渲染。

3）EBASE已发布十几项基础功能包括视点保存、天气模拟、图模联动、几何剖切、空间测量、楼层分析、断面分析、透视分析、天际线分析、光照分析、开挖分析、土方量分析等。

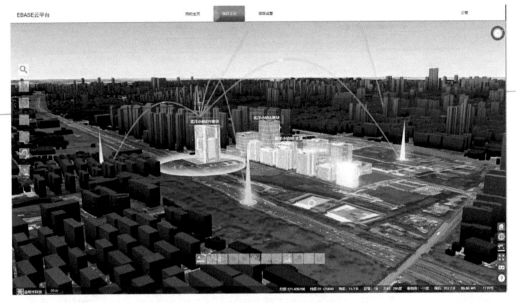

图11-25　益埃毕慧城宝平台（EBASE）示例

图11-26　益埃毕慧城宝平台（EBASE）应用

　　EBASE子模块族库宝软件，是一个社交式BIM/CIM构件分类加密共享的社交式管理平台。族库宝软件包括10个主要功能版块：3D浏览、族广场、企业族、我的族、厂商族、族审核、人员管理、统计管理、部门/项目部管理、加密管理、供应商管理。

11.3.9　中设数字工程建设项目BIM智能审查云平台

　　中设数字技术有限公司通过技术创新实践开发的CBIM规划报建云端智能化审查审批系统，以工程建设项目规划设计方案技术审查为突破口，推行BIM电子化规划报建和智能化审查审批工作；围绕"能上手早推广、精简审批环节、提高审批效能"

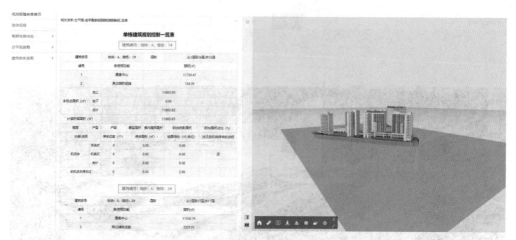

图11-27　中设CBIM规划报建云端智能化审查审批系统

探索审批改革智能化道路，全力推动工程建设项目审批制度改革从行政审批提效向新技术辅助审查提速递进（图11-27）。

该软件技术特点：

1）制定一套BIM/CIM数据标准：围绕BIM/CIM技术在规划管理阶段的应用需求，探索城市级BIM/CIM标准体系的构建，并以此为顶层架构，重点研究和制定多种标准与规范，指导软件研发、BIM规划报建和审查审批工作。

2）开发一套针对工程建设项目规划报建的设计端辅助设计软件：基于BIM/CIM技术，针对建筑工程规划管理，进行多端规划报建辅助软件的研发。

3）开发一个针对建筑工程建设项目规划报建的云端智能化审查审批系统：针对各类工程建设项目，依据特定市区规划管理过程中适用的各类法规、条例、导则等，梳理规则，形成算法，并建设统一的工程建设项目规划报建智能化审查审批系统，对工程建设项目的合规性进行智能化的审查审批。

11.3.10　中新科技CIM园区智慧运维系统

中新城镇化（北京）科技有限责任公司研发的中新科技CIM园区智慧运维系统，主要实现将CIM平台在规划建设阶段房屋建筑等竣工交验的不动产资产数字化成果，用于运营阶段辅助投资人展开以园区碳排放管控为目的的不动产资产价值提升管理应用（图11-28）。

图11-28　中新科技CIM园区智慧运维系统示例

该软件技术特点为：

1）园区建筑用能统计分析管理子系统。实现与园区能源系统对接或通过园区水、电、气、热、冷能源分类分项计量数据采集，以建筑用能监测与统计分析为基础，以CIM平台为底层，进行碳排放核算与预测。

2）园区资产运营管理子系统。涉及不动产资产土地、建筑、基础设施、设备实施全生命周期的资产运营管理，为不同相关方构建园区资产数据库、资产管理空间清册，以及提供资产投资分析、资产优化组合等战略财务分析支持，实现二三维一体化可视化展示。

3）采用BIM、GIS、CAD等可视化的技术来管理资产，提高资产管理的透明度。

4）平台具备二三维数据融合能力，包括遥感卫星影像、地形、倾斜摄影、三维模型等基础地理信息数据，可承载海量BIM模型、三维实景模型，经过轻量化处理后可在三维Web无插件引擎中以不低于25fbs流畅加载显示。

11.4　国外相关软件

国外CIM/BIM相关软件见表11-1。

国外CIM/BIM相关软件一览表　　　　　　　　　　　　　　表11-1

序号	软件名称	特性描述
1	Revit	三维建筑设计软件，集3D建模展示、方案设计和施工图设计于一体，功能较为全面，应用面较广，对复杂曲面造型支持较弱，内置部分国际标准，专业计算方面通常与其他软件相结合使用

序号	软件名称	特性描述
2	SketchUp	面向方案和创作阶段的设计软件,简单易上手,在建筑、园林景观等行业很多人用它来完成初始的方案设计,然后交由专业人员进行表现等其余方面的工作
3	Rhino	广泛应用于工业造型设计,简单快速,拥有较为完善的自由造型3D功能和高阶曲面建模工具,在建筑曲面建模方面可大展身手
4	ArchiCAD	欧洲应用较广的三维建筑设计软件,集3D建模展示、方案设计和施工图设计于一体,以OpenBim的方式可以支持众多其他厂商的软件数据格式,如Naviswork等
5	Catia	起源于飞机设计领域,强大的三维CAD软件,独一无二的曲面建模能力,常常应用于复杂、异型的三维建筑设计
6	Bently	提供了一系列用于建筑、工程、基建以及施工的软件产品,在工厂设计和基础设施领域有无可争辩的优势。其中,MicroStation是国际上和AutoCAD齐名的二维和三维计算机辅助绘图软件;STAAD是三维结构分析和设计软件,具有强大的三维建模系统及丰富的结构模板;ProjectWise是一款专门针对基础设施项目的建造、工程、施工和运营(AECO)进行设计和建造开发的项目协同工作和工程信息管理软件
7	3ds Max	效果图和动画软件,功能强大,集3D建模、效果图和动画展示于一体,适用于方案或效果图模型制作与展示
8	Navisworks	通常与Revit结合使用,将Revit中各专业三维建模工作完成以后,通过轻量化的方式,利用全专业总装模型或部分专业总装模型进行漫游、动画模拟、碰撞检查等分析
9	Allplan	主要应用在德语区的三维土木建筑设计软件,以桥梁设计最为擅长,轻松创建复杂的几何结构,包括双曲线对齐和可变截面,可以便捷且高效地生成一个完整的三维桥梁模型
10	Midas	Midas是一种有关结构设计有限元分析软件,Midas/Civil是针对土木结构,特别是分析预应力箱型桥梁、悬索桥、斜拉桥等特殊的桥梁结构形式,同时可以做非线性边界分析、水化热分析、材料非线性分析、静力弹塑性分析、动力弹塑性分析。Midas/Civi还能够迅速、准确地完成类似结构的分析和设计,以填补土木结构分析、设计软件市场的空白
11	Ansys	主要用于结构有限元分析、应力分析、热分析、流体分析等的有限元分析软件
12	SAP2000	适合多模型计算,拓展性和开放性更强,设置更灵活,趋向于"通用"的有限元分析,但需要熟悉规范
13	Xsteel	可使用BIM核心建模软件提交的数据,对钢结构进行面向加工、安装的详细设计,即生成钢结构施工图
14	ETABS	结构受力分析软件,适用于超高层建筑结构的抗震、抗风等数值分析

序号	软件名称	特性描述
15	FormZ	提供与SketchUp类似的3D造型能力，具有很多广泛而独特的2D/3D形状处理功能，属于多用途的实体平面建模软件，支持模型的可视化、布局以及动画制作，大量服务于建筑师、景观建筑师、城市规划师、工程师、动画和插画师、工业和室内设计师等
16	Architecture系列三维建筑设计软件	功能强大，集3D建模展示、方案和施工图于一体的软件
17	IES	可用于对建筑中的热环境、光环境、设备、日照、流体、造价以及人员疏散等方面的因素进行精确的模拟和分析，功能强大
18	Solibri Model Checker	用于BIM模型验证、合规性检验、设计协同、设计审查
19	Onuma Planning System	Onuma Planning System（OPS）是基于Web的建筑信息模型（BIM）工具。建筑师、规划师、工程师、施工单位、室内设计师和建设单位可以使用它来设计和建模3D结构。OPS提供了一个基于REST的API来访问其在线平台的数据，该API随后可用于在线或离线创建模型
20	Tekla	在国内外钢结构工程中应用广泛，不仅具有强大的钢结构设计功能，其内设结构分析功能，不需转换可随时导出报表。除此之外还设有4D管理工具，可以追踪修改模型的时间以及操作人员，方便核查
21	ArchiBUS	可以通过与BIM模型相结合的方式，提供资产及设施管理的软件，始终专注于不动产、设施及设备资产管理相关的技术领域，被广泛应用于空间使用、大楼营运维护等主要管理项目
22	Ecodomus	EcoDomus是基于BIM模型的运维平台，它从三维的角度直观地反映构件的空间位置以及相关信息，把BIM模型和设施的实时运行数据相互集成，给设施管理者提供了三维可视化技术

第三篇 |
应用篇

| 第12章 |

基于CIM基础平台的典型应用场景

12.1 工程建设项目BIM审查审批

12.1.1 建设需求

近年来，各地加快推进运用BIM模型的审查技术应用，充分运用BIM技术可视化、参数化等特点，可以进行快速智能审查，结合管理部门审批工作，可有效提升工程建设项目审查审批效率，配合工程建设项目审批制度改革优化现有工作流程，并对接各试点城市CIM基础平台建设，整体推动当地BIM技术发展。

现将各方需求概括如下：

（1）提升工程建设项目审批效率的需求

为解决工程建设项目审批过程中相关技术审查内容多、时间周期长等问题，2018年11月，住房和城乡建设部在北京城市副中心、广州、南京、厦门、雄安新区开展"运用建筑信息模型（BIM）进行工程项目审查审批和城市信息模型（CIM）平台建设"试点，在工程建设项目立项用地规划许可、工程建设许可、施工许可、竣工验收4个阶段的技术审查环节，鼓励和引导建设单位按照标准数据格式提交BIM模型，开发智能审查算法和软件，通过计算机自动判断BIM模型是否符合相关标准规范要求，解决人工审查、基于二维图纸审查的局限性：

1）基于人工审查或二维图纸的审查，要求审查人员具有完备的专业知识和丰富的实际工程经验，二维图纸承载的建筑信息有限，考虑到人为因素干扰，可能出现误判、漏判等问题。

2）审查工作量大，审批效率低。需审查人员逐条检查规范要求，审查过程中存在大量重复性工作。

3）无法实现数据沿用，缺乏建筑信息的动态更新，不利于各部门间的动态流转，不利于管理部门对各阶段审查审批情况进行动态、有效监管。

4）无法自动实现与外部环境关系的审查，如建筑工程规划审查不仅需要审查项目内部指标，还需要审查项目主体与外部环境的协调性。

通过基于BIM的计算机辅助审查工作，可以有效提升审查效率，提高审查的全面性，帮助审查人员更好地完成审查工作。2020年4月，住房和城乡建设部工程质量安全监管司印发2020年工作要点，提出推动BIM技术在工程建设全过程的集成应用，创新监管方式，采用"互联网+监管"手段，推广施工图数字化审查，试点推进BIM审图模式，提高信息化监管能力和审查效率。

（2）对接CIM基础平台的需求

按照"运用建筑信息模型（BIM）进行工程项目审查审批和城市信息模型（CIM）平台建设"试点要求，试点地区要完成运用BIM模型的工程建设项目电子化审查审批，同时探索建设CIM平台，工程建设项目审批过程中形成的BIM模型数据要按照统一技术标准归集至CIM平台。

2020年6月，住房和城乡建设部、工业和信息化部、中央网信办在《关于开展城市信息模型（CIM）基础平台建设的指导意见》再次指出，"推进CIM基础平台建设应用与自主可控BIM等软件产业发展互促共进""支撑工程建设项目BIM报建及计算机辅助审批，并将数字化交付成果汇聚至CIM基础平台"。

12.1.2 建设内容

现阶段国内CIM建设还处于探索阶段，CIM基础平台的建设以工程建设项目三维电子报建为切入点，在规划审查、建筑设计方案审查、施工图设计文件审查、竣工验收备案等过程中实现基于BIM模型的辅助报批功能，如图12-1所示。推进BIM模型、基础地理信息模型、基础设施现状信息等与CIM基础平台对接，形成城市空间全覆盖的一张底图，逐步将各类建筑和基础设施全生命周期的三维信息纳入CIM基础平台，促进工程建设项目审批提质增效。

当前开展基于BIM的工程建设项目审查审批，主要从以下方面入手：

（1）一个标准数据格式

目前建设工程领域不同单位BIM技术解决方案不同，使用BIM软件不同，数据格式也不同，因此需要定义开放通用的标准数据格式，用以支持各类BIM软件导出模型与审查审批各阶段业务所需的模型数据。项目BIM模型往往包含大量的信息数据，包括项目信息、空间数据、各个专业与系统的部件构件数据、属性数据以及其他各类管理相关的属性信息，也对交付格式提出统一标准的需求，来满足公开、安全、通用、兼容的交付需求。如雄安新区规划报建采用标准数据格式.xdb，其他地

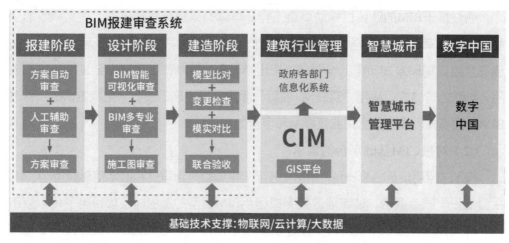

图12-1　BIM报建审查审批系统

市结合自身业务需求，也制定了本地化交付数据标准，例如厦门市规划报建采用标准数据格式.xim，广州市施工图审查采用标准数据格式.gdb，天津市中新生态城规划报建采用标准数据格式.tdb等。

（2）一套标准与模型导出插件

依据上述标准数据格式，编制各阶段审查审批标准。包括但不限于《模型交付标准》《审查审批技术标准》《模型交付数据标准》等。BIM软件生成的数据文件容量偏大，直接作为原始数据会造成存储硬件投入成本高，存储端压力大，需要针对各类主流BIM设计软件开发基于标准数据格式的导出插件，供建设单位、设计单位、审查人员使用。

（3）一组智能审查引擎

根据不同阶段、不同专业特点研发智能审查引擎。如清华大学软件学院BIM课题组依据SNL结构化自然语言研发的BIM-Checker工具，可面向多种业务规范，多种BIM模型表达方式，自动智能给出BIM模型的全面检测结果。针对涉及复杂计算的部分审查内容，如施工图审查阶段结构专业等，可利用一些结构审查引擎，导入带有结构计算信息的BIM模型，对建筑单体整体结构质量分布、减震系数的总体指标及配筋信息进行合规性检查，将计算结果与规范对比实现智能审查。

（4）一个BIM审查审批平台

搭建BIM审查审批平台包含以下几方面的工作。首先，开发基于Web的BIM轻量化图形引擎，用以实现对BIM模型的显示，并与审查结果联动显示。其次，调用云端BIM智能审查引擎对模型文件进行智能审查，将审查结果结合模型分类显示，并开发相应的工具，辅助审查人员判断。进而开发批注管理系统，将智能审查结果与人工编辑后的审查结果导出，形成最终的审查报告。BIM审查审批平台可以与流程性审批系统或与已有OA系统对接。此外，可建设BIM审查内容管理系统，实现对项目、设计单位、规范条文、审查指标、审查结论等的大数据监管。

（5）对接CIM基础平台

工程建设项目各审批阶段收集、存储的BIM模型，需要按照统一数据标准归集至CIM基础平台，需要建立一个大型模型存储数据库，入库前需要对数据进行坐标转换，完成相关属性信息对接转换等预处理工作，数据库也需要保持及时更新及共享，为CIM基础平台建设提供数据支撑。

12.1.3 效益分析

在工程建设项目审批过程中运用BIM审查，有利于提高审查效率、缩短审批时间，实现项目全生命周期管控，同时有力推动BIM技术的发展和"数字孪生城市"建设。

（1）提高审查效率，缩短审批时长

基于信息表达更加丰富的BIM模型，可实现审查内容的全方位可视化展示。一方面计算机可以根据规则对模型进行自动校验和审核；另一方面专家或审批人员可以浏览三维模型并查看相关属性，辅助审批人员快速给出审查意见，降低审查门槛。同时将项目的审查规则固化到平台中，可实现规则的快速复用，提高审查审批效率。

（2）实现项目全生命周期管控

在立项用地规划许可阶段，根据项目情况和相关管理要求，通过计算机生成项目管控条件；在工程建设许可阶段，应用BIM模型对项目设计方案中可量化管控条件进行智能审查；在施工许可阶段，通过BIM智能审查引擎，对设计文件中相关量化指标是否符合规范条文要求进行自动审查；在竣工验收阶段，对BIM竣工模型是否符合管控条件、是否符合验收要求等进行自动审查。对项目规划、设计、建设、管理等产生的数据都会在系统中留痕，实现项目全生命周期的可视化管控，达到科学管理和有效追溯的目的。

（3）推动BIM技术发展应用

通过在行政审批和技术审查过程中推行基于BIM模型的审批审查，有利于提高BIM技术在工程建设项目勘察、设计、施工等各环节的应用，促进BIM设计和管理软件的研发和完善，推动各方丰富各类BIM组件，逐步提高BIM设计、管理效率，提升工程建设项目各方参建主体协同管理水平，提高项目精细化运维管理能力。

（4）助力智慧城市建设

将工程建设项目的BIM模型动态归集至CIM平台，可助力CIM基础平台数据和模型的动态更新。在此基础上不断丰富和拓展CIM+智慧应用，推动城市数字化运营管理，提升城市综合运行管理能力，为数字孪生城市的建设和新型智慧城市的建设提供完整解决方案。

12.1.4 应用实践

相关案例由"运用建筑信息模型（BIM）进行工程项目审查审批和城市信息模型（CIM）平台建设"试点城市提供。

（1）广州

2019年底，广州市印发《关于进一步加快推进我市建筑信息模型（BIM）技术应用的通知》，自2020年1月1日起，在部分新建工程项目规划、设计、施工及竣工验收阶段采用BIM技术，鼓励在运营阶段采用BIM技术。同时启动广州市CIM平台项目，旨在构建一个CIM基础数据库、一个CIM基础平台，建设一个智慧城市一体化运营中心，构建两个审批审查辅助系统和基于CIM的统一业务办理平台。目前，广州市已建设完成基于CIM的规划报建BIM审查审批系统、施工图三维数字化审查系统和竣工验收备案系统。

（2）南京

2019年8月，南京市印发《南京市运用建筑信息模型系统进行工程建设项目审查审批和城市信息模型平台建设试点工作方案》，南京CIM平台采用开放可扩展的技术架构，以"多规合一"信息平台为基础，探索构建全域全空间、三维可视化、附带丰富属性信息的CIM平台，作为掌控城市全局信息和空间运行态势的重要载体，实现各类覆盖地上、地表、地下的现状和规划数据的集成和展示应用，完成南京市CIM平台与市工程建设项目审批管理等相关业务系统无缝衔接；南京市试点工作探索BIM导入CIM的机制，实现依托CIM平台，对工程建设项目BIM报建与审查审批成果实施关键条件、硬性指标的智能审查，降低人为因素干扰，提升决策管理的科学性和精准度，开拓工程建设项目智能审批新局面。南京市已建设完成基于CIM的规划报建BIM审查审批系统、施工图三维数字化审查系统、竣工验收备案系统。

（3）厦门

2018年，厦门市制定《运用BIM系统进行工程建设项目报建并与"多规合一"管理平台衔接试点工作方案》，推行运用BIM系统实现工程建设项目电子化报建，逐步实现BIM报建系统与"多规合一"管理平台的衔接，在应用数据上统一标准，在系统结构上互联互通，实现在"多规合一"管理平台上对报建工程建设项目BIM数据的集中统一管理，促进BIM报建数据成果在城市规划建设管理领域共享，实现数据联动、管理协同，为智慧城市建设奠定数据基础。目前厦门市已实现城市设计、建设工程规划许可的智能审图，将进一步推动基于BIM的施工图智能审查及竣工验收备案。

（4）河北雄安新区

2019年1月，河北雄安新区管理委员会印发《雄安新区工程建设项目招标投标管理办法（试行）》，强调工程建设项目在勘察、设计、施工等阶段均应结合BIM、CIM等技术，提升工程建设项目的全生命周期管理水平，逐步推行工程质量保险制度代替工程监理制度。雄安新区规划建设BIM管理平台包括一个平台、一套标准，覆盖工程建设项目现状空间（BIM0）、总体规划（BIM1）、详细规划（BIM2）、设计方案（BIM3）、工程施工（BIM4）、工程竣工（BIM5）六大环节数据，提供BIM模型展示、查询、交互、审批、决策等服务，实现对河北雄安新区建设全过程的记录、管控与管理。

（5）湖南

2019年1月，湖南省住房和城乡建设厅正式立项"湖南省BIM审查系统"，采用通用、统一的标准数据格式体系XDB，兼容多源BIM模型；基于结构化自然语言构建审查规则库，研发BIM审查引擎，支撑基于BIM模型的一键自动化审查。该系统的落地，有效促进传统人工审查或二维审查向智能化自动审查转变，大幅提高施工图审查效率，降低审核重点难点漏审率。2020年8月，湖南省住房和城乡建设厅印发《关于开展全省房屋建筑工程施工图BIM审查试点工作的通知》，湖南省施工图BIM审查系统正式上线运行，成为我国首个省级BIM施工图审查系统。

12.2 智能化市政基础设施建设和更新改造

12.2.1 建设需求

由于城市发展阶段性特点和现实各类限制因素，我国城市管网建设、管理水平远远跟不上城市的发展速度，其混乱无序的建设管理现状，已成为制约我国城市发展建设和国民经济稳定快速发展的瓶颈之一。

各类地下管线所有权分属于不同的产权单位，如移动、电信、热力、天然气、自来水、铁路等管线，如图12-2所示，在地下平铺直埋，就像"蜘蛛网"一样，各自做主，缺乏协调配合，随意开挖、重复投资建设现象普遍，使规划、建设、管理不同步进行，很难做到统一的规划、建设和管理。

图12-2　城市地下管网类型庞杂

地下管线是满足城市运行和市民生产生活的重要基础设施，地下管线担负着城市的信息传递、能源运输、排涝减灾、废物排气的功能，是城市赖以生存和发展的物质基础，是城市基础设施的重要组成部分，是发挥城市功能，确保社会经济和城市建设健康、协调和可持续发展的重要基础和保障。

城市地下管线就像人体内的"血管"和"神经"，因此，被人们称为城市的"生命线"。随着我国城市化进程的加速，城市地下管线建设发展非常迅猛，但随之而来的地下管线管理方面的问题也越来越多。施工破坏地下管线造成的停水、停气、停电和通信中断事故频发；"马路拉链"现象已经成为城市建设的痼疾；由排水管线不畅引发的道路积水和城市水涝灾害司空见惯。地下管线引发的问题已成为城市百姓心中难以消除的痛。

12.2.2 建设内容

围绕城市基础管网的建设、运营不同的视角,依托CIM平台,分别从管网的基础数据管理、网管规划、运行等不同模块进行应用建设和更新改造。

在基础数据管理中,从一定意义上来说属于地下管线电子档案的管理范畴,需要建立相应的机制和标准、技术规程来保证数据的有效更新,保持数据的有效性和现势性。

通过CIM平台的GIS数据集成、显示、空间分析等方面能力,构建的基础数据管理平台实现了地下管线数据的集中统一管理,提供了基于地方管线数据标准的数据收集、质检、更新入库以及出库管理的功能模块:交换同步系统实现管线数据的在线提交;数据更新系统实现数据的质检和更新;管线信息管理系统实现管线的查询和出库管理,如图12-3所示。

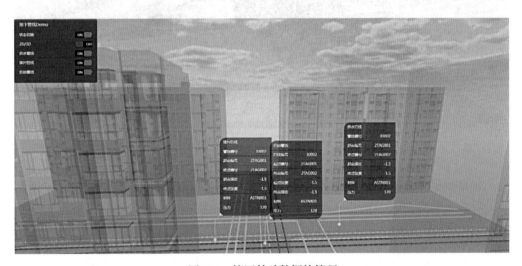

图12-3 管网基础数据的管理

数据收集,通过CIM平台提供的统一数据导入功能,对管网数据进行统一收集管理,包括管线数据的普查、管线单位数据的移交、竣工测量数据的提交以及管线数据的补测补绘等。

更新入库,更新数据采用工程管理方式,结合CIM平台的管网数据导入功能,对管网数据进行成图,通过数据更新系统录入到地下管线数据库,以保持管线数据的准确性和时效性。通过平台对GIS数据的成图、编辑能力,提供丰富的图形、属性编辑工具，并支持与现状数据、地形数据的对比查阅，方便工程数据的接边和核实。

出库管理，规划设计、施工、应急抢险无不需要了解现状管线的分布情况，管线信息管理系统提供了多种数据出库方式，包括GIS数据输出、CAD数据输出、点线表数据输出以及打印输出，满足不同业务对管线数据的格式要求。

在规划管理中，为合理利用城市用地，统筹安排工程管线在地上和地下的空间位置，如图12-4所示，协调工程管线之间以及工程管线与其他相关工程设施之间的关系，并为工程管线综合规划编制和管理提供依据。

图12-4 管网地上地下一体化规划分析

辅助规划审批系统依据《城市工程管线综合规划规范》GB 50289—2016的埋深和净距标准要求，通过CIM平台的空间量测、分析能力，对工程管线之间以及建筑物与管线之间的埋深和净距审查，为管线建设工程规划许可的发放提供技术支持，有效缩短审查时间，提高了行政效率。

此外，系统在辅助规划审查的同时，通过平台的空间分析能力，实现规划成果库的动态管理，对规划项目与竣工项目、审批通过待建项目的冲突检测，可有效减少施工过程中的施工方案修改，规范建设行为。

在运行管理模块中，随着城市化进程的推进，城市运行中的各种不安全因素也有所增加，城市地下管线的各类事故，如地面塌陷、施工破坏管线、爆管、爆炸等事故时有发生，严重影响到城市稳定运行和人民群众生命财产安全。如图12-5所示。

通过平台构建的管网系统，结合平台多源数据的集成、显示、空间分析能力，

图12-5 管网运行监测

实现数据的集成和展示，提供管线更新情况、管线信息共享等查询，根据各类数据对管线管理成效进行绩效统计，比如地下管线共享利用统计报告、地下管线动态更新统计报告等。

12.2.3 效益分析

通过CIM平台GIS数据的承载、空间分析等能力，实现对城区地下管线等数据的全面管理，实现三维地下管线的展示和分析功能，系统不仅能兼容各类管网的二维数据，而且通过海量多源空间信息数据的整合管理，能够实现二三维系统共享同一个数据源，减少数据在不同应用模式下的数据误差、数据多源等问题。基于CIM平台实施的时效性与模块化建设，管网系统达到如下主要效益：

（1）提高各类管网日常运行的管理、执行效率

通过建成管线系统，将为城市管网的生产管理和生产调度人员提供迅速、准确、清晰的最新生产动态，大幅度提高调度指挥的工作效率。同时，把生产调度人员从烦琐的电话汇报、手工制表等工作中解脱出来，大大减轻生产管理人员的劳动强度，基本消灭信息数据上报及汇总的人为误差，并促进企业的现代化管理，减少因信息不灵等原因造成的不必要的损失，所带来的潜在效益是巨大的。提升安全生产计划性、可预测性、可执行性，促进城市管网全过程的精细化管理，提高业务操作的执行效率。

（2）增强日常管理的新模式，增加新管理方式

管线系统以CIM平台为基础，通过二三维一体化方式，实现数据的上传、汇总、查询、展示，既方便了基层人员的上报维护，又满足决策层的直观查看和可视化调度指挥，系统的建成及投入使用将进一步明确及规范城市管线在各环节业务人员及管理人员的岗位职责，便于对各岗位业务目标进行量化及考核，将大大增强业务及管理人员实际工作的主观能动性。此外，强化了上级单位对管网经营管理活动过程的监控力度，为管理者及时掌控生产、经营数据提供了综合平台，从而使决策者掌握的信息覆盖范围更广、频度更高、粒度更细、准确性更高；为实现数据挖掘、灵活分析提供了手段，为防范生产经营风险提供监控、跟踪、分析的管理工具，变结果控制为过程控制，着眼于发现问题、分析原因，提高了城市管网经营和管理的信息化水平，促进了"集中管理，协同作业，管控衔接"信息化目标的实现。

（3）统一管理数据源，增强数据的准确性，减少不必要的数据运维

管线系统通过建立集中管理的管线数据中心，补齐管线缺失数据，实现管线数据管理由分散、纸质化向集中、数字化转变。改变现有管线的数据分散、数据格式不一致等问题。把管线的基础信息由纸质存放变电子化和结构化，便于统计和分析，实现综合查询和对比分析，支撑管道完整性评估和应急决策。对老旧管线的数据进行查缺补漏，满足高后果区识别、隐患管理、应急和日常维护的需求。

12.2.4 应用实践

深圳市智慧水务项目，基于CIM平台的GIS承载、矢量数据导入、空间分析等能力，对接全市"10+"种、"1000+"公里的各类管网数据，实现全市管网数据的"一张网"，基于"全市一张网"的管理应用模式，对全城区范围内的供排水等基础管网进行管理、维护、监管，如图12-6所示。对于城区内的光纤、电缆等其他重要管网，对城区的地下设施的统一规划、统一施工、统一建设、统一维护提供便捷的统一化运营管理系统。先后为城市的管线新增、运维开挖、周边施工辅助决策等方面提供支持服务。

中石化智能管线项目，基于CIM平台的GIS、物联网监测等能力，支撑下属管道公司对所属各条油气管道从规划、设计、建设、运行到报废的全生命周期管理和风险管控，通过统筹管道规划、管道设计、管道建设、管道运行等多业务模块的需求，对该公司现有与管道业务相关的诸多信息系统进行整合，并对管道业务动态信息及静态成果数据进行治理，如图12-7所示。实现成果共享网络化、业务管理流程化、工作应用平台化、管理决策科学化，全面满足该公司对于管道管理业务的需要。

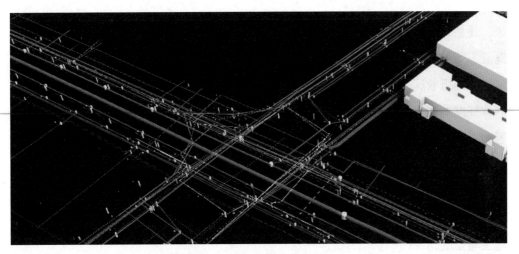

图12-6 深圳CIM平台应用实践一

图12-7 深圳CIM平台应用实践二

12.3 智慧城市和智能网联汽车

12.3.1 建设需求

随着城市车辆规模迅速增长，交通拥挤、管理复杂，交通安全、环境污染、能源短缺等问题日益突出，尤其在大中型城市中，人们每天都会面临交通问题。

提高交通效率、节省资源、减少污染、降低事故发生率、进一步解放生产力，是落实《中国制造2025》的重要举措。具体涉及汽车、信息通信等多个行业发展以及智慧交通基础设施、车辆管理等领域的数字化、网联化改造。

2019年9月中共中央、国务院印发《交通强国建设纲要》，强调建设交通强国是以习近平同志为核心的党中央立足国情、着眼全局、面向未来做出的重大战略决策，是建设现代化经济体系的先行领域，是全面建成社会主义现代化强国的重要支撑，是新时代做好交通工作的总抓手。该纲要提出要加强智能网联汽车技术如自动驾驶、智能网联技术的研发；提出大力发展智慧交通，推动大数据、互联网等新技术与交通行业深度融合。

在此背景下，为提高城市交通管理水平、支撑城市快速发展，持续优化城市交通，同时促进智能网联汽车产业发展，助力传统汽车行业转型，推动相关产业发展和智慧城市协同发展。

智能汽车与智慧城市协同发展的意义在于：有利于汽车强国建设，有利于更好地发挥新基建、新城建的经济效益与社会效益，有利于探索产业转型、城市转型、社会转型的新路径。

智能汽车发展对城市的要求包括：1）设施依赖：智能道路、CIM平台、5G、数据中心；2）数据依赖：交通数据、城市地理信息数据、感知数据；3）管理依赖：测试、上路、违法、事故、信息安全监管；4）场景依赖：智慧路网、智慧枢纽、智慧物流、智慧出行；5）驾驶依赖：高精度动态地图、北斗卫星导航系统。

12.3.2　建设内容

智能网联是基于"车—路—网—云"的智慧城市交通综合解决方案，如图12-8所示，不但包括车端、路测和云控中心的建设，也带来城市交通上各种新应用、新管理方法，融合各个方面的交通运行、态势、管理数据，真正实现城市交通的数字化。

图12-8　智能网联逻辑架构图

1）端侧：提供C-V2X模组，支持后装智能网联设备开发，车载T-Box支持OEM前装。

2）边侧：路侧融合感知能力，包含融合感知、雷达、摄像机等设备，提供路侧信息、车端信息、行人等感知能力，边缘计算及边、云协同能力支持更准确、更实时的信息感知。RSU提供低时延车联通信能力。

3）云端：提供C-ITS交通管控使能及C-AD联接服务使能，助力构建协作式智慧交通和协同式自动驾驶。

4）安全：通过ICT技术使能驾驶安全及车辆认证服务。

以下是智能网联系统建设的核心内容：

（1）数字底座

提供"车路网云"的建设，为城市智能网联提供路测实时通信和动态感知，获取并处理直接的交通运行、态势数据，为各种智能网联新型应用提供实时、准确、安全、标准化的数字底座。

1）智能网联V2X平台：①V2X Server：包括云化基础设施（IaaS、PaaS），设备接入管理中心及V2X业务中心。②V2X Edge：部署在路侧全息感知智能边缘计算设备中的边缘计算单元，提供对雷达、摄像头的设备管理基本能力，以及对雷达、摄像头采集信息的融合分析能力。③设备接入管理：平台支持通过国家标准接入路侧设备，包含RSU、V2X-Edge、信号机数据等；也支持厂商自定义的方式接入路侧设备。④算法管理：通过采集任务调度，数据清洗和筛选，场景抽取等完成海量数据的融合，并通过数据标注、模型训练完成初步的算法，并将这部分算法推送到Edge。⑤拓扑管理：结合道路地图数据，匹配设备类型及配置数据，对设备进行部署位置的拓扑管理，拓扑数据将配合规则引擎实现近端及远端特定区域内的事件推送和管理。⑥地图管理：支持集成地图，支撑MAP消息发布。⑦事件管理：提供各类事件录入和事件查询、统计能力。⑧数据管理：具备交通融合感知能力、智能分析能力和数据接口服务。⑨车辆与V2X Server对接：提供与车端OBU的配套对接服务，在芯片DSMP协议栈的基础上，开放C-ITS V2X Stack国际五类消息的编解码能力（SDK/API），完成车端与云端对接。

2）视频联网平台：视频联网分析平台通过对前端摄像头进行统一和实时的视频接入与汇聚管理以及通过AI分析实时识别事件并进行预警。

3）RSU路侧智能站：接收交通信号机/应用服务器下发的路况信息等实时交通

信息，并动态播报给相关车辆，避免或减少交通事故，提升交通通行效率。

4）摄像头：路侧智能站的感知摄像头采用超大靶面尺寸、超长距离的变焦能力，保证在无人驾驶视频监控中，可胜任全天候光线和不同距离的监控目标。

5）毫米波雷达：毫米波具有安装灵活，设置简单，通信功能强大，不受天气影响，侦测涵盖角度广，免维护等特点。

6）激光雷达：激光雷达凭借其探测距离远、精确度高的特点，成为智能网联、自动驾驶环境感知系统中重要的内容。

7）感知节点：全息感知智能边缘计算设备，适用于城市交通十字路口、高速路况监控、公路超限治理、智能网联等场景。

8）路侧一体化杆站：5G覆盖、智能网联建设、智慧交通、智慧气象管理建设都离不开一体化杆站的安装部署。

9）路侧传感器：雨季或冬季，道路路面多出现积水湿滑和结冰、积雪等现象，这就需要专业的监测仪器实时、在线、连读对路面进行监测。

10）传输子系统：主要包括有线传输单元、支撑路边设备和V2X Server之间的信息交互。

11）车载OBU：主要实现车与路及车与车协同通信、对接云平台和第三方设备、HMI展示交互，并集中处理五类基本消息（BSM、MAP、SPAT、RSI、RSM）。

（2）虚拟、封闭、（半）开放测试场

1）虚拟测试场：虚拟测试场服务整体由数据服务、训练服务、仿真服务、配置管理、接管大屏组成。

2）封闭、（半）开放测试场：封闭测试场是在指定的一个区域内，进行网联化改造，建设智能网联数字底座。（半）开放测试场，是指在指定的部分实际城市开放道路或者区域，对道路进行网联化改造，建设智能网联数字底座，使道路获得支持智能网联汽车测试的能力。

（3）智能网联应用方案

1）智能网联辅助驾驶解决方案：智能网联提供车路信息交互、风险监测及预警、交通效率信息提示、交通流监测分析等功能，在保障交通出行顺利有序、保障交通安全、提高出行效率中扮演着越来越重要的角色。

2）智行+交通综合治理解决方案：通过交通参数的识别可以实现交通态势预测和红绿灯优化配置，交通参数的提取应该符合交通信号灯调度的需求，辅助掌握分车道、分方向的交通通行需求。

3）智慧公交解决方案：智慧公交利用智能网联（人—车—路—网—云）的技术体系，涉及城市运营车辆V2X通信和线控底盘的改造，路侧信号机改造和V2X通信和感知基础设施的部署，交警信控/交管平台与智能网联交通大脑及行业应用平台的数据流程打通。

4）车城网（数字孪生）解决方案：平台将面向车联网的应用场景，以CIM为核心，以服务于5G智能网联应用和智能交通应用的业务管理、信息共享、决策支持可视化为目标，提供配套数据服务和平台软件支撑，使BIM+GIS+IoT最大限度地发挥其在数字孪生城市建设中的可视化展示和空间决策分析方面的优势。如图12-9所示。

图12-9　车城网数字孪生架构

（4）IOC运营中心

1）智能网联展示IOC方案：总体态势UI界面设计。

宏观：基于示范区精细化三维场景，融合车辆路线数据、车辆行驶数据、路侧设备数据、网络数据、人车安防数据，综合反映出示范区无人驾驶车辆上路状态，整体运行态势，如图12-10所示。

中观：概览示范区某区域的无人驾驶车辆、路侧设备、网络设备分布，如图12-11所示。

微观：呈现交叉路口整体态势，自动车辆感知、路侧设备感知数据等，如图12-12所示。

2）城市交通管理IOC方案：交通运行基于智慧城市体系内跨部门数据挖掘、分

图12-10　智能网联宏观层面场景展示

图12-11　智能网联中观层面场景展示

图12-12　智能网联微观层面场景展示

析，将综合型的交通视频数据、空间数据、互联网等数据进行整合治理与分析，达到优化城市交通出行效率、辅助交通布局决策的目的。交通运行综合态势：以城市地理信息为基础，将交通运行动态数据叠加后进行时空分析，实时展示当前区域路网交通指数、通行速度、车流量等信息，如图12-13所示。

交通运能：全面掌握城市机动车信息，如各类车辆保有量、城市公共交通运输能力、城市货运能力等，建立机动车运力画像，构建城市客运和货运能力可视化，如图12-14所示。

居民出行：通过对整体客流、重点区域、公共交通客流进行实时监测。发现居民出行热点、服务人群快速疏散、分析公共交通供需、辅助公共交通规划，如图12-15所示。

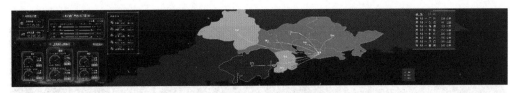

图12-13　城市交通管理展示

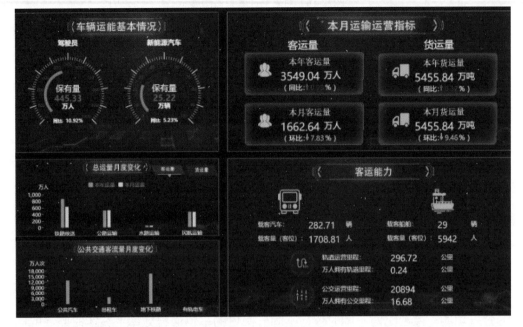

图12-14　交通运能展示

图12-15　客流监控展示

道路与车辆运行：道路出行通过对道路运行分析、道路运行管理、停车等进行监测，监测道路路况状态、停车状态，发现道路设施损坏和事故信息，保障道路运行通畅。

对外交通：通过对进出城市流量、客货到发、重要枢纽等进行监测，监测陆、海、空等各种交通方式的对外交通联系，反映城市对外交通联系的活力，如图12-16所示。

交通运行决策支持：在运行监测与感知系统中接入数据，并与交通运行监测实现数据共享，通过专业的模型、算法和指标体系，对交通运行进行决策支持。

图12-16   对外交通联系监测展示

12.3.3 效益分析

基于CIM平台开发的智能网联汽车系统的建设,在如下方面对城市管理提供价值:

(1)基于先进的技术成果,提升无人驾驶的动态监测预警

基于路侧设备包括LTE-V、5G和DSRC等通信设备、气象环境感知设备、毫米波雷达及激光雷达等,实时感知车辆在行驶过程中的各类道路、车辆运行中的实时数据,动态监测车辆的运行状态,提高车辆在运行过程中发现的预警事件,及时规避风险,增强无人驾驶车辆在道路行驶的安全性。

(2)优化路口信号灯的时长,提升通行效率

通过对路口车流量的统一监控、分析,对以往的固定信号灯时长提供优化时长的分析功能,综合比对不同时段、不同节假日的车辆通行效率,在实时监测的同时,为后续的闲时车辆通过率的提高、通行效率提升提供支持。

12.3.4 应用实践

武汉市经济开发区智能网联项目(一期)已建成28公里的5G+北斗导航开放公路,是国内最大的无人汽车测试基地,也是国内建成的首个大规模商用5G车联网,实现了远程驾驶、车路协同等示范应用。二期规划建设76公里全场景测试道路,71个路口,并通过城市级平台支撑全域智能和智慧应用,布局端到端的全产业链,结合产业发展、城市治理现代化和智慧城市建设内容,将示范区打造成为更高层次的国家试验区,如图12-17、图12-18所示。

武汉市政府规划城市级智能网联汽车示范区,100平方公里城市道路智能化改造,100公里智慧高速。提供端到端C-V2X车路协同解决方案、服务测试需求。提供智能驾驶应用项目:Robotaxi、环卫车、园区巴士、自动泊车、物流重卡等应用。

应用效果:构建基础平台,服务智能网联生态建设,实现"助产业、提竞力、强运营"。

图12-17　武汉市无人汽车测试

图12-18　武汉智能汽车指挥调度

1）助力智能网联汽车产业发展：本地产业助力，提升智能品牌影响力，建立本地智能网联汽车的数据集和仿真场景，发布"自动驾驶云服务开发者社区"，助力招商引资和展厅宣传。

2）赋能提升企业竞争力：赋能标注能力、缩短算法训练时间、仿真服务降低研发成本、培养企业人才、企业解决方案能力增强和企业影响力提升。

3）加强运营公司的能力提升：技术创新，标准引领，数据变现和仿真服务，提供增值服务，能力构建培训，收费样板点和支撑自动驾驶示范应用落地。

应用效果如图12-19所示。

图12-19　应用效果

12.4 城市安全

12.4.1 建设需求

根据《中华人民共和国突发事件应对法》的规定，突发事件被分成自然灾害、事故灾难、公共卫生事件与社会安全事件四种。

城市持续安全有序的状态是提高城市综合能力和总体素质、保证城市可持续发展的首要前提。城市安全管理作为我国现代化建设重大战略的保障，其重要性不言而喻。同时，因为城市的安全问题呈现出复杂性、多样性、扩散性、连锁性及向巨灾演化的趋势，其后果不仅直接对城市居民人身财产产生危害、扰乱公共秩序，而且对整个经济社会发展也将产生广泛影响，造成国家发展动力的耗散。故而城市安全管理既是最基本的民生需求，也是国家安全对内的维度，是总体国家安全观在城市治理方面的具体化行动。

（1）公共服务安全需求

在教育文化、医疗卫生、计划生育、劳动就业、社会保障、住房保障、环境保护、交通出行、防灾减灾、检验检测等公共服务领域，存在着对于用户身份的真实性、行为的抗抵赖性、内容的机密性及完整性的安全需求，这些都是满足公共服务便捷化的前提条件。

（2）城市管理安全需求

在市政管理、人口管理、交通管理、公共安全、应急管理、社会诚信、市场监管、检验检疫、食品药品安全、饮用水安全等社会管理领域，存在着重要信息设施和信息资源安全防护需求。其中党政军、金融、能源、交通、电信、公共安全、公用事业要害信息系统和涉密信息系统的安全防护，更是至关重要。

（3）基础设施安全需求

随着城乡一体的宽带网络及三网融合的推进，下一代信息基础设施基本建成。其中电力、燃气、交通、水务、物流等公用基础设施在内的各类数据库、信息管理系统、服务平台（包括云平台）、移动终端、增值服务及网络基础设施和中间设备，是保证基础设置智能化的根本。对这些基础设施进行网络信任服务、数据安全服务、安全策略配置服务、安全监测与感知服务、等级测评与评估服务、应急支援服务、安全培训与攻防演练服务是安全保障的重中之重。

12.4.2 建设内容

（1）城市安全源头治理

1）基于CIM的城市安全规划

城市规划布局、设计、建设、管理等各项工作必须以安全为前提，实行重大安全风险"一票否决"。城市必须提高保障生产安全、维护公共安全、防灾减灾救灾等方面的能力，确保人民生命财产安全和社会稳定；安全规划包括综合防灾减灾规划、安全生产规划、防震减灾规划、地质灾害防治规划、防洪规划、职业病防治规划、消防规划、道路交通安全管理规划、排水防涝规划等专项规划。

对城市安全规划内容多角度论证和多方案比选，充分考虑要素支撑条件、资源环境约束和重大风险防范等，科学测算、规划目标指标并做好平衡协调，深入论证重大工程、重大项目、重大政策实施的必要性、可行性和关联风险，如图12-20所示。

图12-20　城市安全综合规划

2）基于CIM的城市基础及安全设施管理

市政安全设施管理：对市政消火栓（消防水鹤）、森林山地防火道路、储水池、输水管线等、城市供水、供热和燃气老旧管网等设施基于CIM平台进行展示，并将这些设施的实时监测信息接入CIM平台。

消防站管理：根据城市国土空间总体规划、消防专项规划合理制定消防站建设年度计划，确定建设用地面积和建筑面积指标。

道路交通安全设施管理：对道路分割栏杆、桥梁限高限重标识、中小学校周边的交通信号灯、交通标识和标线、人行设施、分隔设施、停车设施、监控设施、照明设施等交通安全设施进行管理。

城市防洪排涝安全设施管理：对排涝泵站、污水厂（站）、涵闸进行管理。

地下综合管廊管理：基于CIM平台对地下综合管廊进行实时监测和管理，如图12-21所示。

图12-21　地下管线安全监管

（2）城市安全风险防控

1）城市工业企业

危化品企业运行安全风险：对重大危险源的企业，接入其建设的视频和安全监控系统及危险化学品监测预警系统数据，基于CIM平台进行统一管理。

尾矿库、渣土受纳场运行安全风险：接入生产经营单位建立的尾矿库在线监测预警系统数据，基于CIM平台进行统一管理。

建设施工作业安全风险：安全管控通过物联网技术、移动应用等技术，对工地作业现场安全及设备运行安全的有效监管，包含安全巡检、视频监控、高支模运行监控、塔式起重机运行监控等，并通过大数据挖掘分析，实现对设备、特种工作人员工作行为等的多维度分析，提高大型机械设备监管水平，降低事故发生概率。接

图12-22　建设项目安全监管

入施工企业在施工现场安装的视频监控系统、设备监控系统等，基于CIM平台进行统一管理，如图12-22所示。

2）人员密集区域

人员密集场所安全风险：接入人员密集场所安装的视频监控系统，基于CIM平台进行统一管理。

大型群众性活动安全风险：接入大客流监测预警技术手段采集的数据，基于CIM平台进行统一管理。

高层建筑、"九小"场所安全风险：接入高层建筑视频监控系统、相关安全监控物联网监测数据、"九小"场所视频监控及其他安全监控系统数据，基于CIM平台进行统一管理。

3）公共设施

城市交通安全风险：对城市公交、"两客一危"、轨道交通、网约车、内河渡口、铁道口、高速铁路及沿线周边进行安全监控和预警，数据统一接入CIM平台，基于CIM平台进行统一管理。

桥梁隧道、老旧房屋建筑安全风险：将桥梁、隧道安全隐患监测数据、老旧房屋建筑安全监控和监测信息接入CIM平台，基于CIM平台进行统一管理。

4）自然灾害

气象、洪涝灾害：接入灾害性天气过程预报预警数据，城市排水防涝设施建设和运行状况的监管数据，基于CIM平台进行统一管理。

地震、地质灾害：接入地质灾害隐患点自动监测技术采集的监测数据，基于CIM平台进行统一管理。

（3）安全应急救援

1）应急救援资源管理

应急物资储备及调用管理：建立应急物资储备信息管理系统，实现应急储备物资的存放地点、品类、数量等信息的上报、查询和汇总等功能。

应急避难场所管理：基于CIM平台，制作城市应急避难场所分布图或应急避难场所分布表，标志避难场所的具体地点，并向社会公开，公开信息应涵盖场所名称、位置、分布、类型及功能等内容。

2）应急救援队伍管理

基于CIM平台，将综合性消防救援队伍、专业化应急救援队伍、社会应急力量、企业应急救援队伍等应急救援队伍信息进行统一管理。

（4）基于CIM的城市安全大脑

城市安全大脑在整体架构层面构建三大中心，即感知中心、思维中心、控制中心，运用人工智能和大数据等新技术和手段，相互协作、联合防控，提高风险感知的灵敏度、风险研判的准确度、应急反应的及时度、事件重现的可靠性，确保社会和谐平安有序发展，保障人民群众的人身及财产安全。

1）理念先行，提升整体安全管控水平

目前，在百姓生活、生产息息相关的安全管理方面，存在多部门条块化管理，部分区域交叉管理等众多问题。城市安全大脑以城市为单位，对市民的生产生活进行全要素、全方位、全流程的拆解分析，突破性地融合社会综合治理、公安人员防控、高危行业监控和城市整体应急指挥调度所涉的安全信息，打破原来多头分管、信息孤岛的状态，并以事前预防为重点，事中统一调度，事后统一重现评估，做到"预警及时、快速反应、指挥得当"。

2）全局掌握，构建立体化的安全体系

城市安全大脑统一对接公安、消防、城管、交通等职能部门，建设城市网格化管理机制，实现社会综治管理防控一体化，打造全局统一平台。结合综治办、信访办、安检站等单位日常综治业务管理，有效整合访客、封闭式小区、快速安检等各类数据，实现城市人员的精细化管理，确保对重点人员和特殊人员的全方位管控。同时，大脑基于地图可视化展示安检、消防、应急、社会治安、路政、企业安全管理等实时数据和可视化视频图像，打造全城生产防控一张图，提升城市行业全态化管理效率。针对城市级的安防保障，大脑对危险源、危险区域实行重点态势监测，整编消防队、救援队、武警队等力量，打造陆、海、空统一的全线作战队伍，提高生产安全中危险事件的高效服务和应急救援水平。

以全域感知、全网可控、全程智能的理念，城市安全大脑针对社会综治、人员防控、行业管理及生产安全等方面，切实打造统一的立体化、全方位安全监测防控体系，提升城市的科技水平、管理水平和服务水平，形成城市绿色运行的安全生态发展模式。

城市安全大脑主要实现以下功能：

1）全方位态势感知，提高监测精度

安全大脑依托CIM平台，实现对城市危险源的360度全方位动态监测，结合覆盖城市的高清视频监控以及各物联网监测设备，实时接收其运行监测数据，在险情发生之前可以自动生成预警并推送至指挥中心及管理人员。

2）应急指挥桌面推演，指导应急调度

围绕多角色协同推演操作核心功能，赋以外围支撑功能，实现应急桌面推演数字化、在线化。态势推演系统由推演引擎按照演练方案设计的剧情，进行剧情调度、推演控制、数据统计，执行应急桌面推演。

3）重点人员全域监管，打造数据闭环

通过多摄像头联动计算，高精度人脸识别，自动实现人员检索，结合视频监控点位信息，可以基于GIS地图展现重点人员行动轨迹。通过海量视频检索，可以将重点人员的视频信息自动汇展，串联形成一个完整的视频链，使犯罪分子无处遁形。

4）多维业务模型算法，助推决策水准

系统依据风险源不同特性调用相应的预测模型对事故进行可视化模拟，提示人员疏散路径，并根据事故的情况变化进行动态调整，采用模拟分析图展示事件影响范围、周边危险源、敏感点、疏散路径、救援队伍、消防车、气象等信息，为应急监测、处置、领导决策提供直观科学的依据，如图12-23所示。

图12-23　城市安全大脑

12.4.3　效益分析

安全是人类生存和发展最基本的需求之一，城市安全与公众的生命息息相关，让城市变得更美好，让市民更有安全感，就应该坚持源头治理，以消除各种安全隐患为基点，以建设安全城市为己任。从根本上说来，强调安全本身就是为了让人过上更有尊严的生活，城市安全的营造，其目的当是让所有的市民都过上更美好的生活。

加强城市安全管理，提高预防和处置突发事件的能力，是关系国家经济社会发展全局和人民群众生命财产安全的大事，是构建美丽中国的重要内容；是坚持以人为本、执政为民的重要体现；是全面履行政府职能，进一步提高行政能力的重要方面。通过加强安全管理，建立健全社会预警机制、突发事件应急机制和社会动员机制，可以最大程度地预防和减少突发事件及其造成的损害，保障公众的生命财产安全，维护国家安全和社会稳定，促进经济社会全面、协调、可持续发展。

城市安全大脑致力于构建智慧应急、智慧安监、智慧公安、智慧综治等体系，城市安全大脑贴合云计算、大数据、"互联网+"时代的应急管理趋势，结合城市应急综合管理平台和运营体系，建立可持续发展的长效机制，实现信息技术和业务流程优化。通过信息化和管理变革的深度融合，逐步提升城市在应急管理层面的"智能化"水平，在预防预备、监测预警、应对处置、善后恢复阶段真正做到从容应对，急中不"变"。

12.4.4　应用实践

2017年起，合肥市利用物联网、云计算、大数据等技术，逐步搭建了城市生命线工程安全运行监测平台。目前，合肥市已完成两期工程建设，布设100多种、8.5万套前端监测设备，覆盖822公里燃气管网、760公里供水管网等，涉及2.5万个城市高风险点。通过建设智能监测"一张网"，利用智慧"网格员"，将地下管网运行状态通过"一张图"呈现，如图12-24所示。

图12-24　合肥城市安全运行监测平台

在监测中心电子屏上，燃气、供水、热力等设备情况清晰可见，一旦发现供水漏失、燃气泄漏等异常，平台立即发出警报。城市生命线安全工程投用以来，平均每天处理数据500亿条，每月推送报警信息92.8条，已成功预警防范燃气管道泄漏235起、供水管网泄漏81起。根据监测中心历史数据进行系统治理，合肥市更换了主城区长585公里的燃气铸铁管网和老旧钢管，并摸清燃气输送管线占压、穿越箱涵等隐患底数，对752处管线占压、31处穿越箱涵隐患逐一治理。

一是以场景应用为依托，织密城市生命线立体监测"网络"。"点、线、面"相结合，逐步建立起城市生命线工程安全运行监测系统，构建燃气、桥梁、供水、排水、热力、综合管廊、消防、水环境八大领域立体化监测网络。二是以智慧防控为导向，打造城市生命线安全运行"中枢"。合肥市成立国内首个城市生命线工程安全运行监测中心（以下简称"监测中心"），作为市级机构纳入市安全生产委员会，形成市政府领导、安委办牵头、多部门联合、统一监测服务的运行机制。三是以创新驱动为内核，构建城市生命线科技治安"路径"。在人才队伍、平台建设、关键技术突破等方面持续发力，先后攻克城市高风险空间识别、跨系统风险转移和耦合灾害分析等"卡脖子"关键技术，研发出一批国内首创产品，为城市生命线安全运行提供强劲创新动力。四是以市场运作为抓手，夯实城市生命线产业发展"支撑"。合肥市高度重视以市场化方式提升城市安全综合支撑能力，支持科技成果加快产业化步伐。获得省首台（套）重大技术装备认定，从事城市生命线工程系统研发、工程建设、运营维护和成果转化等业务，启动产业化之路。出台适应产业发展各阶段性特点的支持政策，推动优质资本与转化企业对接，加快城市生命线工程复制推广，深度挖掘电梯安全、消防安全、环境安全、安全文教等细分产业。

12.5 智慧社区

12.5.1 建设需求

社区是指聚居在一定地域范围内的人们所组成的社会生活共同体。基本要素包括地域、人群、生活服务设施、事务管理机构、同质性与认同感。智慧社区是智慧城市概念中对于社区进行管理服务的一种新模式、新理念，是利用CIM、物联网、云计算、大数据、人工智能等新一代信息通信技术，融合社区场景下的人、事、地、物、情、组织等多种数据资源，提供面向政府、物业、居民和企业的社区管理与服务类应用，提升社区管理与服务的科学化、智慧化、精细化水平，实现共建、共治、共享管理模式的一种社区。作为城市治理重要支撑的CIM与智慧社区之间存在着相辅相成的联系。一方面，CIM能够为智慧社区应用赋能，可全面地从数据、技术、业务等方面为社区应用服务的构建提供支撑；同时，智慧社区可以为城市数据大脑提供丰富的落地场景，推动CIM在社区治理、民生服务甚至是产业经济的蓬勃发展。

智慧社区建设的需求主要体现在以下几个方面：

（1）国家政策要求

作为基层治理的有效载体，社区在国家治理体系建设过程中需要不断承接资源、服务、权力下沉。党的十九大以来，国家通过各种政策支持智慧社区建设，科技部、住房和城乡建设部、公安部等各部委发布相应政策规划及标准全力推进智慧社区建设，要求以打造"设施智能、服务便捷、治理精细、环境宜居"的智慧社区为目标，以居民为中心、以服务为导向、以"互联网+"为创新引擎，着力构建具备有力保障的智慧社区基础设施、便捷开放的智慧社区服务体系、安全高效的智慧社区治理体系、特色鲜明的智慧街区建设体系，推动智慧社区、智慧街区建设模式创新。

国家"十四五"规划中明确提出加快数字社会建设步伐，需要推进智慧社区建设，依托社区数字化平台和线下社区服务机构，建设便民惠民智慧服务圈，提供线上线下融合的社区生活服务、社区治理及公共服务、智能小区等服务。同时，促进服务业的繁荣发展也需要基础性服务业、智慧社区、养老托育等融合发展，进一步加快生活性服务业品质化发展。

（2）市场环境需求

随着物联网、云计算、5G 等先进技术发展，社区综合整治要求不断提高，需要通过打造智慧社区综合管理平台，集成智能门禁、视频监控、报警联动、停车场、梯控等产品及子系统，进一步实现数据的统一汇聚、统一管理，提升小区居民的安全感和满意度。与此同时，智慧社区作为房地产与互联网结合的必然产物，给居民带来新的生活方式的同时，也能加快推动房地产行业转型升级，提高房地产企业的整体效益。而通过物联网、大数据、AI技术的组合应用，对物业服务区域实行360度全天候无死角安防，还能够有效提高安保服务品质，提高物业公司的经营利润率。

（3）社区治理现状

目前智慧社区在珠三角、长三角以及环渤海地区等城市发展相对较快，这些地方对智慧社区的应用接受能力相对较高；而在经济欠发达地区，由于受到建设成本以及消费水平等因素的限制，智慧社区还没有得到广泛应用。总体上看，我国智慧社区建设得到社会上的广泛认同，但也存在一些问题和困难，如社区基础建设水平参差不齐，缺乏社区综合服务平台，应用尚未形成规模；社区治理职能亟待完善，突发公共事件应急能力不足，社区自治能力不足；缺乏统筹规划及统一标准，体制机制不顺畅，相关人才队伍欠缺，等等。

建设智慧社区能够解决社区治理现状中诸多实际问题，例如提供智能门禁，实现智能家居安防系统与物管联网，通过居家离家模式保证居住省心安全；通过信息化平台来实现数据查询、服务审批、运行监控、老年人长期照护评估、健康信息管理等功能；统筹规划建设集休闲、学习、娱乐、谈心、健身、就餐、医疗保健、日托午休等各类服务功能于一体的社区公共服务中心；对符合条件的高龄、孤寡、空巢以及低收入老人提供安防、生命体征检测等智能设备，实时采集健康数据，提供全天候的安全和健康服务等。

12.5.2 建设内容

总体上看，智慧社区的建设主要以新型物联设施为基础，构建包括信息基础设施（ICT）、数据库和智慧分析共同支撑的CIM基础平台，聚焦信息设施管理、数据集成治理、融合通信、物联管理四个方面的服务，打造住户管理、监控管理等多个CIM+应用机制，通过控制中心大屏、社区宣传中屏、便民服务一体机等多种融合方式与渠道为政府、居民、企业提供服务，赋能提升社区管理和服务水平，如图12-25所示。

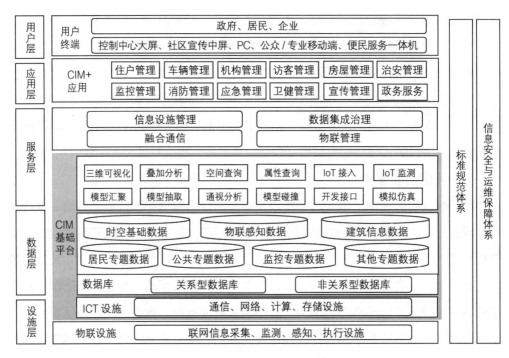

图12-25　基于CIM的智慧社区总体架构

当前智慧社区的建设主要围绕基础设施、数据资源、平台服务等抓手来展开：

（1）基础设施建设

智慧社区建设所涉及的基础设施包含公用基础设施、智能基础设施、通信网络设施和计算存储设施。

公用基础设施主要包含公共服务设施、商业服务设施、市政公用设施、交通场站及社区服务设施、便民服务设施等；智能基础设施主要包括安防智能设施、消防智能基础设施、公用智能基础设施、环境监测设施、智能家居设施等。通信网络设施建设内容包含社区内覆盖双绞线/光纤通信网络,在公共服务场所开放Wi-Fi网络接入,社区内覆盖模拟电视、数字电视等信号,覆盖GPRS、3G、4G、5G等网络信号等;计算存储设施包括本地计算存储资源、云计算资源、边缘计算资源等安全可信的社区计算资源设施,在建设和规划时,也应考虑到因地制宜和集约化建设等原则。

(2)数据资源建设

数据资源包含CIM基础平台数据资源建设和智慧社区专题数据资源建设。

CIM基础平台数据资源建设包括时空基础数据、物联感知数据以及建筑信息数据。时空基础数据如当前社区范围的GIS地图、BIM模型、CIM模型、POI信息、倾斜摄影、点云数据、裁剪的卫星影像等;物联感知数据包括社区范围内智能基础设施汇总的数据、视频和基本设备信息等;建筑信息数据包括该社区以及周边配套设施的规划数据,社区建设设计图和审批数据,工程项目各项责任方数据等。智慧社区专题数据包括了在智慧社区的应用场景下居民专题数据,如居民基础身份信息等,供脱敏后与各种信息关联为社区服务提供基础支撑;公共专题数据,如社区的文化、医疗、教育等数据,供社区居民民生政务有关服务的使用;监控专题数据,如高空抛物监控,门禁监控,停车场监控等,供社区公共安全等有关领域使用;以及其他专题数据等。

(3)平台服务建设

平台服务建设内容包含智慧社区功能建设以及智慧社区运营模式。

智慧社区所需建设的服务能力主要分为社区管理类和社区服务类。社区管理类应用包括面向政府管理者的社区治理应用(如社区治安防控类应用和社区隐患治理类应用等),以及面向社区物业管理者的相关的应用(包括物业缴费、信息发布、在线管家、楼宇对讲、智能门禁、视频监控、设施监测、环境监测、垃圾分类管理、停车管理等)。社区服务类应用包括面向社区居民的便民服务相关的应用(如智慧家庭、家政服务、出行服务、社区医疗、居家养老、社保服务等),以及面向社区商户的商业服务相关的应用(如无人超市、快递服务、教育培训、旧物回收、货物搬运、汽车养护、房产租售等)。

智慧社区运营模式则分为平台运维和平台安全两部分。平台运维需建立或聘用专业稳定的技术团队对平台进行运维,制定配套的管理规定,操作文档和日志记录,对从应用级操作到平台级操作进行权限控制和操作审计。保障硬件、网络、数据、系统的连续稳定运行。平台安全则需参照国家相关标准以及政策规定，保障数据采集、处理、传输、存储、交换和共享等环节符合规范。

12.5.3 效益分析

（1）社会效益

催生新兴产业诞生，提供优质就业岗位。智慧社区在发展中会诞生更多的新兴产业和岗位。新的城市规划、物联网基础建设、大数据等都将在转型和发展中创造更多优质岗位。

促进人才资源流入，提高科技创新能力。智慧社区产业带来了新兴行业的蓬勃发展，这就需要更多的技术型人才加入。人才资源的不断流入，促进了城市科技创新能力的提升。

提升智慧养老服务水平，应对老龄化问题。目前我国养老行业从业人员较少，人才流动频繁，平均每年人员流失率超过20%。智慧社区的发展为养老服务提供了新的发展前景，养老服务人员可以通过大数据技术，利用养老服务信息平台收集相关信息数据，加强对老年人健康的监控，提高老年人健康安全系数，节约人工护理成本，助力缓解我国老龄化现象严重带来的问题。

（2）经济效益

加强各方融合，推动产业协同。得益于智慧社区的推进，5G技术、大数据、人工智能、工业互联网等产业齐头并进，铸就产业融合发展的良好业态。如安防技术与新技术的融合形成AI生态与平台架构深度结合的新型业务形态。

推动产业结构升级，实现社区智慧化管理。智慧社区建设通过物联网和大数据实时掌握社区住户的生活需求，从而针对性地进行生产结构调整，最大化提升生产效率，有效提高产业智能化水平，拉近消费者和服务者的距离，使传统社区由人力管理向智能化管理转变，管理模式改变、生产效率提高、产业结构升级，进一步提高城市核心竞争力。

扩大市场规模，拉动经济发展。2018年我国智慧社区市场规模达到3920亿元，其中智能家居产业规模、视频监控设备产业规模、通信设备产业规模分别占比为23.47%、11.17%、5.05%。我国当前有超7.9亿城镇人口，超16.44万个社区，且智慧社区市场规模将继续增长，预计2022年我国智慧社区市场规模近万亿元。毫无疑问，智慧社区已经进入了"龙争虎斗"，智慧社区建设方兴未艾，潜藏着巨大的商机和市场机会。

（3）生态效益

与智慧社区相比，传统社区的各项功能具备相对独立的特征，而智慧社区可利用网络互联将各项功能整合，通过微电网建设，采用风、光、沼气等多种供能产能方式，依靠一体化平台智能分配资源，有效提高资源利用率。同时，绿色的能源产出方式和使用手段减轻了环境压力，降低了智慧城市发展的环境成本。

12.5.4 应用实践

本节将以广州市智慧社区建设的实际案例来介绍智慧社区应用实践情况。

广州市越秀区三眼井社区占地0.18平方公里，常住人口1.1万人，主要由省、市机关宿舍楼和居民楼宇组成，是一个人口结构多元化的大型综合性开放型社区。社区已试安装智慧灯杆、视频监控、智慧井盖监测液位计、智慧烟感及智慧门禁等智能设备，但社区缺乏信息化手段进行有效管理。

为探索智慧社区服务平台搭建与应用模式，该项目建立了智慧社区数据资源库，形成一张时空底图，搭建社区服务平台，并以知识图谱的形式展现地、楼、房、人等示范应用服务，建设有特色的智慧社区应用体系，形成智慧社区产品化试点应用，为打造智慧社区平台产品提供经验。平台从人本化建设的角度出发，提供智慧租赁、智慧政务、智慧养老等示范应用，完善社区服务功能，提高居民生活质量。

该智慧社区建设系统总体框架如图12-26所示，从基础设施层、平台层、应用层三个层面实现安防系统、管理系统、服务系统一体化，运用网络信息化技术进一步完善安全保障体系和运维保障体系。平台特色应用在于以二三维一体化平台作为空间底座，构建智慧社区综合服务平台，调整社区治理结构，优化社区的服务性功能定位；集成社区基础信息、社区动态感知信息及其他业务信息等社区数据资源，形成智慧社区的"一张底图"，将社区地、楼、房、人、隐患、设施等社区信息与数字世界的建筑空间位置一一对应，实现社区数据一体化管理，促进社区数据高效有序利用（图12-27）。

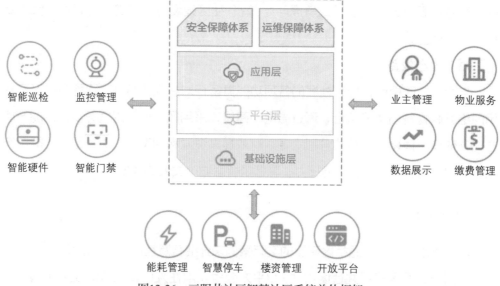

智能巡检　监控管理　　安全保障体系　运维保障体系　　业主管理　物业服务

智能硬件　智能门禁　　应用层　　　　数据展示　缴费管理

平台层

基础设施层

能耗管理　智慧停车　楼资管理　开放平台

图12-26　三眼井社区智慧社区系统总体框架

图12-27　三眼井社区平台应用系统

12.6 智能建造和新型建筑工业化

12.6.1 建设需求

建筑业是我国国民经济的支柱产业和重要引擎。但是，当前建筑业的发展水平还无法满足我国国民经济与社会高质量发展战略需求。新一轮科技革命，为产业变革与升级提供了历史性机遇。全球主要工业化国家均因地制宜地制定了以智能制造为核心的制造业变革战略，我国建筑业也迫切需要制定工业化与信息化相融合的智能建造发展战略，彻底改变碎片化、粗放式的工程建造模式。

智能建造，是新一代信息技术与工程建造融合形成的工程建造创新模式：即利用以"三化"（数字化、网络化和智能化）和"三算"（算据、算力、算法）为特征的新一代信息技术，在实现工程建造要素资源数字化的基础上，通过规范化建模、网络化交互、可视化认知、高性能计算以及智能化决策支持，实现数字链驱动下的工程立项策划、规划设计、施（加）工生产、运维服务一体化集成与高效率协同，不断拓展工程建造价值链、改造产业结构形态，向用户交付以人为本、绿色可持续的智能化工程产品与服务。

Lijia Wang提出"智能建造"理念要求施工企业在施工过程节约资源、提高生产效率，用新技术代替传统的施工工艺和施工方法，以实现项目管理信息化，促进建筑业可持续发展。Andrew DeWit指出智能建造旨在通过机器人革命来改造建筑业，以削减项目成本，提高精度，减少浪费，提高弹性和可持续性。毛志兵认为智能建造的发展可分为三个阶段，即"感知阶段、替代阶段、智慧阶段"。感知阶段就是借助信息技术，扩大人的视野、拓展人的感知能力以及增强人的部分技能。比如现在智慧工地就大体处于这个阶段。替代阶段就是要借助工业化和信息技术，完成人类低效率、低品质或高风险的工作。智慧阶段就是借助信息技术"类似人"的思考能力，替代人的大部分生产及管理活动，由一部具有强大的自我学习、自我进化能力的"建造大脑"，指挥和管理智能机械设备完成建造过程，人则向监管"建造大脑"的角色转变。

建筑业推进智能建造是大势所趋，基于目前我国建筑业的现状分析以及国家政策导向，建筑业推进智能建造已是大势所趋，重点体现在下列方面：

（1）建筑业高质量发展要求的驱使

建筑业要走高质量发展之路，必须做到"四个转变"，从数量取胜转向质量取胜，从粗放式经营转向精细化管理，从"经济效益优先"转向"绿色发展优先"、从"要素驱动"转向"创新驱动"，实现这四个转变，智能建造是重要手段。

（2）工程品质提升的需要

工程品质要注重"品"和"质"两个方面，"品"是人们对审美的需求，"质"是工艺性、功能性以及环境性的大质量。工程既要关注质量也要关注人的心理和生理需求。工程品质的提升需要通过智能化技术实现。

（3）实现工程项目建造全过程零距离管控的高效工具

智能建造用信息技术全面改造传统建造过程，发挥信息共享和集成等优势，借助于CIM平台让建造者可以全过程、零距离、实时管控工程项目。

（4）"新基建"的提出，为加速推进智能建造提供了难得机遇

"新基建"主要包括5G基站、特高压、城际高速铁路和城市轨道交通、新能源汽车充电桩、大数据中心、工业互联网七大领域。"新基建"带来三类基础设施建设，新兴技术的信息基础设施新兴技术与"旧基建"融合的融合基础设施，以及支撑科学研究、技术开发、产品研制等创新基础设施，这三类基础设施的建设为加速推进智能建造提供了难得机遇。

12.6.2 建设内容

为贯彻落实习近平总书记重要指示精神、推动建筑业转型升级、促进建筑业高质量发展，2020年住房和城乡建设部等13部门联合印发了《关于推动智能建造与建筑工业化协同发展的指导意见》（以下简称《指导意见》），明确提出了推动智能建造与建筑工业化协同发展的指导思想、基本原则、发展目标、重点任务和保障措施。《指导意见》明确提出，要围绕建筑业高质量发展总体目标，以大力发展建筑工业化为载体，以数字化、智能化升级为动力，形成涵盖科研、设计、生产加工、施工装配、运营等全产业链融合一体的智能建造产业体系。到2025年，我国智能建造与建筑工业化协同发展的政策体系和产业体系基本建立，建筑产业互联网平台初步建立，推动形成一批智能建造龙头企业，打造"中国建造"升级版。到2035年，我国智能建造与建筑工业化协同发展取得显著进展，建筑工业化全面实现，迈入智能建造世界强国行列。同时，《指导意见》从加快建筑工业化升级、加强技术创新、提升信息化水平、培育产业体系、积极推行绿色建造、开放拓展应用场景、创新行业监管与服务模式7个方面，提出了推动智能建造与建筑工业化协同发展的工作任务。在全面落实《指导意见》各项要求的基础上，智能建造与新型建筑工业化需找准突破口，突出重点，狠抓关键，务求实效。

一是要以大力发展装配式建筑为重点，推动建筑工业化升级。发展装配式建筑是建造方式的重大变革，有利于促进建筑业与信息化工业化深度融合。近年来，我国装配式建筑发展态势良好，在促进建筑业转型升级、推动高质量发展等方面发挥了重要作用，但仍存在标准化、信息化、智能化水平偏低等问题，与先进建造方式相比还有很大差距。为此，《指导意见》提出，要大力发展装配式建筑，推动建立以标准部品为基础的专业化、规模化、信息化生产体系。

二是要以加快打造建筑产业互联网平台为重点，推进建筑业数字化转型。建筑产业互联网是新一代信息技术与建筑业深度融合形成的关键基础设施，是促进建筑业数字化、智能化升级的关键支撑，是打通建筑业上下游产业链、实现协同发展的重要依托，也是推动智能建造与建筑工业化协同发展的重中之重。为此，《指导意见》提出，要加快打造建筑产业互联网平台，推进工业互联网平台在建筑领域的融合应用，开发面向建筑领域的应用程序。

三是要以积极推广应用建筑机器人为重点，促进建筑业提质增效。加大建筑机器人研发应用，有效替代人工，进行安全、高效、精确的建筑部品部件生产和施工作业，已经成为全球建筑业的关注热点。建筑机器人应用前景广阔、市场巨大。目前，我国在通用施工机械和架桥机、造楼机等智能化施工装备研发应用取得了显著进展，但在构配件生产、现场施工等方面，建筑机器人应用尚处于起步阶段，还没有实现大规模应用。为此，《指导意见》提出，要探索具备人机协调、自然交互、自主学习功能的建筑机器人批量应用，以工厂生产和施工现场关键环节为重点，加强建筑机器人应用。

四是要以加强示范应用为重点，提升智能建造与建筑工业化协同发展整体水平。探索适合我国国情的智能建造与建筑工业化协同发展路径和模式，技术含量高、创新性强、工作难度大，需要充分调动企业和地方的积极性，组织开展试点示范，建设应用场景，推广成熟技术，打造一批可复制、能推广的样板工程，带动全方位工作推进。为此，《指导意见》提出，要加强智能建造及建筑工业化应用场景建设，发挥龙头企业示范引领作用，定期发布成熟技术目录，并在基础条件较好、需求迫切的地区，率先推广应用。

12.6.3 效益分析

建筑业是我国国民经济的重要支柱产业。近年来，我国建筑业持续快速发展，产业规模不断扩大，建造能力不断增强，2020年，我国全社会建筑业实现增加值7.5万亿元，比上年增长3.5%，占国内生产总值的7.18%，有力支撑了国民经济持续健康发展。加快推进建筑工业化、数字化、智能化升级，进一步提升建筑业发展质量和效益：

（1）是促进建筑业转型升级、实现高质量发展的必然要求

长期以来，我国建筑业主要依赖资源要素投入、大规模投资拉动发展，建筑业工业化、信息化水平较低，生产方式粗放、劳动效率不高、能源资源消耗较大、科技创新能力不足等问题比较突出，建筑业与先进制造技术、信息技术、节能技术融合不够，建筑产业互联网和建筑机器人的发展应用不足。特别是在新冠肺炎疫情突发的特殊背景下，建筑业传统建造方式受到较大冲击，粗放型发展模式已难以为继，迫切需要通过加快推动智能建造与建筑工业化协同发展，集成5G、人工智能、物联网等新技术，形成涵盖科研、设计、生产加工、施工装配、运营维护等全产业链融合一体的智能建造产业体系，走出一条内涵集约式高质量发展新路。

（2）是有效拉动内需、做好"六稳""六保"工作的重要举措

推动智能建造与建筑工业化协同发展，具有科技含量高、产业关联度大、带动能力强等特点，不仅会推进工程建造技术的变革创新，还将从产品形态、商业模式、生产方式、管理模式和监管方式等方面重塑建筑业，并可以催生新产业、新业态、新模式，为跨领域、全方位、多层次的产业深度融合提供应用场景。这项工作既具有巨大的投资需求，又能带动庞大的消费市场，乘数效应、边际效应显著，有助于加快形成强大的国内市场，是当前有效应对疫情影响、缓解经济下行压力、壮大发展新动能的重要举措，能够为做好"六稳"工作、落实"六保"任务提供有力支撑。

（3）是顺应国际潮流、提升我国建筑业国际竞争力的有力抓手

随着新一轮科技革命和产业变革向纵深发展，以人工智能、大数据、物联网、5G和区块链等为代表的新一代信息技术加速向各行业全面融合渗透。在工程建设领域，主要发达国家相继发布了面向新一轮科技革命的国家战略，如美国制定了《基础设施重建战略规划》、英国制定了《建造2025》战略、日本实施了建设工地生产力革命战略等。与发达国家智能建造技术相比，我国还存在不小差距，迫切需要将推动智能建造与建筑工业化协同发展作为抢占建筑业未来科技发展高地的战略选择，通过推动建筑工业化、数字化、智能化升级，打造"中国建造"升级版，提升产业核心竞争力，迈入智能建造世界强国行列。

12.6.4 应用实践

案例一：北京协和医院转化综合楼项目BIM+智慧工地综合应用

该项目基于BIM+智慧工地技术在精益建造中的应用，将建筑新技术、新工艺、新成果应用到工程建设中,以实现工程建设的精细化管理。

1)智慧工地平台搭建。为实现科技建造、绿色施工,工程引入"智慧工地平台"。通过智慧工地平台展示,从多个终端集成施工现场实时情况、项目概况、工期进度和主要节点、公司党建活动等关键信息,让所有参建人员对项目整体情况更加了解,同时,对工程建设过程留存影像资料。如图12-28所示。

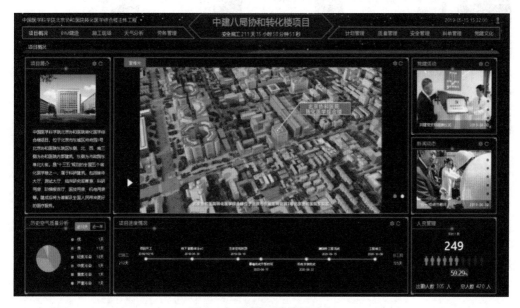

图12-28 智慧工地管理平台

2)劳务管理。工程引进劳务实名制系统,如图12-29所示,方便项目对入场工人数量及信息的实施掌控。同时,通过健康筛查机器人对现场管理及施工人员进行健康筛查及管理,可对入场工人的身体状态有更清楚的了解,保证参建人员拥有良好的身体状态,健康工作。运用安全VR设备对新入场工人对施工现场常见的安全隐患进行沉浸式体验教育,提高其对规范施工操作的重视,避免安全事故的发生。

3)绿色施工管理。本项目采用了2台无附着定制塔式起重机,两塔之间,塔式起重机与既有建筑之间距离非常近,易发生碰撞危险,通过塔式起重机监控系统系统实现塔机的安全监控、吊钩可视化、运行记录、声光报警的远程监控,使得塔机安全监控成为开放的实时动态监控。此外,项目还引进了试验室温湿度监测系统、喷淋系统、雾炮自动控制系统等,用于绿色施工管理,避免安全事故的发生。

案例二:湖南省装配式建筑全产业链智能建造平台

目前国内逐步重视BIM技术的应用,但是并没有改变国内基本的建筑行业状

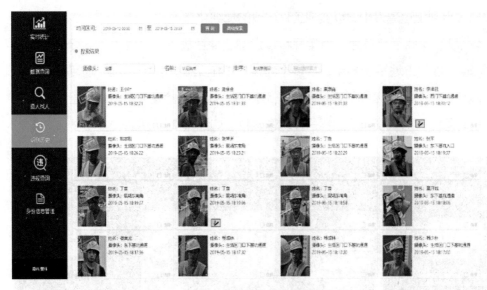

图12-29　劳务实名制系统

况，业主、设计院和施工方的信息传递均以传统方式为主。建筑行业内主要以图纸为媒介进行信息交流传递，而BIM则依托信息模型和信息应用技术平台进行信息传递。在此背景下，装配式建筑全产业链智能建造平台通过建立统一标准、统一平台和统一管理，依托BIM技术和信息技术，打通装配式建筑设计、生产、运输、施工、运维、监管全过程，实现装配式建筑"标准化、产业化、集成化、智能化"目标。如图12-30所示。

平台建设过程中设立了统一的应用规范和标准为产业链各方顺利使用铺平了道

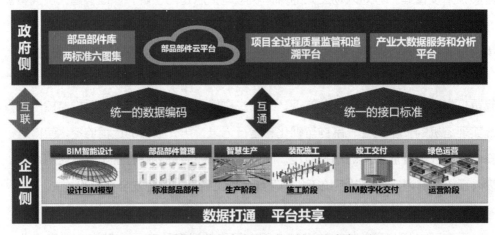

图12-30　省市级装配式建筑全产业链智能建造平台

路。国内装配式建筑推进过程中面临着很多不可忽视的问题，集中体现在产业链不连续、不完善、不配套，装配式建筑研发、设计、生产、物流、施工、装修产业还不健全，未能实现装配式建筑全产业链的BIM应用和数据共享。智能建造平台的建设促使装配式行业全过程、全要素、全参与方进行有效的整合，实现信息共享。平台内的设计软件、管理系统为装配式全产业链各方提供强大的赋能体系，有效提高生产效率和质量。如图12-31所示。

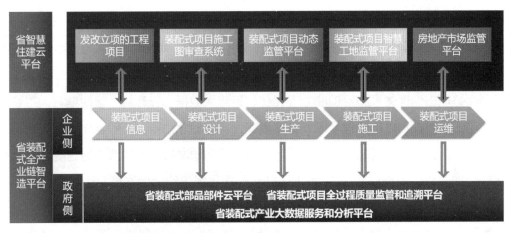

图12-31　装配式建筑全过程质量追溯和监管系统

　　装配式建筑全产业链智能建造平台为参与各方提供了强大的赋能体系。对设计方，智能化标准化快速方案设计、一键出图使效率大幅提升。同时可以直接对接政府审查平台，一键交付审查。对生产方，直接对接设计信息快速安排生产，获取施工进度信息，合理排布生产计划，避免堆场压力，同时实现数据驱动生产，实现无人或少人工厂生产。对施工方，可以实时了解工厂生产进度，智能优化构件堆场，动态更新施工进度。对政府，可以实现全过程信息实时监管，过程留痕可追溯，同时提供大数据分析，动态报警的能力。

12.7 城市运行管理服务

12.7.1 建设需求

　　城市运行管理服务是城市治理的重要内容，加快建设城市运行管理服务平台，是提升城市品质、促进城市高质量发展的重要途径，是加强城市安全管理、提升城市风险防控能力的重要举措，是推动城市治理体系和治理能力现代化的必由之路。建设城市运行管理服务平台的需求主要体现在以下几个方面：

（1）是落实落实习近平总书记重要指示的迫切需求

2018年11月，习近平总书记在上海考察城市管理工作时指出，"城市管理应该像绣花一样精细"，既要善于运用现代科技手段实现智能化，又要通过绣花般的细心、耐心、巧心提高精细化水平，绣出城市的品质品牌。2019年11月，习近平总书记在上海调研时强调，要抓一些"牛鼻子"工作，抓好"政务服务一网通办""城市运行一网统管"，坚持从群众需求和城市治理突出问题出发，把分散式信息系统整合起来，做到实战中管用、基层干部爱用、群众感到受用。2020年4月，习近平总书记在杭州城市大脑运营指挥中心考察时指出：推进国家治理体系和治理能力现代化，必须抓好城市治理体系和治理能力现代化。运用大数据、云计算、区块链、人工智能等前沿技术推动城市管理手段、管理模式、管理理念创新，从数字化到智能化再到智慧化，让城市更聪明一些、更智慧一些，是推动城市治理体系和治理能力现代化的必由之路，前景广阔。《中华人民共和国国民经济和社会发展第十四个五年规划和2035远景目标纲要》中明确要求，完善CIM平台和运行管理服务平台，提升城市智慧化水平，推行城市运行"一网统管"。搭建城市运行管理服务平台，是贯彻习近平总书记关于提高城市科学化、精细化、智能化管理水平的重要举措，有助于增强城市管理服务统筹协调能力，提高精细化管理服务水平。

（2）是促进城市高质量发展的必要要求

经过几十年的快速发展，截至2022年我国城镇化率已达65.22%，进入从外延数量扩张的"前期"转到存量提质增效的"中后期"，社会结构、生产生活方式和治理体系发生重大变化，城市发展进入高质量发展的新阶段。当前的城市治理能力还不能适应新时代新要求，城市科学化、精细化、智能化管理水平不高，与高质量发展的新要求相比，与人民群众对美好人居环境的期待相比，还有很大提升空间。搭建城市运行管理服务平台，推动城市运行应急处置向事前预防预警转变，城市管理向城市治理转变，为民服务向精准精细转变，是城市高质量发展必然要求。

（3）是落实住房和城乡建设部党组的重要部署

2020年8月，住房和城乡建设部等7部门印发《关于加快推进新型城市基础设施建设的指导意见》（建改发〔2020〕73号），将推进城市运行管理服务平台建设作为"新城建"的必选任务，要求建立集感知、分析、服务、指挥、监察等为一体的城市综合管理服务平台，提升城市科学化、精细化、智能化管理水平。2020年9月，住房和城乡建设部印发《关于加快建设城市运行管理平台的通知》（建办督〔2020〕46号），重点强调要求充分利用城市综合管理服务平台建设成果，落实"新城建"要求，加快建设城市运行管理服务平台，推进城市运行"一网统管"。

12.7.2 建设内容

城市运行管理服务平台分为三级，即国家、省级和市级城市运行管理服务平台，是以城市运行管理"一网统管"为目标，以城市运行、管理、服务为主要内容，以物联网、大数据、人工智能、5G移动通信等前沿技术为支撑，具有统筹协调、指挥调度、监测预警、监督考核和综合评价等功能的信息化平台。

（1）国家平台建设内容

国家城市运行管理服务平台，是纵向与省级平台和市级平台互联互通，横向共享国务院有关部门城市运行管理服务相关数据，整合或共享住房和城乡建设部其他相关信息系统，汇聚全国城市运行管理服务数据资源，对全国城市运行管理服务工作开展业务指导、监督检查、监测分析和综合评价的"一网统管"信息化平台。国家平台架构示意如图12-32所示。

国家平台包括业务指导、监督检查、监测分析、综合评价、决策建议、数据交

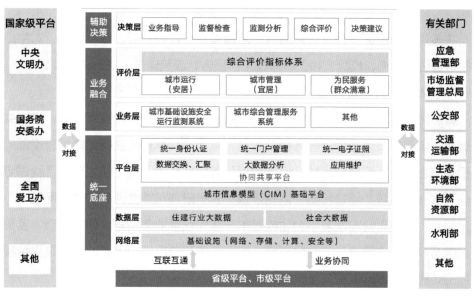

图12-32　国家平台架构示意图

换、数据汇聚和应用维护八个系统，其中业务指导、监督检查、监测分析、综合评价和决策建议五个系统为应用系统，数据交换、数据汇聚和应用维护等三个系统为后台支撑系统。

业务指导系统包括政策法规、行业动态、经验交流等模块。用于汇聚、共享和展示城市管理领域法律、法规、规章、规范性文件、标准规范、机构设置、队伍建设、执法保障、信息化应用、改革进展、专项行动、重点任务落实情况、城市管理经验等。省市级平台可共用国家平台业务指导系统。

监督检查系统包括重点工作任务督办、联网监督和巡查发现等功能模块。按照"统筹布置、按责转办、重点督办、限时反馈"的闭环工作机制，将领导指示、重点工作布置给地方城市管理部门，明确工作任务要求和时限，并对工作进度、质量以及巡查发现的重点问题进行督办。

监测分析系统包括风险管理、监测预警、风险防控和运行统计分析等功能模块。围绕市政设施、房屋建筑、交通设施和人员密集区域等方面，对各省市城市运行进行风险管理、监测预警、风险防控和运行统计分析。

综合评价系统包括评价指标管理、评价任务管理、实地考察、评价结果生成等功能模块。可以对评价指标、权重等进行管理；可以随机生成抽查任务，开展实地考察，回传评价结果；可以根据省市平台上报的综合评价指标数据、实地考察结果、问卷调查等数据对各城市进行综合评价。评价结果可以采用文字、图表等方式呈现。

决策建议系统通过开展业务指导、监督检查、监测分析、综合评价，对生成的相关数据进行分析、校验、加工，形成工作报告、政策建议、决策建议等。

（2）省级平台建设内容

省级城市运行管理服务平台，纵向与国家平台和市级平台互联互通，横向共享省级有关部门城市运行管理服务相关数据，整合或共享省级住房和城乡建设部门其他相关信息系统，汇聚全省城市运行管理服务数据资源，对全省城市运行管理服务工作开展业务指导、监督检查、监测预警、分析研判和综合评价的"一网统管"信息化平台。省级平台与国家平台功能基本一致，包括业务指导、监督检查、监测分析、综合评价、决策建议、数据交换、数据汇聚和应用维护等系统。省级平台架构示意图如图12-33所示。

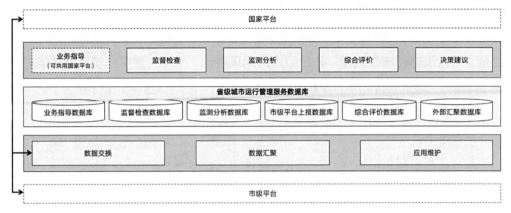

图12-33　省级平台架构示意图

（3）市级平台建设内容

市级城市运行管理服务平台，基于现有城市管理信息化系统，以网格化管理为基础，纵向对接省级平台和国家平台，联通县（县级市、区）平台，横向整合或共享市级相关部门信息系统，汇聚全市城市运行管理服务数据资源，对全市城市运行管理服务工作进行统筹协调、指挥调度、监督考核、监测预警、分析研判和综合评价的"一网统管"信息化平台。市级平台架构示意图如图12-34所示。

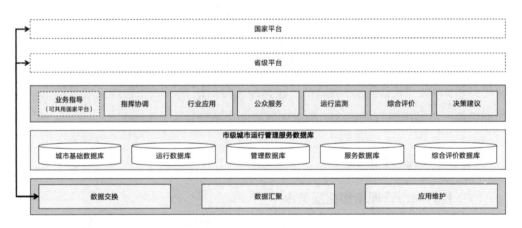

图12-34　市级平台架构示意图

市级平台包括业务指导、指挥协调、行业应用、公众服务、运行监测、综合评价、决策建议、数据交换、数据汇聚和应用维护十个基本系统，其中业务指导、指挥协调、行业应用、公众服务、运行监测、综合评价、决策建议为应用系统，以城市运行管理"一网统管"为目标，综合考虑本市经济发展、人口数量、城市特点等因素，结合城市实际需要，拓展应用系统，丰富应用场景。

指挥协调系统主要实现城市管理问题"信息采集、案件建立、任务派遣、任务处置、处置反馈和核查结案"六个阶段的闭环管理。根据《数字化城市管理信息系统 第2部分：管理部件和事件》GB/T 30428.2规定，按照综合评价工作要求，把与城市运行管理服务相关的管理对象按照部件和事件确定规则和编码要求，列入部件和事件扩展类别。

行业应用系统主要为实现城市运行管理"一网统管"的目标，建设市政公用、市容环卫、园林绿化和城市管理执法"3+1"等行业应用系统，也可增加排水排涝、停车管理等专业应用系统。现有的市政公用、市容环卫、园林绿化、城市管理执法等行业应用系统以及其他专业应用系统，应整合到市级平台中。

公众服务系统按照接入方式划分为电话热线、公众服务号和公众类应用程序三类，都具有投诉、咨询、建议、查询等服务功能。公众服务号是指通过微信、钉钉等开通的为公众提供服务的服务号或小程序；公众诉求应通过指挥协调系统的闭环管理流程进行管理，并能够进行公众满意度回访，生成满意度评价等基础数据。

运行监测系统主要实现对各个专项安全运行监测系统的监测管理信息、风险管理信息、监测报警信息、预测预警信息、巡检巡查信息、风险防控信息、决策支持信息、隐患上报与突发事件推送信息进行集中展示。

综合评价系统的功能和国家平台基本一致。

决策建议系统包括城市运行管理服务态势感知、部件事件监管分析研判、市政公用分析研判、市容环卫分析研判、园林绿化分析研判、城市管理执法分析研判等功能模块。各城市可以根据实际需求拓展其他功能模块。

12.7.3 效益分析

（1）提升城市管理精细化服务水平

通过建设城市运行管理服务平台，以信息化引领城市运行管理服务工作，是破解城市发展瓶颈，改变城市运行生态，转变城市传统治理机制的重要手段，使城市更易于被感知，城市资源更易于被充分整合，从而实现对城市的精细化和智能化管理，破解城市发展中的瓶颈，最终实现城市的可持续发展，构建一个"制度+技术"的城市治理体系。

（2）提升城市运行管理服务智慧化水平

通过建设城市运行管理服务平台，将对各职能部门及各方资源进行优化调整，实现管理流程科学再造，打造系统化、网络化、程序化、透明化的城市综合管理服务体系，将管理主体从过去的单线条向多线条转变，推动管理体制的不断深化和改革，提升城市运行管理服务的智慧化和数字化水平。

（3）降低城市风险防控成本

通过建设城市运行管理服务平台，对城市风险点情况实现精细管理，提前预防、及时处理，最大化降低风险源带来的危害，提升城市风险防控能力，降低风险防控成本，最大程度地降低了由于城市治理、安全生产、污染防治、自然灾害等带来的社会经济损失。

（4）提高城市安全应急指挥协同能力

通过建设城市运行管理服务平台，在汇集相关部门的各类信息资源的基础上，可根据既定原则提取这些单位的信息资源，对获取到的信息进行分析、比对后，抽取其中的关键节点和重要部分进行信息重组，实现多部门视频会议联动，为突发公共事件提供动态化、持续性的信息支撑，为领导决策和应急管理提供信息资源服务。

12.7.4 应用实践

（1）上海市城市运行管理服务平台

上海市围绕"一屏观全域，一网管全城"的目标定位，在城市网格化管理系统基础上，把分散的信息资源整合起来，搭建统一的城市运行管理服务平台，实现多部门多层级协同管理，推动城市运行"一网统管"。

平台构建了覆盖市、区、街镇三级的"1+3+N"网格化管理系统（"1"即城市管理领域各类事件问题，"+3"即融入110非警务警情、政法综治和市场监管业务，"+N"即逐步纳入公共卫生、防台防汛、基层治理等内容）。围绕"高效处置一件事"，开发了疫情防控、防台防汛、智慧电梯、玻璃幕墙、深基坑、燃气安全、群租治理、渣土管理、架空线等20余个专题应用场景，实现城市运行事项的源头管控、过程监测、预报预警、应急处置和综合治理。上海平台界面效果如图12-35所示。

（2）青岛市城市运行管理服务平台

青岛市城市运行管理服务平台于2021年5月正式上线运行，形成"1中心+1平台+

图12-35　上海平台界面效果图

1张图+N应用"的基本架构，整合供热、供气、供水、排水、渣土运输、园林绿化、市政道桥等16个行业及专项数据，共享发改、公安、自然资源、生态环境等18个市直部门数据，初步形成了城市运行管理服务大数据中心。建设了指挥协调、行业应用、公众服务等7大系统，开发了城市运行（生命线工程、道路桥梁等）专题应用场景24个，实现了运行、管理、服务的基本功能。平台日均流转处置城市管理问题8000余件，问题处置率和群众满意率均在97%以上。青岛平台界面效果图如图12-36所示。

图12-36　青岛平台界面效果图

（3）济宁市城市运行管理服务平台

济宁市将"一网统管"纳入《济宁市城镇容貌和环境卫生管理条例》，成立了以市长为主任的市城市运行管理委员会，办公室设在市城市运行管理服务中心，负责"运管服"平台日常运行及监督检查、考核评价等工作。

市级"运管服"平台汇集叠加大数据、住建、交通、水务、环保等31个部门或行业业务数据，共享天网工程、雪亮工程等视频监控6万多路。推动市属国企"生命线"监测系统和政府监管系统一体化集约建设，供热、燃气、供水、排水、管廊、道桥涵隧等11个行业系统接入市级平台运行监测分析系统。围绕城市运行风险高发领域，开发供水、燃气、户外广告、渣土管理等专题应用场景。济宁平台界面效果图如图12-37所示。

图12-37　济宁平台界面效果图

（4）重庆市江北区城市运行管理服务平台

重庆市江北区城市运行管理服务平台以"1322"为基本架构，建设1个城市管理大数据中心，3个业务管理平台（综合监督平台、业务应用平台、惠民服务与市民参与平台），2个基础支撑（城市运营管理中心、全业务融合平台），2个辅助平台（大数据分析平台、部件物联网平台）。

目前已建成综合监督、市容环卫、市政设施、城管执法、路灯照明等21个业务系统，共享接入公安、森林消防、河长制、排水等行业视频资源数据2.2万余路，开展桥隧、边坡、井盖、积水点等城市运行安全物联监测点位700余个，形成了城市管理服务和运行安全并重的综合性、智能化协同管理平台。重庆市江北区平台界面效果图如图12-38所示。

图12-38　重庆市江北区平台界面效果图

12.8 智慧园区

12.8.1 建设需求

智慧园区是指利用物联网、大数据、云计算、人工智能、CIM等新一代信息与通信技术来感知、监测、分析、控制、整合园区各个关键环节的资源，在此基础上实现对各种需求做出智慧的响应，使园区整体的运行具备自我感知、自我组织、自我运行、自我优化的能力，为园区管理者、使用者和服务对象创造一个绿色、和谐的发展环境，提供高效、便捷、个性化的发展空间，提高园区管理效率，降低园区运行成本。一方面智慧园区是在智慧城市背景下提出的，它的建立是智慧城市建设的先行者和重要组成部分，各类型园区在体系结构和发展模式上都是城市小区域范围的缩影；另一方面我国园区的信息化建设经历了几十年的发展，从全人工管理阶段、办公自动化管理阶段、数字化管理阶段，发展到现在的智慧化建设阶段，可以说智慧园区是园区信息化发展的高级阶段，也是园区信息化建设要达到的最终目标。

传统园区由于不同建筑、系统之间存在信息不能共享等问题，智慧化应用水平低，在建设过程中存在明显的不足：1）IoT物联网未能全面建立，终端不互联，公共数据难互通，烟囱状发展；2）系统、业务、数据融合少，数据获取难、利用率低；3）产业链衔接性不强，各自独立，管理效率不高；4）缺乏统一、高效、便捷的集中式管理，应用可扩展性差，事故预警难以实现；5）后期运营效率不高，成本高、人员多，对外服务体验差，可持续运营能力不足。目前，我国智慧园区的发展正处于快速发展期，国家出台了多项政策来推进智慧园区的建设与发展，从传统园区向智慧化园区过渡。但整体而言，智慧园区的发展还处于初级阶段，园区的智慧化元素较少，很多园区基础设施和园区管理服务还处于分散状态，并未形成集约效应，园区建设还有较大的上升空间，需不断地注入新的活力与技术。CIM这一新技术、新手段、新工具的引入，能更好地服务园区从信息化向智慧化、科技化、人工智能化转变的建设需求。通过CIM平台实现园区地上地表地下、室内室外、历史现状未来多维信息模型数据和城市感知数据的汇聚，以及二三维一体化的数字空间规划、建造、管理园区的过程信息模型和结果信息模型的汇聚，助力实现园区空间信息全局可视、园区实时态势精细洞悉、园区运行规律深度挖掘、园区发展趋势推演仿真。CIM基础平台为智慧园区相关应用提供了"看得见、看得清、看得懂"的基础底座支撑，并提供智慧城市、CIM基础平台的接口。

12.8.2 建设内容

智慧园区总体架构采用"1+1+N+1"架构，即一套智能基础设施、一个基于CIM的支撑底座、N个智慧园区业务应用、一套安全保障体系，如图12-39所示。以CIM为核心，构筑统一的智慧园区支撑底座，利用智能感知终端，将园区内市政、建筑、交通、环境、安防、机电等基础设施全部数字化，融合以人为本、高效便捷、安全集约的园区安防、园区出行、园区服务、产业发展等智慧应用，对园区的人、车、企业、资产设施进行全连接，实现园区全面数字化、产业升级智能化、管理服务在线化、全景洞察可视化，提升园区管理与产业升级，全方位重塑园区的综合实力。

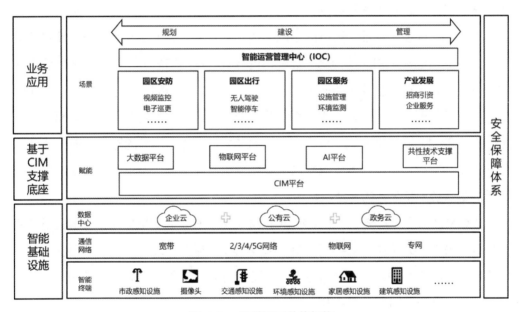

图12-39　智慧园区总体架构

（1）一套智能基础设施

基础设施层主要分为智能终端、通信网络和数据中心。智能终端包括摄像头、市政感知设施、交通感知设施、环境感知设施、建筑感知设施、家居感知设施等，常见的如电子围栏、智能灯杆、温湿度传感器、智能门禁、智能电表等，是智慧园区的"感官"和"双手"——用于识别物体、采集信息、智能控制等。通信网络整合园区所含各局域网，对内部互联网进行梳理和优化，如宽带网、物联网、园区专网、无线网络、5G网络等，形成整套园区网络体系，并针对网络关键输入点，如海量数据实时交互数据库、安防实时监测查询数据等，加设光纤等传输速率更快、更优化的网络通信环境。数据中心主要由3个云平台组成，将各个系统的数据资源和业务应用通过企业云、公共云、政务云在数据中心进行统一存储、统一计算、统一管理、统一调用，为智慧园区的智能应用提供支撑。

（2）一个基于CIM的支撑底座

利用CIM基础平台强大的信息集成能力、计算能力、分析能力，提供建设智慧园区不可或缺的模型基础，构筑智慧园区统一的支撑底座。支撑底座起着承上启下的作用，向下连接和处理各类数据，向上支撑和赋能各类应用，基于CIM的支撑底座由CIM基础平台、大数据平台、物联网平台、AI平台和共性技术支撑平台共同组成。

CIM基础平台是支撑底座的枢纽和核心，是智慧园区的基础性和关键性信息基础设施，用来管理和表达园区立体空间、建筑物和基础设施等三维数字模型，是支撑园区规划、建设、管理、运行的基础操作平台。大数据平台能够统一、及时和快速地处理海量结构化和非结构化的数据，进行数据挖掘和分析。物联网平台把传感器、控制器、人和物等通过新的方式连在一起，形成人与物、物与物相连，实现信息化、远程管理控制和智能化的网络。AI使能平台将AI技术与业务应用剥离，构建成AI核心能力，通过平台统一管理、维护AI能力，并通过标准的能力开放方式提供统一的能力支撑。共性技术支撑平台构建统一的流程引擎、授权管理、用户身份管理等，确保资源和服务的安全、有序。

以CIM基础平台为核心，重点突出CIM基础平台在多源数据接入、三维建模与模型处理、各平台数据融合应用方面的作用，再通过与物联网平台、大数据平台、AI智能平台、共性技术支撑平台结合，共同为园区上层应用赋能，打造数字孪生园区。

（3）N个智慧园区业务应用

从智慧园区的维度，在基于CIM的支撑底座上，整合与搭建上层业务系统，涵盖园区安防、出行、服务、产业等各个领域的融合应用。从全生命周期的维度，相较于传统的智慧园区应用，基于CIM的智慧园区更加突出"规—建—管"一体化应用，利用CIM技术可贯穿于"规划—建设—管理"全过程的特点，能够实现不同阶段建设成果的共享，实现"规—建—管"过程融合。基于CIM技术可视化的特性，实现各项智慧应用的三维可视化监管，有效提高园区运维管理效率。从信息物理的维度，建设园区智能运营管理中心（IOC），将园区招商、产业、人员、安防、能耗等各项数据全部汇聚到CIM基础平台上，实现物理空间到信息空间的映射，打造园区人、财、物的有机贯通以及跨部门、跨层级、跨系统的业务整合，实现园区业务全融合。

（4）一套智慧园区安全保障体系

建设智慧园区网络安全保障体系，对网络、系统、应用、运行管理等综合分析，构建系统、完整的安全保障体系；实施信息安全管理制度，从信息网络安全技术、设备和产品的监督管理方面，更好地保证系统的信息安全；建立信息安全风险评估体系，对安全风险进行实时评估，增强安全可靠性；制定信息安全总体实施规范和应用指南，有效提升园区各企业信息安全防护意识和防护能力。

12.8.3 效益分析

基于CIM基础平台的智慧园区建设带来的效益十分明显，具体包括以下方面：

（1）提升园区管理效率和服务水平

基于CIM基础平台的智慧园区建设，全面整合园区、企业信息，打通园区各业务系统，构建相互共享的信息交换和工作通道，从而形成整体的信息优势和有序的工作机制，助力园区管理者能够从战略宏观角度掌握园区建设和运营情况，节能降耗，降本增效。

（2）提高园区资源利用效率

CIM技术贯穿于智慧园区的"规划—建设—管理"全周期过程，通过"一张图"即可实现对智慧园区的"全生命周期管理"的建设管理，同时实现不同阶段建设成果的共享。同时以CIM平台为底座，整合与搭建上层业务系统，业务系统对空间信息的展示、浏览、分析、应用的需求由CIM平台统一提供，将园区的人、财、物以及跨部门、跨层级、跨系统的业务组成一个有机整体，打造闭环的业务一体化整合应用，进而优化园区的资源配置能力与利用效率。

（3）提升园区科学决策能力

基于CIM平台进行的仿真推演，可构筑园区未来预判能力，提升园区决策指挥的科学性。CIM平台具有强大的空间数据接入、处理、分析能力，基于CIM平台的能力优势，接入园区海量情报数据，通过和园区实际业务单元的数据模型、深度学习算法相结合，可实现对园区发展规律与未来趋势的仿真推演。仿真推演与CIM高精度还原、精确定位、三维呈现的能力结合起来，不仅能提高效率和准确性，还能更直观、更清晰地呈现分析结果，辅助园区科学决策指挥。

12.8.4 应用实践

（1）湖南省长沙市马栏山视频文创产业园区数字孪生园区管理平台实践

园区总面积15.75平方公里，园区践行科创加文创，着力发展数字经济，重点发展5G、4K/8K、云计算、区块链、人工智能等新兴产业。数字孪生园区管理平台，以CIM为支撑，整合多源时空大数据，实现三维建模、动态表达、仿真模拟和虚实交互。通过构建园区全方位立体三维模型，实现宏观与微观一体化、室内与室外一体化、地上与地下一体化的数字孪生场景还原。以真实、精细、鲜活的场景为依托，面向园区运营管理需求，打造业务功能模块和服务能力，通过建立园区业务主题和综合运行指标体系，从园区招商引资、产业发展、安防监控、节能降耗、便捷通行、应急处理等各个方面赋能园区运营管理，实现感知触发、多维响应、协同联动的业务闭环，通过数据的全面汇聚、深度融合、多维分析，充分释放数据价值，实现数据驱动的科学决策，助力园区可持续运营发展（图12-40）。

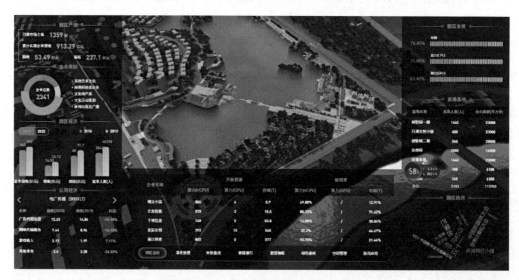

图12-40　数字孪生园区管理平台示例

（2）上海徐汇西岸传媒港文化产业园区智慧园区实践

园区建筑面积达100万平方米，将作为未来核心区域承载创新创意、文化、金融等多元业态集聚，作为示范园区展示多元发展的城市功能。园区通过建设统一的

CIM平台，在助力智慧停车、智慧消防、智慧安防等业务开展方面取得了良好的效果。以智慧消防为例，基于CIM的高精度数字底座和IoT能力，将消防监控系统、消防水系统、消防排烟系统和电气防火系统等物联感知数据汇聚，结合基于CIM可视化的智能疏散系统、可视图像早期火灾报警系统和消防巡检系统，将视频信号进行AI自动识别和预警，对火焰、烟雾、消防通道占用等进行识别，提升了消防安全智能化管理手段（图12-41）。

图12-41　园区智慧消防应用示例

（3）天津渤化集团化工产业园区智慧园区实践

园区是该直辖市国资委直接监管企业集团，拥有国有控股企业163户，公司主要产品覆盖大多数化工原料和化工制品。通过建设园区CIM平台，整合多源时空大数据，打造以CIM平台为支撑的园区智慧应用。如：1）生产区域人员定位：基于CIM的数字底座，构建园区和厂区建筑模型，建立无线测距的高精度室内定位，对人员的实时位置、巡检管理、历史轨迹、是否跨越电子围栏等情况在CIM地图上可视化显示，既是对人员进行有效的管理，也是安全生产的监测工具。2）高空瞭望：基于CIM的数字底座，建立可见光+激光+热成像三视窗高空立体监测网，一张图监控全园区，既可以使园区监控无死角，又能实现园区周边的瞭望监控，在火情识别、确认、精准定位方面取得良好应用效果（图12-42）。

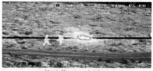

热成像识别火情

过滤园区内正常火源

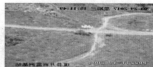

自动变焦确认火情

图12-42　园区基于CIM的高空瞭望示例

12.9 城市设计

12.9.1 建设需求

城市设计是落实城市规划、指导建筑设计、塑造城市特色风貌的有效手段，贯穿于城市规划建设管理全过程。通过城市设计，从整体平面和立体空间上统筹城市建筑布局、协调城市景观风貌，体现地域特征、民族特色和时代风貌。改革开放以来，城市设计理论和实践得到蓬勃发展，但建立城市设计的长效管理机制却成为实践中的难点。2015年，中央城市工作会议提出要加强城市的空间立体性、平面协调性、风貌整体性、文脉延续性，留住城市特有的地域环境、文化特色、建筑风格等"基因"。2021年，住房和城乡建设部要求对历史文化遗产及整体环境实施严格保护和管控，将历史文化保护线及空间形态控制指标作为实施用途管制和规划许可的重要依据。随着国家对城市设计编制和管理方法的要求不断提升，城市设计管控与信息化技术的结合将成为未来城市设计管控能力提升的突破口。

（1）城市设计方案需科学化

城市设计方案主要对城市重要节点建筑和公共空间进行设计。传统的城市设计编制通过设计人员现场的调研勘测，编制城市设计方案，成果主要为意向化的简单模型表达，真实的空间体量关系以及与周边环境的协调关系难以被直观表达，导致城市设计如空中楼阁难以落地。

借助三维信息技术，建立三维城市实景与城市设计间的连接，可多方位辅助城市设计。在设计方案之前，依托上位规划成果管控，如限高、退线、贴线率等，随机生成地块设计的体块方案。结合地方城市风貌特点，明确方案设计重点；在设计过程中，借助天际线、通视、视廊、色彩等手段对方案进行修正和优化。在方案汇报过程中，方案决策者可利用信息化手段的三维对比和量化分析功能，直观比对、量化方案的优劣，选择最科学的城市设计方案。

（2）编制管控手段需有效化

城市设计成果的管控包含建筑高度、体量、退距、间距、风格、色彩、开敞空间、天际线等多方面，是一个系统性很强的体系。在以往规划管理中，经编制人员反复推敲设计论证的设计成果以文字描述和一定数量图纸为主，在具体的实践过程中，内容查阅不仅烦琐，而且难以核对建筑方案是否符合规划管控要求（尤其是需要定量化的指标）。同时，这种缺陷也影响了审批人员对方案意图的理解，降低了审批效率。除此之外，我国的规划编制与管理尚缺乏规范的城市设计核心要素控制体系，当遇到如控制要素和内容深度标准不一等问题时，容易导致管控要求不明确、方案难以落实的尴尬局面。

借助信息化手段，能够将规划编制要求和城市设计成果实体转化为计算机可以识别的数字化要素，有助于城市设计成果与基础地理和现状城市三维模型对接、保证现状数据全面支撑城市设计，也有助于城市设计与上位规划成果进行有效衔接，推动规划管控要素的层层落实。

（3）城市风貌需特色化

随着城镇化的快速推进，全国各地城市日趋雷同所产生的"千城一面"问题与人们对城市特色塑造的需求提升所产生的冲突要求更加重视城市设计工作，深入挖掘地方文化、景观特色，形成各具特色的城市景观。

依托城市三维底板，一方面解构地方建筑风格、景观地标、历史文化保护等要素，确定地方城市风貌塑造基点，指导城市设计风貌节点塑造；另一方面，将城市设计编制成果落宗于城市三维实景之中，从第一视角或第三视角观察城市设计成果与周边三维实景及重要节点的协调关系，借助视廊分析、通视分析、天际线分析等手段，因地制宜构建城市天际线、景观轴线、城市地标等，打造地方城市特色窗口。

此外，拓展公众信息渠道，直观展示城市、片区、地块等不同层级城市设计成果，广泛征求公众意见，激发公众积极性，借助群众力量优化城市设计成果，保护地方传统文化，打造特色宜居邻里街巷空间，也是后续城市设计需解决的特色化问题之一。

12.9.2 建设内容

为实现城市设计全流程信息化，满足前期阶段的数据准备和信息收集，设计阶段的智能设计和后期的辅助审查，城市设计信息化建设通常包括城市设计一张图、辅助城市设计、管控要素审查、智能辅助分析和规划设计公众参与等模块。

（1）城市设计一张图

城市设计工作是在大量的城市基础空间信息和规划编制要求数据上开展的，对这些数据进行整合管理，形成城市设计一张图，是进行城市设计的第一步。按照数字化谱系，对城市设计成果和规划管控要求进行数字化录入，如图12-43所示，形成覆盖总体层面、区段层面、地块层面及专项层面等不同层级的城市设计成果一张图，并以一张图为索引，进行总体层面、区段层面、地块层面及专项层面城市设计编制成果的有效整合和内容查阅、城市设计管控要素的二三维可视化查看和可量化分析等，以满足规划编制时规划要点的核提及城市设计时规划要点的下达。

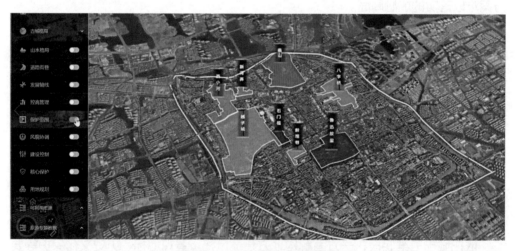

图12-43　城市风貌保护区索引

（2）辅助城市设计

借助数字化建模的技术手段，可帮助技术人员快速高效地完成城市设计工作。设计人员可直接对二维设计矢量图进行高度拉升，模拟规划草图设计，也可对白模进行高度、位置、朝向、纹理属性调整，如图12-44所示。除了辅助设计人员进行基本的方案设计，还可通过同屏对比的方式，帮助技术人员更直观地感知方案之间的设计差异，选择最优设计方案成果。

图12-44　城市设计方案调整

（3）管控要素审查

依托上位城市设计成果与管控要素要求，支持对城市设计成果硬性管控指标的智能化审查，提高效率和准确性。在管控要素审查时，对控制盒子进行审查、对控制线进行检测，包括建筑限高、建筑退让、方案规划指标等，对不满足管控要求的建筑模型或建筑区域进行筛选和定位，筛选出不符合规范的设计成果，导出审查报告，提高审查效率，优化设计方案，如图12-45所示。

图12-45　建筑限高审查

（4）智能辅助分析

借助景观风貌分析、天际线分析、色彩分析、沿街立面分析、沿路通视分析、可视域分析、交通组织分析、开敞度分析、建筑体量、日照时长分析、建筑间距分析等可以实现用户分析城市天际线、建筑色彩、开敞度等是否符合要求，并根据智能推荐结果进行方案的调整和优化的目的。其中，场景浏览作为最重要的智能辅助分析手段，可以让用户以第一视角直观感受城市设计成果与三维实景城市的空间尺度关系，分析城市设计方案在景观廊道、沿街立面等方面的空间设计是否合理、舒适，如图12-46所示。

图12-46　色彩分析

（5）规划设计公众参与

搭建公众参与模块，为市民参与城市设计工作创造渠道。通过立体展示待公示征求意见的城市设计成果以及其与周边城市三维实景的空间关系，方便公众直观感受城市设计成果，从而对城市设计方案提出更具有针对性的反馈意见。同时通过城市故事汇、移动规划设计调研等功能模块，收集公众日常生活文化活动，提炼区域文化特征，从而为创造符合市民生活生产要求的城市设计方案提供丰富的群众基础。

（6）与CIM基础平台对接

CIM基础平台为开展城市设计工作提供了基础数据支撑、功能服务以及接近真实的周边三维场景，城市设计则丰富了CIM基础平台的数据底板。CIM基础平台让城市设计更加考虑人的真实体验和地域原本特征，为建设富有人文情怀和特色风貌的城市提供可能；城市设计成果是引导未来城市建设和发展的"蓝图"，将城市设计成果数据整合到CIM基础平台，从时间维度上扩充了CIM基础平台数据库，为未来基于"蓝图"而进行的其他规划建设提供了数据基础。

12.9.3 效益分析

（1）经济效益

通过信息化手段，以数字化方式管理城市设计成果，以动态化的方式对方案进行修改和优化，实现了在三维可视化及协同工作模式下的规划设计，革新了城市规划设计工作模式。另外，在三维可视化和管控条件可量化条件下进行城市设计，不仅减少了规划设计和图纸返工次数，也提高了规划设计成果的科学性和审批实施的有效性，节约了城市设计成本。

（2）社会效益

借助信息化手段的量化优点，设计阶段得到的城市设计成果符合基本管控要求，定量化指标是否满足要求"一秒"可知，审查阶段工作人员的工作效率大大提高，节省了人力成本、提高了办事效率。同时，利用三维可视化城市设计，不仅有助于构建独特的城市天际线、城市专属观景点等，为打造城市特色名片创造可能性，也让城市的设计者与管理者更加关注生活在城市中人的需求和体验，践行了"以人为本"的理念。

12.9.4 应用实践

2017年，住房和城乡建设部印发《关于将上海等37个城市列为第二批城市设计试点城市的通知》，将荆州市列为试点城市之一；同时，湖北省住房和城乡建设厅也提出建立城市设计数字化信息平台，并与行政区域内已有的控制性规划数字化管理平台相衔接的要求；荆州市人民政府也明确提出"根据建设'江汉平原现代化中心城市和长江中游重要中心城市'的要求，通过三年努力，实现城市设计成果在重点地区的全面覆盖，完善城市设计地方技术标准和管理规定，并建立具有荆州特色的城市设计管理制度和工作机制"。因此，为落实国家、湖北省、荆州市的要求，服务于荆州市的城市设计规划编制、审查及成果管理工作，建立了城市设计辅助决策系统。

荆州市城市设计管理辅助决策系统针对全市城市设计成果数据标准不统一、各级规划管控要求不一致、各项城市设计缺乏衔接协调等问题，将荆州总体设计、区段设计、地块设计、专项设计等不同层级的设计成果整合管理，搭建城市规划设计成果一张图，数字化管理城市规划设计成果，并依托数字化成果，生成城市设计控制盒子，支撑项目控制盒子审查、控制线监测以及天际线、建筑色彩、沿街立面、沿路通视、可视域等辅助要素分析，智能辅助荆州市的城市设计方案优化和审查。通过城市设计辅助决策系统建设，不仅使荆州市城市数据管控趋向于集中化、统一化和共享化，同时，也强化了荆州市信息化管理能力，为全面精细规划、科学管理提供了强有力的技术支持。

荆州市城市设计管理辅助决策系统采用先进、成熟的技术。平台化的开发方法便于系统灵活扩展和功能复用；面向服务的系统框架，具备快速搭建、封装变更的能力；最新的3D加速渲染Web GL技术，能够充分借助系统显卡绘制和渲染复杂三维图形，实现了"实用性、先进性、开放性、标准性、安全性"的统一，为系统集成运行、技术升级提供了保证。该建设成果在城市设计的规划编制、审查及成果管理工作方面能够发挥试点示范作用，为全国推广城市设计工作总结经验。

12.10 城市体检

12.10.1 建设需求

我国城镇化率已超过65%，城市发展进入城市更新的重要时期，但长期以来，由于忽视减量集约，"城市病"在一些地方日趋严重。在城市建设中，虽然重视编制规划，但规划的延续性不足，无法完成城市规划建设的法定蓝图，成为引发"城市病"的一个重要因素。在大数据与新技术发展的时代背景下，规划实施评估具备了实时性、动态化、精细化的优化可能，城市体检机制应运而生。而CIM基础平台作为现代城市的基础支撑平台，是提升城市治理的重要手段，将CIM基础平台与城市体检相结合，有助于推动城市智慧建设的高质量转型，为解决"城市病"提供有效帮助。

为贯彻落实习近平总书记关于建立"城市体检"评估机制的重要指示和中央城市工作会议精神，推动建设没有"城市病"的城市，促进城市人居环境高质量发展，从2018年开始，住房和城乡建设部会同北京市开展城市体检工作。2019年4月，住房和城乡建设部选择沈阳、南京、厦门、广州、成都、福州、长沙、海口、西宁、景德镇、遂宁市11个城市开展城市体检试点工作，要求建立统一收集、统一管理、统一报送的城市体检评估信息平台。2020年，在全国范围内选取36个样本城市开展城市体检工作，2021年，样本城市数量扩大至59个，覆盖所有省、自治区、直辖市和部分设区的市。

经过4年多的实践探索，围绕生态宜居、健康舒适、安全韧性、交通便捷、风貌特色、整洁有序、多元包容、创新活力8个方面构建了问题导向、目标导向、结果导向相结合的体检指标体系，形成了城市自体检、第三方体检和社会满意度调查相结合的城市体检工作方法，城市体检成为统筹城市规划建设管理、推动城市建设绿色发展、科学实施城市更新行动的重要抓手。各地普遍反映，城市体检工作增强了地方党委和政府贯彻新发展理念的思想自觉、政治自觉和行动自觉，提高了城市工作的整体性和系统性，有力促进了城市高质量发展。

《住房和城乡建设部关于开展2022年城市体检工作的通知》（建科〔2022〕54号）进一步明确了平台建设的要求，提出各地要运用新一代信息技术，加快建设省级和市级城市体检评估信息平台，实现与国家级城市体检评估信息平台对接。加强城市体检评估数据汇集、综合分析、监测预警和工作调度，建立"发现问题—整改问题—巩固提升"联动工作机制，鼓励开发与城市更新相衔接的业务场景应用。

（1）城市问题的综合诊断

人口膨胀、交通拥堵、环境污染、生态恶化、就业困难、住房紧张等"城市病"是困扰了我国乃至全世界多年的问题，如何"把脉"，怎样"开药"一直是社会关注的焦点。城市体检基于全面的城市体征指标体系，能够从生态宜居、健康舒适、安全韧性、交通便捷、风貌特色、整洁有序、多元包容、创新活力等多个角度对城市前期运行状态进行全面、系统、定量评估，并通过详细摸查，找到城市发展中的重点"城市病"，且能根据各指标的测算结果，对"病灶"本源及关联因素进行分析，开出针对特定病症、特定病情的"良方"。

（2）城市建设的动态监测

与"人体生命有机体"疾病治疗一样，"城市病"的治疗离不开常态化的监测分析。城市体检正是基于全要素、全方位的实时监测，通过及早发现问题、分析原因、找出症结、及早破解等过程来实现对城市规划建设在长时间内的、多尺度上落实情况的追踪、检查与评估。除此之外，城市体检够通过仿真模拟手段构建预测预警模型，模拟城市未来发展态势，提高城市风险防范能力，使城市更安全、更高效。

（3）城市治理的提质增效

在全面评估城市运行状态、找到主要"城市病"、并拿到"药方"之后，便是关键的治理实施环节，实施环节中的行动调度、实施监管、传达反馈都影响着城市治理的质量和效果。城市体检基于"诊断书"，能够明确"城市病"和治理实施重点，可对城市治理方案的开展行动进行指导和调度，并对下一步工作进行计划。其次，通过实时汇总各项指标的完成情况、存在问题、主要原因等评价结果，识别偏离城市功能定位、突破发展底线、违背指标目标方向等问题，可对实施进行监管。最后，根据项目库的滚动实施、治理结果传达反馈，可对治理成效进行评估，以落实城市治理实施的重要环节，提高城市治理能力。

12.10.2 建设内容

城市级平台依托CIM基础平台，引入物联网、互联网等多源大数据，融合人工智能、大数据、GIS等信息技术，围绕城市体检评估指标体系，实现城市、区（县）、街道、社区不同尺度空间的精细化分析与管理，形成"体检评估、监测预警、对比分析、问题反馈、决策调整、持续改进"的城市规划建设管理闭环。平台除具备城市体检评估数据采集、监测预警、分析诊断等基础功能外，鼓励开展专项应用场景的建设。

（1）数据资源建设

利用CIM基础平台提供的开发接口或开发工具包，获取城市体检评估管理信息平台需要的城市空间底板，在此基础上建设城市体检评估数据中心。

（2）平台功能建设

1）数据采集

针对城市内部各职能部门报送的相关数据，实现城市体检评估数据的采集。功能包括：

城市体检评估指标相关的非空间数据的采集，包括指标名称、指标单位、指标值、指标解释等；

城市体检评估指标相关的空间数据采集。

2）体征分析

对城市体检评估的结果进行全方位分析，查看城市的诊断分析结果。功能包括：

城市体检评估指标总览分析；

围绕城市体检评估指标体系，对城市诊断分析结果以地图、图表、数据列表形式进行可视化展示；分析内容包括指标值、指标拆解值、标准值、对标说明，指标相关的空间要素数据；

根据不同年份的城市体检评估指标数据进行趋势分析；

同对标城市进行指标的对比分析。

3）监测预警

利用人工智能、大数据、物联网、GIS、遥感等信息化技术，智能监测跟踪城市体征，当超出标准值一定范围时进行警示。功能包括：

通过城市体检评估指标值与指标标准值的对比，进行监测预警；

构建智能监管模型，分析识别超出标准值一定范围的指标，并推送监测预警结果。

4）问题诊断

通过关联指标的综合分析，诊断城市问题。功能包括：

对城市体检评估指标相关的空间数据、非空间数据的综合分析，从城市—区县—街道—社区逐层下钻，查找问题；

查看城市年度问题清单，指明问题的严重等级。

5）智能计算

智能计算是利用城市体检评估大数据中心汇聚的数据资源，围绕城市体检评估指标体系，建立集成GIS空间分析的指标模型，可自动完成指标值的计算，查找城市存在的问题。功能要求包括：

进行数据汇聚、数据治理、数据分析、数据挖掘与预警的全过程智能数据管理，提供完善的城市级平台数据更新机制，规范城市级体检评估指标体系；

一键生成报告；

动态指标计算。

6）数据管理

实现城市级平台各类数据资源的浏览、查询、统计，管理数据交换接口的使用情况。功能包括：

提供数据资源目录，实现市级基础数据、体检评估数据、专项数据的浏览、查询与下载操作；

进行空间计算与分析统计，并输出结果；

提供数据交换接口的管理功能，记录接口的使用情况。

7）指标管理

对城市体检评估指标体系及指标项进行动态维护。功能包括：

创建、修改、查阅城市级指标体系；

维护指标项的对标值、对标来源、指标解释等信息；

根据每年变化的指标体系动态生成当年的指标表。

8）系统管理

实现城市级平台用户管理、权限管理、密码管理等功能。功能包括：

用户的创建、修改、删除和搜索功能；

用户权限的分配与管理，平台包括管理员、普通用户和资源下载用户等类型：管理员具备管理系统用户、管理日志的权限，普通用户具备对平台业务模块浏览、查询权限，资源下载用户具备对系统数据资源下载的权限；

对用户密码设置、修改等操作。

9）X个应用场景

围绕城市发展目标和政府工作重心，开展多个专项应用场景子系统的建设。以信息化的手段，全面支撑专项应用场景从体检、规划、建设、管理、反馈评估的全过程。专项应用场景包括：城市更新、城市绿道建设、历史文化名城保护、TOD（以公共交通为导向的发展模式）、完整居住社区、海绵城市建设、安全城市建设、保障性住房等。

专项应用场景子系统围绕专项应用场景的评估指标体系，通过多种途径和方法实现指标的自动提取与计算。结合人工智能、大数据、GIS等技术建立智能模型，实现对专项的监测预警及智能决策。结合仿真模拟、时序分析等技术，优选规划建设方案，科学制定建设计划。在实施阶段，实现建设项目的跟踪和实施评估。

（3）与CIM基础平台对接

在强化城市体检评估管理信息平台技术支撑的总体要求下，越来越多的地区在城市体检过程中，重视城市体检评估管理信息平台建设同CIM基础平台的融合应用。城市体检评估管理信息平台与CIM基础平台的对接，是一种相辅相成的关系。一方面，CIM基础平台为城市体检提供了数据及技术的有效支撑。另一方面，城市体检评估的结果为CIM基础平台提供反馈，进一步助推CIM基础平台的发展。

在数据上，CIM基础平台的时空基础、资源调查、规划管控、工程建设项目、公共专题等数据的接入能够实现城市体检指标的自动计算，支撑城市体征诊断。建筑、市政设施、气象、交通、生态环境、城市安防等物联感知数据监测支撑城市建设的动态监测与预警。同时，城市体检诊断结果、城市更新项目跟踪情况及实施成效评估反馈给CIM基础平台，能够丰富基础平台数据底板，推动数据更新迭代。借助CIM基础平台汇聚的多源大数据，建立"感知—诊断—评估—治理—反馈"的全过程信息化应用。

在技术上，CIM基础平台可以将城市体检指标与CIM基础平台二三维空间数据底板叠加，为识别、分析、诊断城市问题提供直观的感知视角，使城市体检诊断更加准确。另外，结合人工智能、大数据、GIS等技术，利用CIM基础平台提供的空间分析技术对实施方案进行仿真推演，推动治理实施方案不断优化，提升方案的可落地和可实施性。

12.10.3 效益分析

以CIM基础平台为基础，建设城市体检评估信息平台，其效益有如下几个方面。

（1）社会效益

1）改善人居环境提高人民生活满意度

通过城市体检评估平台的建设，可以全方位、多途径采集城市综合指标数据，全面客观分析城市人居环境存在的问题及不足，找准"城市病"根源，制定城市建设规划，以科学规划为引领，不断优化空间结构，促进产业集聚，增强城市功能配套，持续改善城市人居环境，提升人民生活满意度。

2）为提高城市治理水平提供科学的决策支持

城市体检既可以实现对城市发展质量的总体把控，也可以精准地发现解决城市问题。通过常态化、精细化的城市体检工作，支持在城市发展决策前期的决策准备阶段，搜集基础资料，发现城市问题，明确城市治理决策目标，同时，在后期的决策治理成效评估上，依托指标体系对政府决策成效进行追踪，从而实现城市发展的系统研究、科学分析和预警研判，为提高城市治理水平提供决策支持。

（2）经济效益

1）有利于优化投资减少浪费

以往的城市体检评估工作，遵循"一年一体检、五年一评估"的工作制度，即每年需要投入大量人力物力按政府项目招标投标流程后，逐年产出年度城市体检评估报告。建成城市体检评估平台后，可将大量具体工作由分散整合为集中，由阶段提升为常态，由人工转化为系统，大大提升了城市体检工作的时效性和工作效率，同时最大程度地优化投入产出比，满足更高的经济效益。

2）有利于政府决策成本效益的优化

通过城市体检评估平台的建设，统筹决策各方因素，不仅考虑决策所带来的货币效益分析，而且也考虑决策所带来的非货币效益，即更多的诸如社会稳定、社会福利、环境保护等方面的效益。使得政府在选定决策方案时能优先选择代表公众利益最大化的决策，降低决策的机会成本，达到政府决策成本效益的优化。使得经济预测、决策得以系统化、业务化运行，为领导提供决策辅助，将大大缩短领导决策的时间。

3）降低城市体检工作执行成本

相关政府机构作为城市体检工作的牵头负责单位，通过自身大量的人力和委托第三方机构的产出，完成城市体检工作报告，建设城市体检评估平台可常年持续复用支撑城市体检评估工作，省去了每年度大量的人工成本，大大降低执行成本。

12.10.4 应用实践

案例一：福州市

2019年，作为11个首批城市体检评估试点之一，福州市积极响应"研发城市体检评估信息平台，为城市体检全面提供技术支撑"的试点要求，以'数字福州'建设主要成果"福州时空信息公共服务平台（CIM1.0）"为基础构建城市数据底座，实现城市管理各数据的快速归集和监测分析。通过数字可视化展示技术，直观描述城市治理的空间形态及其属性，实时把握城市发展变化的基本情况。如图12-47所示。

福州市通过建设"城市体检"信息服务平台，建立起了一套"城市体检"协调统筹机制，利用多源大数据进行城市体检与评估，建立"感知—诊断—评估—治理—反馈"全过程信息化应用，可监测城市体征，开展综合诊断分析，形成体检报告并提出综合性辅助决策建议，辅助决策建设内容包括城市建筑沉降与形变监测预警分析、城市自然与建成环境微观监测、城市交通动态分析与TOD发展分析、城市营商环境分析与评估、历史街区保护与传承分析、社区精细化管理与服务动态评估

图12-47　福州市城市体检评估信息平台示意图

六大专题。城市体检评估信息平台已成为智慧城市建设的重要抓手，助力城市实现智能化城市管理。

案例二：广州市

广州作为全国首批CIM试点城市之一，率先开展CIM基础平台建设试点工作，目前广州市CIM基础平台已汇聚了智慧广州时空信息云平台、"多规合一"管理平台、"四标四实"等多个来源、多种格式的数据，涵盖了550平方公里现状精细三维模型以及华工国际校区一期等300多个BIM单体模型，为广州市智慧城市的建设提供了基础底座支撑。

在城市体检中，广州市按照"数字城市""智慧城市"工作要求和"以区为主、市区联动"的工作思路，着力打造集"数据采集、动态更新、分析评估、预警治理"功能于一体，全市统一收集、统一管理、统一报送的综合性城市体检服务平台。以"线上为主，线下为辅"的模式进行指标填报工作，有效实现了全市25个部门在线联动报送数据和指标实时计算。以各部门数据为基础，广州市构建了城市体检全市"一张图"，分层分级展示体检结果，与CIM基础平台、"穗智管"城市运行管理中枢深度融合。实现多平台协同发挥大数据优势，提高城市精细化管理水平，如图12-48所示。

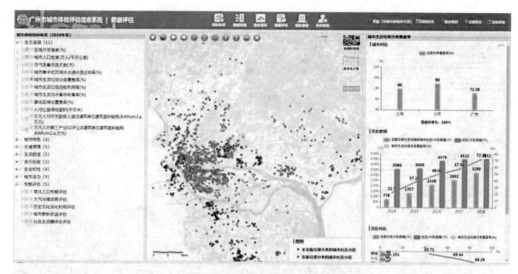

图12-48　广州市城市体检评估信息系统示意图

案例三：杭州市

2020年，杭州以"数智杭州•宜居天堂"为发展导向，探索数字赋能背景下城市体检的"杭州方案"。杭州利用部门数据、城市大脑开放接口数据、开源大数据进行互补校核，形成有效的整体感知。另外，杭州依托数字化改革的优势，在开展城市体检的过程中，同步搭建CIM基础平台，结合杭州"城市大脑"数据资源，分阶段、分模块建设数据采集、上报、统计、分析、反馈的基础平台，完成城市体检九大专项指标可视化展示子系统的开发，对城市体征感知做了初步探索。从"城市大脑"的8000余个数据接口中，筛选并获取用于支撑体检指标分析工作的64条实时动态数据，实现城市的感知监测。同时，针对城市关注的公服设施补短板相关问题，实现专题化研究展示及反馈。通过不断完善，将逐步形成"动态监测、定期评估、问题反馈、决策调整、持续改进"的人居环境数字化、精细化治理的闭环，最大程度助力杭州"数字治理第一城"建设，如图12-49所示。

案例四：成都市

成都市采取市区两级同步体检、整治与体检同步开展的"双同步"工作模式，将城市体检工作由市级层面扩大至中心城区，市区两级同步建立工作机制。

在推进城市体检工作过程中，成都市已搭建起城市体检评估信息平台。以各部门数据为基础，进行全方位、多途径、分区域、分阶段的实时指标填报工作，形成城市综合指标数据，实现数据自动预警，精准预判。通过大数据手段实现"数字城

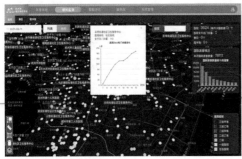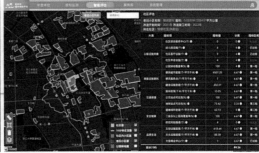

图12-49　杭州城市体检信息平台

图12-50　成都城市体检评估信息平台

市""智慧城市"目标，嵌入"城市大脑"推动城市智慧治理。

结合新型城市基础设施建设，成都市仍在逐步探索建立集数据采集、指标计算、指标分析、问题诊断、整治预案、集成展示等功能于一体的城市体检信息化平台，与CIM、BIM互联互通，深度挖掘"城市体检+场景"应用。旨在为城市安全韧性、健康舒适、生态宜居等提供数据支撑，提升城市现代化治理水平，促进城市高质量发展，如图12-50所示。

12.11 城市更新

12.11.1 CIM/BIM技术在城市更新中的运用

城市更新项目是一项复杂的系统工程，需要平衡好政府、合作开发企业、市民三方的利益，无论是风险、成本、周期都大于一般的开发项目。由于城市更新的多元性和复杂性，其方案的编制与审查都要实现"高效管控"与"多元协同"。

"高效管控"涵盖三方面主要内容：一是方案编制阶段全过程"精细化"，即减少现状基础数据测量、经济平衡测算、规划布局设计过程中的数据误差，确保编制方案的建设可行性；二是方案编制成果"规范化"，数据处理、经济测算需严格遵守相关政策，确保方案成果符合相应技术标准与规则；三是方案信息即时共享，需建立最简洁、最快捷的信息共享平台，支持政府各职能部门及时获取方案并反馈意见，实现联审决策的"高效化"。

"多元协同"是城市更新保障公众权益的重要途径，其关键是实现编制单位、政府部门、社会成员三者高效进行共商、共议、共同决策。更新方案在编制和审查阶段，都需要综合经济、社会、文化、环境等要素，充分论证方案的经济性、合理性，促使方案落地实施。

由于数据经多软件、多平台的人工转换，形成误差叠加，极大降低方案精准度；审查人员专业技术参差不齐，导致方案多轮修整，降低编审效率；各方主体因平台缺失，导致信息交换滞后，无法及时反馈真实、全面的意见情况。传统的城市更新方案编审工作，基本无法满足"高效管控"与"多元协同"的目标，需要借助CIM/BIM技术。

CIM运用于城市更新，具有三重含义：

1）模型含义，CIM是包含城市所有设施物理特性和相关信息的数字模型。编制单位主导的方案编制阶段，可运用CIM进行基础数据获取与分析、经济平衡测算、建筑总量估算、规划布局。

CIM是城市三维全要素全空间信息的汇聚、融合、管理和应用，实现信息、技术、业务的协同联动。还可以实现与实体物理城市同步的"数字孪生"，强调城市信息的汇聚和可视化，实现对城市更新过程的真实再现。

2）平台含义，CIM是一个可以存储、提取、更新和修改所有城市相关信息的数字化平台，在城市化的全过程中发挥作用。城市更新的相关部门可以在CIM平台上实现数据的共享和信息的传递，可运用CIM进行基础数据核查、用地方案审查等。

CIM平台最大的意义在于可基于CIM平台的统一三维空间底板，实现各类既有信息平台的整合、联动和反馈。CIM平台整合了城市人口、房屋、单位等多项专题数据，并与空间实体数据实现了有效挂接，可为城市级的更新建设提供有效支撑。

CIM平台的建立，有助于打通各领域各行业的信息和模型在城市管理各环节的横向和纵向流通。以CIM平台为桥梁，协同城市规划、交通、市政、建筑、道桥、园林、公共安全各领域，整合不同领域的规划、历史、现状的多源数据和信息，有助于构建全面的城市数据空间资产。

融合大场景GIS+小场景BIM+物联网IoT技术的CIM平台，为城市提供各类空间场景无缝切换，各类信息全面实时传输提供了新的手段。

3）行为含义，CIM将城市各种信息收集、整理、存储，并运用于城市更新的规划、设计、分析、运维阶段，搜集并反馈政府、专家学者、相关权利人、实施主体的建议或意愿，为决策提供支持的过程。

基于CIM平台可实现城市拆迁量、受影响人口、经济投入量的定量估算，可快速为决策部门提供方案支撑，提高方案编制与调整效率。高效输出地块容积率、建筑强度等属性表格、可视化建筑形态等内容，在提升了设计单位进行快速调整、试错的工作效率的同时，更方便政府职能部门、专家、社会成员理解并提供方案意见。

12.11.2 效益分析

在城市更新中，运用CIM/BIM城市与建筑信息模型具有以下技术优势：

1）CIM是面向城市的全生命周期、全要素管理的信息化模型，运用CIM技术，形成多维立体的城市级时空信息模型，为城市更新提供综合展示，使城市更新过程中的城市设计更加全局化。

2）BIM技术能够组织、追踪和维护项目全生命期的信息，以保证项目信息，不仅大大提高了设计质量，指导后期施工，而且方便项目整个生命周期的维护管理工作。运用BIM技术，使城市更新过程中的建筑设计更加精细化。

3）运用CIM/BIM技术，具有数字孪生、虚拟现实的城市更新的规划/建筑设计真实体现建成后的效果，让决策者、建设方、使用者更具有真实感和获得感。

4）CIM将城市的底层数据格式统一、数据流转规则清晰、系统对接接口标准化，有利于在CIM基础之上集成各类管理系统，有利于降低不同应用独立开发相互之间的冗余水平，有利于打破数据孤岛，实现城市各类数据间的互通互联。

5）CIM搭载的智能算法经过城市应用场景训练，与人工智能技术的结合，可以提供城市的安全防范预警机制、应急问题处理机制、城市运营管理优化机制等，支持并优化城市管理与运营维护者的相关决策，使未来城市更安全、更节能、更高效、更智慧。

因此，利用CIM平台的信息化、规范化手段，可以提升城市更新项目的编制与反馈效率；智能辅助决策较大程度地缩短了工作时间，减少了人为误差，具有推广与复制的意义。

（1）缩短基础数据处理时间，提高数据精准度

城市更新改造所使用的基础数据通常需经过入户调查、采集数据、内业数据整理、政府数据组织审查等多个环节，从数据工作启动到成果稳定，周期很长。基于CIM的高效数据处理、高频率方案反馈，极大地提高了城市更新的工作效率。

（2）在提升项目编审效率的同时，规避行政风险

在城市更新改造阶段，CIM可在一定程度上完成数据采集、分类、公示工作并形成数据记录，提升经济测算与用地布局的编审效率，确保基础数据高效、准确、公正，为相关利益方构建透明、坚实的方案协商基础。

（3）保障方案编审与方案实施协调、统一

可在编制过程中深化方案分析，提供论证视角支撑方案审查，完善方案优选模块与智能报批模块，保障方案合理可行。除测绘、规划、建筑领域，CIM还可深入经济领域，对原建筑拆补方案、复建或融资房土地价值、拆补时序与资金运作均提出建议，将应用视角从方案编审延伸到项目实施。

（4）协助更新项目建设监管

在实现数据管理和资金预判的基础上，CIM可进一步协助政府开展基础数据监管、建设数据统计、固定投资监管等工作，通过实时掌握数据变化情况，更有效、更科学地管理更新项目，同时对突发事件提供应对措施。

CIM作为顶层架构进行规划，基于BIM+GIS+物联网技术建立起来的三维城市空间模型和城市信息综合体，组建城市管理平台，加载各类城市业务数据资源，集成对接智慧城市软件系统，可视化数据支撑体系，让城市全面感知，把所有的物联网数据与城市空间关联，运用前景广泛。广州、深圳、上海等城市，在将CIM技术运用于城市更新应用方面，已经开展了许多有益的探索。

12.11.3 场景运用案例

（1）新疆伊宁市东梁街片区城市更新项目——伊宁三中东城区分校

为了创建更加美好的城市空间，进一步提高城市规划建设品质，引领新型城市规划设计及建设理念，新疆伊犁州建筑勘察设计研究院有限责任公司建成伊犁州的CIM，包括：

1）覆盖全州域近3000平方公里的1∶2000数字高程模型、地形三维模型、数字正摄影像图。

2）州府所在地伊宁市市域160平方公里1∶500高精度数字高程模型、地形三维模型、88平方公里三维城市立体模型数据、1∶500真正射影像图、36平方公里三维地下管网模型信息数据，以及覆盖部分城区的建筑、桥梁、地下空间等专题三维模型和BIM模型；霍尔果斯市12平方公里三维城市立体模型数据、10平方公里三维地下管网模型信息数据。

3）特克斯18平方公里三维城市立体模型数据制作、1∶500地形三维模型、数字正摄影像图；霍城县23平方公里1∶500地形三维模型、数字正摄影像图，10平方公里三维城市立体模型数据、7平方公里三维地下管网模型信息数据；伊宁县33平方公里1∶500地形三维模型、数字正摄影像图，4平方公里三维城市立体模型数据。

伊犁州CIM平台基于全覆盖、全要素、全周期的海量空间数据资源，以及虚实融合、精准映射、仿真推演的核心能力，可接入资源调查、规划管控、工程建设、物联感知和公共专题等数据，汇聚规划、地形、地质、道路、地下管线、地下空间、地块建筑等模型，打造智慧城市的基础操作平台，让城市规划建设管理、经济运行、物联感知信息能够以空间为纽带汇聚集成，实现数字城市和现实城市的同生共长。

伊宁市古称宁远，始建于1762年，为清代伊犁九城之一，有维吾尔族、汉族、哈萨克族、回族、蒙古族、锡伯族、乌兹别克族、俄罗斯族等37个民族，是一座多民族混居的古城。在城市更新过程中，CIM技术发挥出巨大效用。

例如，伊宁三中东城区分校项目，项目总用地面积169270.00平方米（约253.9亩），规划总容积率0.54，建筑密度为15.60%、绿地率35%，停车位192个。地上总建筑面积85261.14平方米（近期），教学及辅助用房总建筑面积37217.59平方米，共设置班级数90个，容纳学生4500人；近期宿舍容纳人数3200人。

该项目位于多民族混居的老城区，运用CIM技术，在设计阶段可以通过CIM平台相关数据，基于统一的城市空间及管网、道路等城市基础设施的布局，在"多规合一"业务协同平台中协调景观风貌，进行多方案比选、红线和控高分析、视域分析、通视分析、日照分析等合规性比对，并通过仿真模拟和分析，更好地解决相关利益方的矛盾，为高效提供切实可行的方案打下良好的基础。

在规划审批阶段，实现工程建设项目全生命周期的电子化审查审批。由于CIM模型的可视性，不仅集成城市现状、规划、建设、运营全生命周期的城市数据信息，可进行基础数据核查，还可直观地进行多方案比较、方案审查等，并可直接向周边居民展示方案，规避行政风险，如图12-51所示。

图12-51 基地现状CIM模型和设计方案比较

项目建设和运营阶段，CIM可进一步协助政府开展基础数据监管，通过实时掌握数据变化情况，更有效、更科学地管理更新项目，促进工程建设项目规划、设计、建设、管理、运营全周期一体联动，不断丰富和完善城市规划建设管理数据信息，为智慧城市管理平台建设奠定基础，同时对突发事件提供应对措施。

（2）基于BIM技术既有建筑改造——东台市科创大厦

东台市高新区科创大厦位于江苏省盐城市东台高新区，项目总建筑面积38465平方米，建筑地上22层，地下1层，裙房4层，建筑高度92.6米。主要功能为办公、科研以及配套用房。该项目于2018年10月竣工投入使用。东台科创大厦项目建筑面积较大，基础设施设备系统多，日常管理工作量大。传统设施设备运行维护管理各个系统都是相对独立的，无法联动，独立采集数据，独立管理。如果继续沿用传统的人工管理手段，不仅难以满足日益增长的服务新需求，还将大大增加管理成本。这迫切需要通过信息化的管理手段，全面建设东台科创大厦高水平的设施设备的现代化管理平台。本项目旨在通过智能化、信息化管理手段，引入BIM技术整合设施设备分散的信息，集成控制通风、照明、报警、消防、机电、监控子系统，对设施设备进行可视化表达，形成反应快速、控制精确的管理机制，实现信息、资源和任务的共享，以降低设施设备管理难度，提高管理效率、设备利用率，降低运行成本，延长设备使用寿命，提高系统整体运作安全性、可靠性，实现建筑总体优化的目标，切实保障建筑的智慧运行，提升整体服务水平。

为满足绿色、智能运营管理需要，构建基于BIM的东台科创大厦运维管理系统，实现数字化、智能化、智慧化管理。东台科创大厦项目基于BIM的运营管理平台是该项目智能化系统的上层建筑，是所有智能化子系统的大脑，扮演着沟通者、监护者、管理者与决策者的角色。近年来，BIM的全生命周期的应用概念在大型公共建筑行业当中逐渐发展，结合建筑人员密集、设备密集、信息密集的特点，建设一套依托于BIM的运营管理平台，通过智能化系统的顶层设计，打通建筑智能化建设的最后一公里，保证建筑的服务品质，满足工作人员与患者对室内环境便捷、舒适的要求，使BIM运维管理平台成为建筑高效运行管理的重要工具，最终实现建筑安全、智慧、绿色的综合管理需求。

作为既有建筑，为实现数字化管控，本项目在实施过程中对部分硬件系统进行了智慧化改造升级，如表12-1所示。

东台科创大厦BIM运维管理平台硬件改造清单　　　　　　　　　　表12-1

序号	改造内容	备注
1	电动汽车充电桩	快充型；在大厦北侧现有车位处安装；如安装时对墙面与地面等产生破坏，需进行复原。同时支持本项目BIM运维平台数据传送
2	室外气象与空气质量监测设备	可监测温湿度、风速、风向、噪声、$PM_{2.5}$、TVOC、CO_2等参数
3	室内空气质量监测设备	可监测温湿度、$PM_{2.5}$、TVOC、CO_2等参数。1~9楼公共部位（如大厅或走廊）各安置1套，4楼大会议室安置2套，5~9楼共10个小会议室各安置1套
4	可显示室外气象与室内外空气质量的设备	一楼电梯厅安置一40吋左右的屏幕，可显示室外气象与空气质量以及1楼大厅的空气质量。同时支持本项目BIM运维平台数据传送
5	能耗分项计量设备改装	在地下配电房安装40个左右电能表计，以及2个左右水量表计。能实现数据上传功能，同时支持本项目BIM运维平台数据传送
6	灯具与开关的更换	全部灯具更换为节能灯，开关更换为触摸延时开关
7	大楼南侧、北侧、东侧出入口人员监控识别系统	可实现监控识别进出人员数量等情况，同时支持本项目BIM运维平台数据传送
8	BIM运维平台所需电脑（即服务器）	在满足消控室基本电脑操作需求的基础上，同时可实现本地化BIM运维平台的管理与操作
9	绿色宣传	进行绿色宣传，印制有关宣传手册以及宣传海报、贴纸；制定有关管理制度进行绿色管理

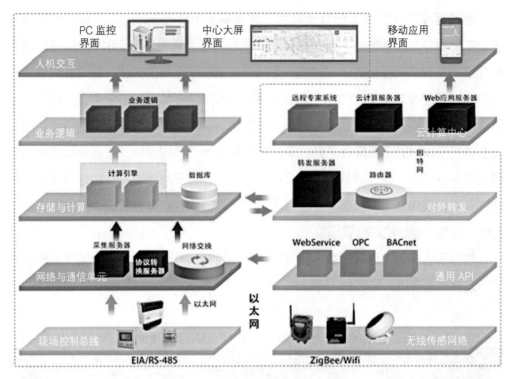

图12-52 BIM运维管理平台技术架构

　　BIM运营管理系统总体上是一个采用分层分布式结构的集散管理系统如图12-52所示分为三部分：下层为负责数据采集的现场设备层，包括各类传感器、计量表具、执行机构、采集传输设备等；中间为网络通信、存储计算和业务逻辑层，通过标准网络协议直接和物联网或工控网络相连，或者标准API接口监控各子系统，具有独立运行能力，实现各系统的监测和控制，将各子系统的信息进行采集和统一存储，使本来毫不相关的各子系统，可以在统一的平台上互相对话；并以此为基础实现业务集成管理和跨系统联动控制。然后，后台以运维阶段交付的BIM模型作为人机校核的载体，并将从设计至运行阶段积累在BIM模型中的信息进行利用，将信息融入业务管理流程，辅助运维管理；最上层为人机交互层，通过桌面端和移动端负责整个系统协调运行和综合管理，在特殊需求下也可以部署在展示或者监控中心的大屏，以方便宣传和指挥；最终，实现多终端多用户多功能的基于BIM的智能化集成运营管理平台。

　　通过搭建基于BIM的运维管理平台，实现了信息综合展示、环境管理、能耗管理、设备管理、安防管理、空间管理等功能，如图12-53所示。通过对建筑内各分类子系统的集成，建立综合BIM运维管理平台，为管理者提供可靠的设备运维分析、

图12-53　东台科创大厦BIM运维管理平台

物业管理、节能管理、信息化决策等专业性服务，达到优化设计、提升管理效率、减少管理开支、降低管理风险、提高服务品质的效果。

12.12　历史文化名城保护

历史文化作为中华文化的重要基础和核心组成部分，党中央历来重视其保护、传承与创新。习近平总书记在考察北京历史文化风貌保护时提出"历史文化是城市的灵魂，要像爱惜自己的生命一样保护好城市历史文化遗产"。历史文化名城（historic city）是指由国务院批准公布的具有重大历史价值或革命纪念意义、保存文物特别丰富的城市。历史文化名城保护是城市规划、建设、管理的重要内容，随着我国经济的快速发展和城镇化进程的推进，大多城市存在保护与发展的双重矛盾。近年来，一些新型的信息技术方法逐步引入各个应用领域，促进城市精细化管理要求不断提高，基于CIM的智慧城市建设悄然而至。

12.12.1　建设需求

截至2022年6月，全国已经有140座城市列入国家历史文化名城。历史文化名城资源丰富，据不完全统计，我国的全国重点文物保护单位超过5000处、可移动文物超过1亿件（套）、历史建筑约5.95万处。为了保护这些珍贵的历史文化遗产，国家、相关部委制定了相关的法律法规和标准规范，建立了历史文化名城名镇保护体检评估制度，进行动态监管，但是仍然存在诸多问题：

（1）名城保护智慧化、信息化程度不高

随着中国经济快速发展和城镇化的推进，城乡建设与文化遗产保护之间的矛盾问题日益突出，多数历史文化名城存在局部改善而整体环境恶化的现象。在建设活动和自然损毁双重破坏压力下，各地主管部门大多采用应急抢修的措施，缺乏信息化、智能化技术手段。运用科学的、先进的技术手段，诸如高光谱遥感技术、物联网（IoT）技术、地理信息系统等，更有效地对历史名城进行动态监测、状态评估、保护管理等。

在编制名城保护规划的过程中，需要开展多项专题调查和研究，处理和分析多种数据、图形和图像等资料，并绘制现状分析图与保护分析图，以便为科学合理保护规划编制提供决策支持。然而传统的技术难以对大量的时空数据进行管理和分析，需要空间数据库技术、GIS空间分析技术、虚拟现实技术、仿真模拟技术，以及时空大数据技术等提供支撑，再基于多种定量空间分析，辅助确定历史文化名城保护的等级层次、区域划分、技术措施、时间进程等。

动态监测与评估保护状况是名城保护工作的重要内容。住房和城乡建设部从2010年开始部署保护状况评估检查、建立规划动态监测系统、推进督察员制度建设等，并于2017年明确历史文化名城保护评估的8项重点内容，试点工作表明，目前的监测数据不足以涵盖名城整体空间变化特征的评估，监测评估的标准和工具等问题仍然存在，需要开展物联网及高分遥感等新兴技术应用研究。另外，大部分文物保护单位、历史建筑等年代久远，经过房屋鉴定部门评估，部分处于危房状态，需要使用光纤传感器、无人机等设备开展动态监测和变化识别。

（2）大量多源异构数据无法信息化利用

历史建筑三维测绘数据。按照住房和城乡建设部要求，国内城市开展了历史建筑测绘建档工作，测绘了大量三维激光点云、倾斜影像、建筑平立剖等二三维数字化档案数据。

保护规划和BIM建设数据。全国正逐步将世界文化遗产、历史城区、历史文化名镇、历史文化名村、传统村落、历史文化街区、文物保护单位、古树名木、历史建筑、传统风貌建筑等名城信息纳入日常管理。编制了大量的保护规划，积累了地形图、影像图、实景三维模型、BIM、视频、照片等多源异构大数据。

以上多种格式、多种类型、多种来源、结构化或非结构化的成果无法纳入现有的系统进行管理、使用，造成大量的资源浪费。

（3）现有平台无法实现名城管理高仿真、智能化、精细化要求

历史文化名城对高仿真高渲染有比较高的要求，应具有良好的可扩充性和可管理性，需要保护城市的肌理、景观和风貌。能实现宏观、中观、微观等层级的管理，在宏观上（市域范围）主要保护城市的整体空间战略、自然格局、自然景观、城市特色等内容；在中观上（街区范围）主要保护历史城区、古城轮廓、建筑高度、城市传统中轴线、传统街巷、骑楼街、其他传统街巷、历史水系等内容；在微观上主要保护单体级或构件级的名城信息，如单个不可移动文物、历史建筑、传统风貌建筑等，甚至是单个建筑的主要建筑构造（墙、楼板、梁、屋顶构造、檐口等）、典型价值要素（梁、柱础、斗栱、楼梯、台阶等）、典型建筑装饰（木刻、砖雕、屏风等）。目前，现有平台无法实现名城保护的高仿真、智能化、精细化管理。

（4）CIM等新技术、新方法未推广应用

目前，国内大多数城市的历史文化名城保护还在使用传统的方法进行，信息化程度低、效率低下，无法实现名城资源的统一管理、智能监测、高仿真表达、动态预警等需求，不能为修缮管理、原貌复原、活化利用、动态监管提供支撑。应充分运用5G+物联网、虚拟现实（VR）、建筑信息模型（BIM）、CIM、数字孪生、高仿真等新技术，提高历史文化名城的信息化、智能化、精细化水平。

12.12.2 建设内容

基于CIM的智慧名城平台整体架构设计遵循智慧城市基础平台的架构，分为基础设施即服务层（IaaS）、数据即服务层（DaaS）、平台即服务层（PaaS）、应用即服务层（SaaS）、展示层和用户层，具体如图12-54所示。

（1）基础设施建设

包括市级基础设施云平台（数据存储、传输、服务等软硬件资源）、智慧城市时空信息云平台、物联网感知设备、5G、VR智能设备、无人机、摄像头等。

（2）数据资源建设

历史文化名城数据资源包括基础地理信息、历史文化名城保护"一张图"、规划成果、三维模型、BIM模型、点云成果、非空间成果等。

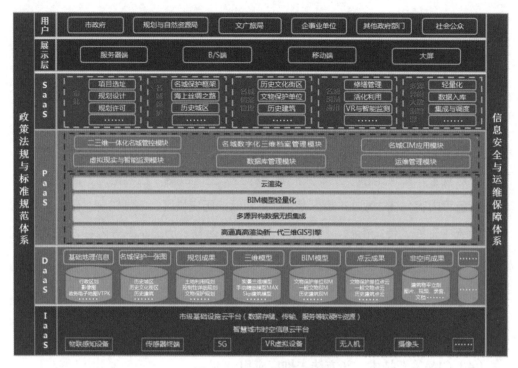

图12-54　平台总体架构图

（3）软件平台建设

通用的CIM+智慧名城平台主要由二三维一体化名城管控模块、名城BIM应用模块、虚拟现实与智能监测模块、名城数字化三维档案管理模块、数据库管理模块、运维管理模块等部分组成。通过云渲染、BIM轻量化、多源异构大数据无损集成、新一代三维GIS引擎等，提供二三维一体化名城资源管控，提供名城资源的查询、分析、漫游、展示、规划方案审批等应用，提供名城BIM应用，提供VR虚拟现实和基于5G+无人机的名城资源智能监测，提供名城数字化三维档案管理，提供空间数据和非空间数据管理等应用。满足历史文化名城日常审批、管理、决策等应用。

（4）其他内容建设

服务层：历史文化名城资源是规划审批必不可少的依据，为项目选址、规划设计、规划许可等审批提供服务；同时还为名城保护、名城数字化档案管理、名城BIM应用、名城多源异构大数据管理提供服务。

展示层：以服务器端为基础，通过云渲染技术，实现B/S端、移动端、大屏等多种设备的一体化展示。

用户层：用户层面向各类用户，分为市政府、市规划和自然资源局、市文广旅局（市文物局）、企事业单位、社会公众提供服务。根据不同用户业务需求，设置对应的应用层系统访问权限，为不同用户提供应用服务。

政策法规和标准规范体系：以国家、省、市的法律法规和政策要求为指导，以国家、行业和地方技术标准为依据，开展项目建设，确保系统各组成部分之间，以及系统与外部系统交互能够有效衔接、规范运转。

信息安全与运维保障体系：安全保障体系包括安全管理制度、物理安全、网络安全、服务器安全、应用系统安全、数据安全等内容，保障数据存储、传输、访问、共享的安全。

12.12.3 效益分析

（1）社会效益分析

文化遗产是不可再生的珍贵资源，是各民族智慧的结晶，也是全人类文明的瑰宝和财富，国家、省、市非常重视历史文化名城保护工作。历史文化名城保护数据是城市规划、建设、管理的基础和审批的依据，建设CIM+智慧名城平台，系统集成土地利用总体规划、控制线详细规划等规划的建筑高度、容积率和城市设计导则限高（低）、退让、视廊等管控信息，提供基于名城保护的方案对比分析。在高仿真环境下模拟规划的空间管控能力，提高城市规划工作者对城市的感知能力，利用信息化手段为城市规划设计提供全面的知识参考和科学的专家决策支持，有效增强规划辅助决策的科学性，降低城市投资、经营和运维的风险，提升名城保护工作效率，进一步提高城市科学化、精细化、智能化管理水平，优化营商环境和创新环境，项目具有非常明显的社会效益。

（2）经济效益分析

技术创新方面：采用BIM+CIM+VR+5G等技术，注重用户参与、以人为本的创新理念及其方法的应用，构建有利于创新涌现的制度环境，实现从"地理空间"向"文化空间"提升转变。

文化传播方面：深入挖掘历史文化名城内涵，建设合作机制，通过信息模型的建立，让人们"望得见山，看得见水，记得住乡愁"，助力文化品牌塑造和文化产业高质量发展，推动文化资源向文化生产力转化，从而打造一个以现代科技为导向的历史文化名城。

城市保护方面：通过CIM手段，三维高仿真呈现建筑物修缮管理、规划报建、活化利用、城市变迁模拟、数字化档案管理等，可做到修旧如旧，尊重和保护历史文化，降低不确定性带来的永久损失，进一步提高名城保护的科技水平。

12.12.4 建设需求

案例一：CIM+智慧名城平台（广州）

该项目建设目标在于充分利用5G、物联网、虚拟现实（VR）、建筑信息模型（BIM）、高仿真、大数据等新技术，在智慧广州时空信息云平台的基础上，充分利用现有的数据资源，汇聚历史文化名城近40年来的建设成果，建设"全空间、全要素、全过程、多尺度、可计算"的数字孪生CIM+智慧名城平台，为广州历史文化名城保护提供统一的管理、展示、应用系统，将实现名城保护工作从二维到三维、从宏观到精细、从数字化到智能化的跨越，为广州城市精细化管理的其他部门、企业、社会提供名城保护信息服务，为广州智慧城市建设提供支撑。

系统特色服务应用包括：

1）高仿真可视化名城资源漫游：利用平台高仿真可视化技术，结合历史文化街区高精度三维模型、历史水系（河涌）三维模型、文物保护单位BIM模型、历史建筑BIM模型等名城资源，可实现室内室外、地上地下、陆地水上的高仿真可视化名城资源漫游。

2）名城管控辅助规划方案审批：在名城保护范围里的新建或修建项目报批，平台提供技术手段辅助规划方案审批，具体包括：土规合规性分析、控规合规性分析、控高合规性分析、流线分析、退线分析、景观分析、可视域分析、日照分析、多方案同屏对比，最后形成方案审查表记录并输出，如图12-55所示。

3）BIM赋能，打造文化遗产"3D身份证"和"二维码"：为了对历史建筑的价值部位和价值要素进行构件级的保护，平台提供BIM构件分类与编码功能，自动为构件编制25位唯一的3D身份证编码。通过二维码技术，管理每个构件的名称、材质、尺寸等信息，实现了历史建筑构件级管理。

4）修缮管理：利用建筑物保护规划，对建筑物可修缮、替换的部分进行标识、分类，并导入BIM软件中的参数化构件库，建立多风格的构件，在平台中可实时替换、对比，满足不同风格、不同类型、不同年代构件修缮可视化管理需求，如图12-56所示。

图12-55　控高智能管理

图12-56　基于BIM构件库的修缮管理

5）数字化三维档案管理：充分发挥CIM+名城多源异构数据整合优势，将BIM、激光点云、建筑物平立剖、历史建筑保护规划、照片、视频等测绘建档成果纳入平台进行三维可视化、管理与应用。实现BIM与数字化三维档案的链接，实现多类型数字化档案叠加、多视点浏览、查询等功能，如图12-57所示。

图12-57　数字化三维档案管理

6）虚拟现实与智能监测：实现VR技术对名城资源的展示，增强用户的体验，并利用无人机技术，对历史城区、历史文化街区、历史建筑等名城资源进行监测。利用InSAR、光纤传感器、GPS、测量机器人、裂缝计等设备，对建筑物的沉降、形变、裂缝等进行智能监测。

案例二：数字大运河

该项目基于数字孪生思想打造了历史文化名城CIM+智慧名城平台，重点对海量、多源的大运河文化信息进行展示和服务，一站式表现业务专题数据资源。建立大运河文化保护传承利用分类图层，实现各类大运河文化信息的图层叠加、关联信息显示、信息查询、空间定位等。实现宏观决策、项目跟踪、产业研究、政务协作和联动发展等功能，如图12-58所示。

系统功能及特色服务主要包括：

（1）建立文化保护传承利用CIM一张图

以名城的历史文化为核心，利用GIS技术和大数据挖掘技术，实现对海量、多源的文化资源进行三维展示和服务，形成文化保护传承利用CIM一张图，实现各类文化信息的图层叠加、关联信息显示、信息查询、空间定位等。

（2）建立文化保护传承利用综合信息平台

按照"集中控制、统一管理"的标准建设CIM，实现历史文化名城的可视化管

图12-58   系统界面

理。实现文化带重点项目建设跟踪信息管理，历史保护和文化传承的综合管理。同时，建立动态监测系统，通过接入名城沿线各类监控设备，实现对名城两岸的生态环境监测、文物保护监测、重点项目监测、文化资源监测等。

（3）建立数字可视化展示平台

基于BIM和GIS结合的历史文化名城区域将是一个能够全面感知的容器和载体，植入物联网、云计算的创新建设模式，创建线上以数据浓缩呈现的"虚拟世界"。结合大屏及移动互联网，基于先进、丰富的数据可视化展示技术手段与方法，对文化名城的历史遗存、聚落文化、农耕文化、重点项目、经济发展、空间信息、360全景信息进行可视化展示，融合解说系统，开发虚拟互动体验展示平台，在网络上实现在线遗产点观赏、浏览、看景、听说，实现各类三维场景VR互动浏览功能的开发与建设。立体化呈现历史文化名城现状风貌、历史古迹，辅助名城重点项目规划，为名城文化宣传、历史传承、名城保护、产业发展、招商引资提供平台与支撑。

12.13 智慧产业

12.13.1 建设需求

（1）产业智慧化管理是国家治理能力现代化的重要价值维度

产业经济管理是一项长期的、复杂的、动态的系统性工作，关系着区域高质量跨越式发展的可能性。目前，我国经济已由高速增长阶段转向高质量发展阶段，正处在转变发展方式、优化经济结构、转换增长动力的攻关期。通过运用信息化新型技术手段，深刻掌握经济形势的新趋向、新态势，准确把握产业经济发展的新特点新要求，系统优化产业空间布局和要素配置，实现产业智慧化管理，对推动产业经济高质量发展、彰显国家治理能力现代化和社会主义制度优越性具有很重要的意义。

（2）新常态下地方产业高质量发展面临多重困境

定位难。产业转型趋势下，地方政府往往崇尚"高大上"的产业选择及定位，倾向于将"砝码"压在战略型新兴产业之上，寄希望于产业转型能毕其功于一役，而对于自身资源禀赋和发展基础能否支撑所谓的高级产业发展、目标产业在国内外处于什么发展阶段、目标产业配套支持等问题常常缺乏充分的论证，导致产业转型进程缓慢。

招商难。一方面，地方政府中意的企业不想来、有意落地的企业地方政府不满意，双方意向存在严重错位，招商工作迟迟无法推进。另一方面，地方政府招商引资往往靠财政优惠，缺乏项目自身的吸引力，导致大量的地方财政投入没能换来地方产业的实质性提升，产业发展实际与预期事与愿违，招商效果欠佳。

落地难。长期以来，由于缺乏重点招商项目信息与用地供需信息共享协调机制，已签约产业项目落地时常常受到土地要素问题的制约，例如选址不符合规划、占补平衡指标难以落实、部分项目用地与生态红线重叠和占用基本农田等。

监管难。由于缺乏充足的人力资源调配，地方政府往往无法对所有落地的产业项目实行一对一监管，容易导致园区出现低效闲置用地现象，进一步凸显土地资源的紧缺局面。更有甚者，打着高新技术企业的名号，没有研发人员、没有专利版权、没有研发设备，仅依靠一个研发中心的空壳机构，骗取享受优惠政策，这种"伪高新"现象无疑会加剧地方财政负担。

（3）智慧产业助力产业发展全过程科学决策

智慧产业通过汇集多源数据，针对产业发展全流程中各个环节所面临的困境，提供有针对性的信息化工具和决策参考，支撑科学、智慧化的决策制定。具体体现在如下几个方面：

1）摸清产业家底，推进经济集中式管理

整合各类相关资源，摸清产业经济家底，全面建立产业经济数据枢纽，通过宏观经济、中观产业、微观企业角度，建立健全产业经济数据，并通过"产业建链"的方式，将产业经济与管理经验知识化、图谱化、共享化，将产业经验知识进行挖据，通过平台进行有形化，实现产业经济的统一管理，做到管理规范化、专业化、信息化、精细化。

2）以数据为支撑，科学强化产业经济发展

基于数据关联融合基础上，进行深化业务应用，关联"人、地、房、企、产业"信息，提升政府全方位经济监测能力，并通过多种数据资源汇集，以数据为支撑，对各产业内企业进行精准评价。同时，基于CIM城市，绘制产业云图，系统性摸清产业布局现状，完善产业布局，为政府下一步政策导向、招商引资提供依据。

3）数据挖掘分析，提升经济规划决策精准度

基于大数据分析技术，结合企业、产业布局时空特性，围绕产业经济发展业务，建立科学合理的专题分析模型，为优化产业布局、调整经济结构、推动产业转型升级提供决策支撑。加强运行监测，横向从综合、区域、产业、企业等分析；纵向从年度、季度、月度进行同期数据对比，实现产业经济运行精准分析，从而为政府经济规划、经济部门决策及招商引资规划提供有效支撑，促进产业经济高质量发展。

4）构建评价体系，推进经济差别化配置落实

树立以"亩产论英雄、效益论英雄、创新论英雄、环境论英雄"的发展导向，制定评价标准，围绕工业、服务业、农业企业进行综合评价全面覆盖。参照综合评价结果，实施差别化的产业准入、要素供给、资源价格、财税支持、金融服务五项政策措施，依法依规分类施策，引导资源高效率配置，推进区域产业经济高质量发展。

12.13.2　建设内容

（1）产业经济数据中台

实现多源异构数据清洗、融合、管理等服务，包括梳理整合权威部门产业经济类数据，如规自、工信、发改、住建、市监、税务、统计等，以企业工商登记等信息为基础，融合企业营收、企业用地、企业信用、产业信息、人才科技、企业产品、环保排污、地理空间、城市规划等数据，为城市经济监测、管理、评估、预测、决策、规划提供数据支撑，提升经济信息化服务能力。支持产业数据查询、导出等数据管理功能，实现企业、宗地、楼宇、产业园的全生命周期管理应用，并基于CIM建立"一企一档""一地一档""一园一档"。提供自定义企业标签服务，便于用户为企业打标签，进行自定义查询分析。

（2）**产业经济运行全景监测**

宏观经济层面，提供包括挖掘行业重点新闻动态、龙头企业动态、产业经济效能、科技创新前沿、产业关注热点等信息的功能，实现对产业经济格局的总体把握。区域经济层面，提供区域建成面积、总产值、总营收、总税收、单位面积营收、单位面积税收、总用工、工业总产值、企业数量、新增企业数量、重点产业产值、众创空间情况、入驻企业情况、科技人才情况、研发投入、发明专利、三产产值等分析。产业园区层面，提供各产业园总体经济指标情况、入驻企业数量、产业园区内各产业产值对比、产值历年变化趋势、发明专利数量、科技人才、优质企业排行、成熟企业TOP榜、企业数量变化等分析。

（3）**重点行业产业链全景画像**

针对重点关注的行业，如支柱产业、战略型新兴产业等，提供产业经济综合分析与产业链全景画像分析功能。

首先，针对区域重点产业进行产业经济综合分析，包括重点产业生产总值、规模以上总产值、研发投入、上市公司数量、科技人才数量、地标型企业情况、三产产值占比；针对某一类重点产业进行专题分析，包括具体产值、增速、规模以上总产值、地标企业清单排行等。

其次，针对区域重点行业，展示各行业的全产业链网络，对各产业链经济运行、产业链发展走势、产业链发展变化进行分析。通过产业链关联本地企业以及本地企业的竞争力实力等信息，全景展示各产业链上的本地企业分布情况、本地企业在产业链各个环节的产业实力、各环节的企业及相关要素在空间上的布局等信息。同时，通过人性化的交互设计实现信息的单点切入与下钻，即通过点击单个产业链环节、可以看到相关的所有企业的详细信息（包括企业名单、研发人员占比、研发水平、市场规模、总部企业数量、自主可控程度等），为"强链、延链、补链"等有针对性的集群打造工作提供有力支撑。

（4）**企业选址与要素科学配置**

制作产业地图，分不同的行业，详细展示现状产业空间分布格局、重点企业分布、重大项目分布、产业相关要素分布、产业规划布局、重大产业平台分布、产业用地效益分析等，为企业选址、产业布局调整和产业园区统筹提供信息支撑。

从产业集聚性、区位条件、交通可达性、租金情况、周边环境、商业配套、产业平台等级等方面对空间进行评估，基于企业历史选址行为及增长情况，挖掘企业成长与空间的关系，为企业选址提供科学支撑。企业还可以根据自身的选址偏好，进行指标组合，自动计算适合自身需求的选址潜力，全方位保障产业落地。

结合产业链各个环节的企业现状分布，以及物流、公共服务等各类产业要素的空间布局，通过供给与需求的精准匹配，为地区需要补足的支撑要素、各产业类公共服务设施的科学配置等提供支撑。

（5）企业综合评估与动态监测

结合差别化配套政策，对企业进行按照亩产效益对企业进行综合评价和科学分类，基于亩产税收、环境排放、安全生产、能源消耗、生产专利等多种因素为评价指标，采用单指标量化、多指标按权重合成、考虑企业综合素质的百分制，建立企业综合评价模型，评价企业综合情况，并对企业综合评价结果进行排名，根据建立的分级别预警模型，针对排名落后的企业进行相应级别的预警。将分类评价结果结合CIM进行呈现，直接在城市中展现各级企业分布，明确优质类企业及转型淘汰类企业集聚情况，便于政府划分转型升级责任范围，从市、区（县）、街道逐级明确整改目标。

（6）基于CIM的产业经济云图

在城市CIM基础上，呈现产业布局，叠加产业、产业链、企业、产业园区图层分布及产业园区及各载体楼盘表，了解产业发展现状及各区域产业集聚情况，同时，实现各类信息查询，包括基本信息、经济指标、综合评价、产业链上下游等，并可关联入驻企业、企业用地、租赁关系等，全面、立体呈现产业经济情况。

12.13.3 效益分析

（1）经济效益

1）保障产业经济健康高质量发展

通过对各产业和经济运行的情况进行全景式和持续性的监测，及时发现产业经济发展中存在的问题，为有针对性地采取措施提供支撑，保障产业经济健康运行。瞄准重点产业、重点产业链发力，围绕产业链薄弱环节抓龙头企业、关键企业招商，增强产业关联性、集成性，让产业链真正强起来。

2）促进资源合理配置与高效利用

对企业的绩效进行综合评价、科学分类与持续跟踪，为低效企业的转型与退出、低效产业用地的升级与改造、产业项目的准入监管等提供支撑，促使有限的产业用地资源流向优质企业，保障产业用地的高效使用。提供要素科学配置功能模块，自动分析公共服务设施的供给与需求匹配关系，实现公共服务设施的精准配置，保障资源的高效投放。

3）降低政府企业管理和招商引资成本

基于多源融合的数据，针对产业发展全过程中的重点工作提供定量化支撑，实现一键式批量化自动分析，如批量识别"僵尸企业"、自动划定产业区块线等，大大提升政府部门在进行产业空间优化、低效工业用地整治等工作时的效率，从而降低企业管理的成本。招商洽谈前期就对企业的质量进行评估，筛除低质企业，实现对优质企业的精准招商，从而大大降低招商引资的成本。

（2）社会效益

智慧产业融合汇集各类产业经济运行数据，并基于此对产业发展的全流程进行分析与监管，为精准施政、招商引资、项目落地、事后监管等关键环节提供决策支撑，助力产业经济的健康高质量发展。产业的发展也会带动就业机会的整体增加，从而保障社会经济的良性运转。

12.13.4 应用实践

（1）广州市产业空间分析管理信息系统

为统筹优化广州全市产业布局，加强工业和信息化领域的产业规划，提升招商引资的效率，系统综合利用地理信息系统、云计算、移动互联网、机器学习等技术，集成产业园区相关的各类业务数据及外部支撑的各类数据，建立产业园区运行监测体系和园区发展指数，开发数据展示、查询、统计分析和深度挖掘功能，为优化产业布局和政策制定提供信息化决策支撑。

系统提供的功能包括：一键显示全国、全市层面的产业园区分布，提供产业区块控制线，直观展现产业集聚情况；对试点园区的基本信息、园区企业管理、园区配套设施、园区经济效益、园区产业结构、园区创新能力、园区控规分析、园区招商情况等进行动态监控，实时掌握园区提质增效进展情况；快速统计园区、各区乃至全市的工业用地现状，并对园区未来用地规划进行辅助分析；通过展示园区配套设施，分析历年入驻企业名单，查询招商引资地块，来对招商对象进行精准招商。

（2）昆山经济高质量发展监测平台

昆山市政府为进一步优化资源要素配置、实现资源集约利用、创新发展，通过运用时空大数据手段，推动工业经济高质量发展，特启动项目建设，开启产业转型升级新篇章。平台以提升企业资源集约利用及经济高质量发展成效为目标，按照工业、服务业、农业三大板块，以企业与国土、税务、用电、用水等相关部门的数据关联融合为重点，拓展企业分析维度，并研究科学的企业分级模型，在深化产业转型升级方面进行了深入探索。

以工商、税务登记的企业目录和国土宗地图为基础，以网格化企业用地调查为信息采集手段，对工业企业、楼宇、产业园等进行调查，实现网格内经济主体地理位置准确定位，摸清企业用地及租赁关系，查清经济家底。通过整合多个相关部门数据，打破部门间"信息孤岛"现象，实现对国土、税务、安监、供水、供电、耗能等信息的数据集合和关联融合，形成经济云图，并能够全面一体化关联展示经济高质量发展相关数据成果，使各类数据一目了然。

平台以多维度、多渠道的数据整合为依托，从工业、服务业、农业的综合发展分析、资源专项分析、资源专题分析、资源空间分析等多个维度，实现经济高质量发展及用地、效能情况等的精准分析，为开展预警预测、决策分析提供有效的分析成果支撑。平台注重企业科学分类，建立以亩均效益为核心的企业综合评价体系，并依据企业分类分级结果，采取正向激励、反向倒逼的机制，引导企业高质量发展，推动产业转型升级。

（3）苏州市产业大脑

基于信息化先进技术，以平台为抓手，以数据融合为支撑，深化苏州市产业数据应用，全面整合生物医药、电子信息、汽车及零部件、新材料、新能源、高端纺织、高端装备和节能环保八大产业数据，建立涵盖全市所有产业数据的产业主题库。围绕建链、补链、强链、延链，建立"全市一体化、一盘棋、一张网"的产业大脑平台，结合苏州市空间地理信息，挖掘分析数据内在价值，实现产业数据融合云图及分析成果在统一的数字城市空间可视化平台上展示，实现"平台+数据"的管服模式有效助力精准招商，促进产业布局优化和产业结构调整。同时，利用平台深化研究挖掘产业发展规律，更有针对性地推动重点产业发展。

第四篇│

城市篇

| 第13章 |

典型案例

13.1 广州市

13.1.1 平台建设背景

根据国务院办公厅《关于全面开展工程建设项目审批制度改革的实施意见》(国办发[2019]11号)、住房和城乡建设部办公厅《关于开展城市信息模型(CIM)平台建设试点工作的函》、广州市住房和城乡建设局等部门关于《广州市城市信息模型(CIM)平台建设试点工作方案》(穗建CIM[2020]6号)等文件要求,提出广州市建设CIM平台建设试点工作。

为贯彻落实国家关于工程建设项目审批改革的政策要求,落实完成住房和城乡建设部办公厅关于开展CIM平台建设试点工作,辅助施工图审查竣工验收备案工作,提高工程建设项目审批的效率和质量,推进广州市工程建设项目审批相关信息系统建设,推动政府职能转向减审批、强监管、优服务,建设广州市智慧城市操作系统,2019年广州市开展CIM平台项目建设。

13.1.2 平台建设规划

按照住房和城乡建设部CIM平台建设试点工作的要求,在广州市工程建设项目审批制度改革试点基础上,利用现代信息技术手段,促进工程建设项目审批提质增效,推动改革试点工作不断深入。以工程建设项目三维数字报建为切入点,在"多规合一"平台基础上,汇聚城市、土地、建设、交通、市政、教育、公共设施等各种专项规划和建设项目全生命周期信息,并全面接入移动、监控、城市运行、交通出行等实时动态数据,构建面向智慧城市的数字城市基础设施平台,不仅可以作为住建报建、图审、备案使用,今后也可为广州城市精细化管理的其他部门、企业、社会提供城市大数据、提供城市级计算能力。最终建设具有规划审查、建筑设计方案审查、施工图审查、竣工验收备案等功能的CIM基础平台,承载城市公共管理和公共服务,建设智慧城市基础平台,为智慧交通、智慧水务、智慧环保、智慧医疗等提供支撑，为城市的规划、建设、管理、运行、服务等提供支撑。

13.1.3 平台建设内容

广州市CIM平台建设内容包括构建一个CIM基础数据库、一个CIM基础平台、建设一个智慧城市一体化运营中心、构建两个基于审批制度改革的辅助系统和开发基于CIM的统一业务办理平台五方面。

（1）构建一个数据库

构建可以融合海量多源异构数据的CIM基础数据库，参考《建筑信息模型应用统一标准》GB/T 51212—2016、《建筑信息模型分类和编码标准》GB/T 51269—2017、《建筑信息模型设计交付标准》GB/T 51301—2018等国家级标准，完成现状三维数据入库；收集现有BIM单体模型建库并接入新建项目的建筑设计方案BIM模型、施工图BIM模型和竣工验收BIM模型；整合二维基础数据，实现审批数据项目化、地块化关联，实现二三维数据融合，完成统一建库。

按数据内容可分为基础数据库、城市现状三维数据库、BIM模型库、城市规划专题库、城市建设专题库、城市管理专题库等。CIM平台目前集成了智慧广州时空信息云平台、"多规合一""四标四实"、工程建设项目联合审批等多个来源多种格式的数据，至2023年2月，广州市已构建起全市域7434平方公里的三维地形地貌和城市建筑物白模，以及1300平方公里城市重点区域现状精细三维模型，同时大力推动新建项目BIM入库，已汇聚了900个BIM模型，形成全市"一张三维底图"。

（2）构建一个基础平台

构建CIM基础平台，实现多源异构BIM模型格式转换及轻量化入库，海量 CIM 数据的高效加载浏览及应用，汇聚二维数据、项目报建 BIM 模型、项目施工图 BIM 模型、项目竣工BIM模型、倾斜摄影、白模数据以及视频等物联网数据，实现历史现状规划一体、地上地下一体、室内室外一体、二三维一体、三维视频融合的可视化展示，提供疏散模拟、进度模拟、虚拟漫游、模型管理与服务API等基础功能，构建智慧广州应用的基础支撑平台，如图13-1所示。

平台融合BIM技术，推进全市数据资源成果的深度应用，为规划建设管理提供多尺度仿真模拟和分析功能，提高工作人员对城市建设的感知能力，进而提高数据资源辅助决策的科学性。

图13-1　广州市CIM基础平台

广州市CIM基础平台的几大核心能力为：

1）高效的图形引擎，城市级CIM数据驱动

实现二维三维、地上地下、室内室外、现状规划、静态动态等多维度、多尺度海量数据的融合与高效渲染。

2）三维模型与信息全集成的能力

平台提供挂接信息到三维模型的能力，用户可根据自身业务的需要挂接不同的信息，实现物联网感知数据、公共专题数据、业务数据等与三维模型的关联，如图13-2所示。

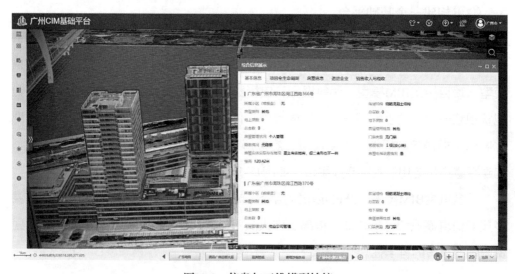

图13-2　信息与三维模型挂接

3）可视化分析能力

平台提供二三维一体的可视化分析能力，实现宏观、中观、微观、建筑单位等不同维度的分析，包括二三维缓冲区分析、叠加分析、空间拓扑分析、通视分析、视廊分析、天际线分析、绿地率分析、日照分析等。

4）模拟仿真能力

充分利用BIM的可模拟性，结合二维地图、三维模型等数据，实现疏散模拟，透过仿真的事前分析与模拟，来协助各项决策。

5）物联网设备接入能力

将各类建筑、交通工具和基础设施等的传感设备纳入CIM基础平台，将城市运行、交通出行等动态数据全面接入，对城市运行状态进行监控和直观呈现。

6）二次开发能力

CIM基础平台是面向全市各委办局的平台，需要提供二次开发接口，方便其他委办局可以基于CIM基础平台的数据和功能，根据自身的业务特点定制开发基于CIM的应用，例如智慧交通、智慧水务等。

（3）建设一个智慧城市一体化运营中心

在广州市城乡建设局办公大楼建设一个智慧城市一体化运营中心，包括 LED室内小间距屏（含中控设备）。

（4）构建两个基于审批制度改革的辅助系统

1）构建基于BIM施工图三维数字化审查系统

开展三维技术应用，探索施工图三维数字化审查，建立三维数字化施工图审查系统。就施工图审查中部分刚性指标，依托施工图审查系统实现计算机机审，减少人工审查部分，实现快速机审与人工审查协同配合，如图13-3所示。

2）构建基于BIM的施工质量安全管理和竣工图数字化备案系统

实现竣工验收备案功能。建立覆盖施工图三维模型、工程建设过程三维模型的项目建设信息互通系统，实现施工质量安全监督、联合测绘、消防验收、人防验收等环节的信息共享，探索实现竣工验收备案。

（5）开发基于CIM的统一业务办理平台

在CIM基础平台的基础上，结合实际业务需要，开发基于CIM的统一业务办理平台，包括统一集成应用系统、房屋管理应用、建设工程消防设计审查和验收应用、城市更新应用、公共设施应用、美丽乡村应用、建筑行业应用、城市体检应

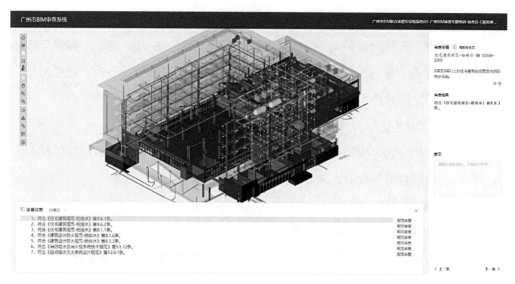

图13-3　广州市基于BIM施工图三维数字化审查系统

用、建筑能耗监测应用、审批业务展示、大屏综合展示、城建重点项目应用等功能。

13.1.4　平台建设特色

平台建设围绕实现BIM及二三维多源异构数据融合和解决业务需求（工程建设的规设建管以及智慧城市应用）两条主线，解决传统地理信息行业数据孤立且使用率低，传统政务软件在可视化智能化的缺陷，达到行业领先水平。

在CIM数据构成方面明确了城市行政区、数字正射影像、数字高程模型、建筑三维模型（含白模、精模、BIM等，关联标准地址等属性）、标准地址、实有房屋、实有单位和实有人口等必备数据，降低了各地CIM基础平台和数据建设的难度，具有"低门槛"的特色。

此外，CIM数据构成涉及城市现状、未来规划、建设过程和动态感知等门类广泛齐全的数据，为智慧城市构建了扎实的数字底座，明确与时空信息平台、多规合一信息平台等现有系统的衔接关系，促进二三维信息共享应用，强有力地支撑各专业审批审查系统与智慧城市应用，具有"广覆盖、强支撑"的特色。

围绕CIM基础平台广州构建了几大CIM+应用体系：（1）工程项目审批制度改革2.0应用：基于CIM平台推动CIM技术在建设项目全生命周期的运用，实现项目审批由人审向机审转变；（2）城市精细化管理应用：利用CIM深化城市细分领域应用，如城市更新、智慧工地、房屋管理、城市体检、防灾减灾等；（3）产业化应用：基于CIM平台可以大幅提升智能驾驶场景下人工智能算法的训练效率，基于BIM技术打造过程各环节、各专业、各参与方的信息屏。（4）建设以基础平台为支撑的广州城市运行管理中枢"穗智管"系统，推动政务服务和城市运行管理更加科学化、精细化、智能化。

13.1.5 平台建设价值

CIM平台定位于城市智慧化运营管理的基础平台，由城市人民政府主导CIM基础平台的建设，统一管理CIM数据资源，提供各类数据、服务和应用接口。所以CIM基础平台对于城市数据资产汇聚有着重大的价值，可有效促进多方参与，共同打通产学研用协作通道。同时，广州CIM基础平台遵循统一规划、统一标准的原则，努力避免了由于各类标准和技术不一致形成新的数据和业务孤岛，造成新的资源浪费的现象，也为与城市、省、国家级CIM基础平台的数据共享、交换、更新提供接口，充分对城市现有数据信息和资源进行整合实现融合共享。

广州市CIM平台的建设发展对高新技术产业发展产生了积极影响。主要包括进一步加快与建筑信息模型（BIM）等软件产业的互促共进，推动BIM应用发展，深化供需为CIM平台应用夯实基础，并以装配式建筑、智能建造为重点，开展"BIM/CIM技术应用产业研究"。

13.2 南京市

13.2.1 平台建设背景

南京市2018年11月承接住房和城乡建设部"运用建筑信息模型（BIM）系统进行工程建设项目审查审批和城市信息模型（CIM）平台建设"试点任务（简称"BIM/CIM试点建设"）。2019年8月，南京市政府办公厅印发《关于印发运用建筑信息模型系统进行工程建设项目审查审批和城市信息模型平台建设试点工作方案的通知》（宁政办发［2019］44号，以下简称《试点工作方案》），进一步明确研发思路、技术路线。2020年，住房和城乡建设部全面启动"新城建"试点，将BIM技术应用和全面推进城市信息模型（CIM）平台建设作为首要任务，南京市也成为"新城建"试点城市之一。南京市委市政府高度重视，先后将BIM系统和CIM平台建设纳入优化营商环境、美丽古都建设、数字经济发展等系列政策文件。

经过试点探索，南京市工程建设项目BIM规划报建智能审查审批系统和城市信息模型（CIM）基础平台试点已在概念模型与框架、标准体系构建、"宁建模"数据格式、基础平台搭建、BIM规划报建智能审查系统等领域取得了一定的成果，相关成果已于2021年3月1日正式上线运行。

13.2.2 平台建设规划

以《试点工作方案》为建设指引，南京市提出以工程建设项目规划设计方案有限技术审查为突破口，用最小的代价、最短的时间，围绕"能上手早推广、精简审批环节、提高审批效能"探索审批改革智能化道路，完成试点地区和行业的BIM电子化报建；以"多规合一"信息平台为基础，集成试点区域范围内的各类地上、地表、地下的现状和规划数据，建立具有规划审查、建筑设计方案审查、施工图审查、竣工验收备案等功能的三维可视化的CIM平台，并与现有相关业务系统无缝衔接，作为掌控城市全局信息和空间运行态势的重要载体，为城市规划、建设、管理和智慧城市提供支撑，推动城市规建管全流程决策智能化、科学化，引领新型智慧城市建设，推进城市空间治理现代化，如图13-4所示。

试点基于B/S架构，统一标准体系，统一数据场景，统一基础平台，面向政府部门、企事业单位、社会公众，提供多端多场景应用展示，支撑工程建设项目全生命周期应用和智慧城市典型应用。

1）统一数据标准，探索构建城市级BIM标准体系和CIM标准体系。同时创新研

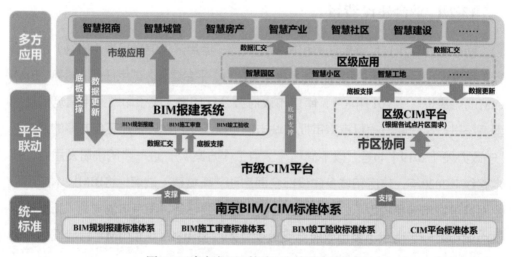

图13-4　南京市CIM基础平台建设总体构架

发"宁建模"自主格式,实现BIM统一应用数据基础。

2)统一数据场景,依托航拍、倾斜摄影、无人机、BIM建模等信息技术,集成融合全市域地上地下、室内室外二三维数据,打造全域、全空间、多时态的空间数据底板,为智慧城市建设提供空间协同立体化数据支撑。

3)统一基础平台,以CIM平台为统领,实现多源、异构海量数据和服务的统一管理和跨平台调用,面向智慧城市全业务支撑,实现各类数据和功能服务汇集与供给的新中枢。

4)工程项目全周期应用,全面建成BIM规划报建智能审查系统,构建智能化审查审批管理南京样板。同时,在现有施工图审查和竣工验收管理的流程上,不增加审批环节、审批事项,开展BIM智能审查和竣工验收管理,形成一套施工图BIM审查管理流程机制和相应标准。

5)智慧城市典型应用,面向CIM+应用探索,开展了CIM+"多规合一"和CIM+一体化政务服务的建设,实现了"多规合一""立起来"的目标,并初步开展了CIM+城市设计、CIM+历史文化名城保护等一批面向具体业务领域的CIM+应用;基于CIM开展了不动产示范研究,探索了三维宗地、楼幢、户等不动产信息的成果管理、关联查询、展示与统计分析等应用;结合全市"多规合一"、城市建设、智慧楼宇、低碳城市、平安城市等城市治理能力现代化应用需求,探索了大数据、视频融合、建筑物能耗、城市防涝等一批CIM+智慧化应用。

13.2.3 平台建设内容

(1)标准建设

率先构建了融合测绘地理信息、建筑信息模型和三维建模等现行标准、凸显智慧城市底座、覆盖工程建设项目全周期模型的城市信息模型标准体系。南京市CIM标准体系由基础类、通用类、数据资源类、获取处理类、基础平台类、管理类、工建专题类、CIM+应用类共计8大类39小类组成。此外,根据南京市CIM标准体系建设内容,开展了8项急需标准的制定,包括《城市信息模型(CIM)数据分类和编码标准》《城市信息模型(CIM)数据构成》等,如图13-5所示。

(2)数据库建设

建成的数据库支持二维数据(包括融合目前常见的 GIS 二维数据,接入"多规合一"信息平台底图、智慧南京时空信息云平台相关数据和各委办局工程建设项目

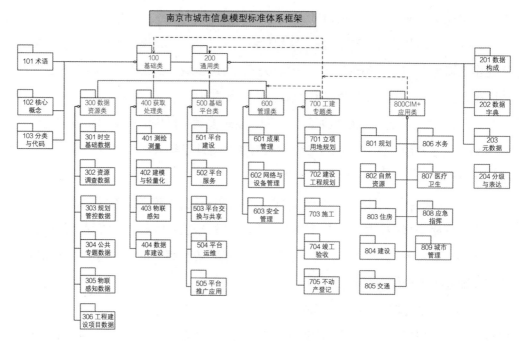

图13-5　南京市CIM标准体系框架

审批结果等信息）、三维数据（包括精细化建模、城市白模数据、地下管线数据、地下空间数据、地质钻孔等数据）、BIM数据（包括规划报建BIM模型，如轨道交通BIM模型、房屋建筑BIM模型等）、物联网大数据（如POI、手机信令、企业法人和其他城市管理领域大数据）等多源异构数据。目前CIM基础平台项目通过开展数据治理和优化，实现主城区190平方公里三维现状精模、全市6587平方公里三维简模覆盖，汇聚全市地理信息、规划管控、地质、管线等近400个数据图层，构建了覆盖地上、地表和地下，历史、现状和未来的"城市空间数字底板"，并通过实现多源、异构海量数据和服务的统一管理和跨平台调用，为智慧城市提供了基础空间操作平台；如图13-6所示。

（3）基础平台建设

搭建了包含基础场景工具、应用展示类、分析模拟类等相关通用功能，支撑智慧城市的场景以及相关的功能操作的基础空间操作平台。基础场景工具包含场景操作、前后视图、正反向观察、坐标定位、属性查看等；应用展示类包含白模应用、日照模拟、剖切、视点、漫游、标注、地名地址检索、功能收藏和数据收藏、模型消隐、坡度计算、视频融合等；分析模拟类包含视域分析、视线分析、建筑密度、通视分析、拆迁分析、淹没分析、填挖方分析等。同时，通过数据服务实现平台数据的汇聚和对

图13-6 南京市CIM基础平台界面示意

外支撑，通过API二次开发接口支撑了"多规合一"空间信息管理平台、一体化政务服务系统等系统CIM技术应用，实现了对接系统的从二维到CIM的提升。

（4）示范和典型应用

探索实现了基于CIM基础平台的工程建设项目BIM智能化审查、一体化政务服务、"多规合一"、不动产应用等典型应用；探索验证了能够运用BIM技术开展工程建设项目电子化审查审批，并将审查审批范围从报建逐步扩展到施工图审查、竣工验收等环节的试点目标，能够基于CIM基础平台在辅助规划编制、城市设计、辅助选址、名城保护等规划资源方面应用能力以及建筑管理、城市管理等城市治理方面应用能力。辅助规划编制方面提供依据人口、手机信令、商业数据等大数据进行分析人口迁入来源、人口潮汐规律、热点商圈等，辅助城市设计方面提供方案展示、比选、参数化建模、城市设计管控分析等，名城保护方面实现了历史老地图数据展示和历史演变、历史建筑保护和资源展示等，建筑管理方面基于每户用电量分析探索群租房、空置房分析以及一标三实等。

13.2.4 平台建设特色

（1）形成了具有创新特色的总体设计成果

设计构建了CIM概念模型、服务体系和建设内容体系，形成了CIM建设总体框架，总体设计成果于2020年10月通过了院士领衔的专家组验收，为南京市BIM/CIM试点建设的可持续、高质量发展描绘了蓝图。该项成果于2021年11月被"中国智慧城市大会"评为2021年智慧城市先锋榜优秀案例二等奖。

（2）形成了成体系的市级BIM/CIM标准规范，能够促进工改审批"规范化"

围绕工程建设项目BIM规划报建审批、智能审查和CIM基础平台构建与服务，南京市先后发布了"交付标准""数据标准""建筑功能分类和编码标准""技术审查规范"4类9项BIM标准，以及《南京市建筑工程施工图BIM智能审查技术导则》《南京市建筑工程施工图BIM智能审查数据标准技术导则》《南京市建筑工程施工图BIM设计交付技术导则》《南京市建筑工程竣工信息模型交付技术导则》等一系列技术导则，为南京市开展BIM智能审查试点工作提供了技术保障；并制定了"数据治理与建库技术规程""运行维护规范"等8项CIM标准。

（3）创新研发"宁建模"自主格式，实现南京市BIM统一应用数据基础

为积极响应国家有关国产化和优化营商环境的相关要求，南京市打造了"宁建模"自主BIM数据格式，并扩展至施工图审查、竣工验收阶段的BIM应用，推动实现了"宁建模"在工程建筑项目管理的前期策划、方案设计、施工图设计、施工建造和运营维护各个阶段的全流程BIM应用，为实现南京市工程建设项目BIM全流程审批和全周期管控奠定了统一的数据基础。

（4）全面建成BIM规划报建智能审查系统，构建智能化审查审批管理南京样板

率先实现了"建筑市政一体化"的BIM规划报建审查，实现了建筑、轨道交通、公路、污水、雨水等共22个专业的BIM规划报建全业务覆盖，实现了规划设计方案审查、规划建设许可审批的全流程贯通，有效降低了规划审批人员应用BIM的专业技术门槛，提升了智能化审查审批的应用覆盖面。同时，配套研发了"南京市工程建设项目BIM规划报建辅助设计软件"系列产品，支持当前市场多个主流BIM软件，供建设单位、设计单位免费使用，为设计和建设单位的BIM应用提供了极大便利，夯实和扩大了工程建设项目BIM规划报建的用户基础。

（5）深入开展规则研究，实现"能不能好不好"改革突破

通过深入开展规划方案审查核心要素及规则梳理，科学分类审批事项，把智能审查当中"能不能"和"好不好"分开，共梳理出建筑工程审查核心要素及规则104项（自动47项、半自动42项、人工15项）、交通市政工程439项（自动179项、半自动213项、人工47项）。同时，采用机辅人审、二三维并行的模式，以现有二维施工图数字化审查为依托，开发嵌入施工图BIM三维审查模块，主要就施工图审查中建筑、结构、水、电、暖、消防、人防、节能全八个专业中约302条可量化强条等内容进行智能化审查、室外管综BIM模型审查，实现施工图模型三维可视化审查、辅助审查和批注管理，室外管综模型审查，施工图模型与规划模型、竣工验收模型对比、变更检查、审查报告验收报告查看等功能，形成以BIM智能审查为主、拓展竣工验收管理功能的BIM智能审查管理系统，最大限度解决机器审查"能不能"问题，并通过提供更智能高效的人机交互方式，推进解决人工审查"好不好"问题，有效提升了审查审批管理的科学性、智能化和效率性。

（6）完成了CIM基础平台构建，助推CIM+应用建设未来发展

通过开展数据治理和优化，构建了覆盖地上、地表和地下，历史、现状和未来的"城市空间数字底板"，为智慧城市提供了基础空间操作平台；面向CIM+应用探索，开展了CIM+"多规合一"和CIM+一体化政务服务的建设，实现了"多规合一""立起来"的目标，并初步开展了CIM+城市设计、CIM+历史文化名城保护等一批面向具体业务领域的CIM+应用；基于CIM开展了不动产示范研究，实现了三维宗地、楼幢、户不动产信息的成果管理、关联查询、展示与统计分析等应用，打通了BIM从"规划、建设、验收"向不动产确权登记的全生命周期管理延伸；结合南京市"多规合一"、城市建设、智慧楼宇、低碳城市、平安城市等城市治理能力现代化应用需求，探索了大数据、视频融合、建筑物能耗、城市防涝等一批CIM+智慧化应用。

13.2.5 平台建设价值

在BIM规划报建审查审批方面：2021年3月，"58同城华东总部项目——首创数科中心"作为江苏省首个采用BIM技术进行规划报建和审查审批的工程建设项目，顺利通过了审查审批，取得了"设计方案审定通知书"和"建设工程规划许可证"。截至2021年，南京市已陆续在奥南地区、江心洲、南部新城、紫东核心区、江北新区核心区五个试点区域，完成44个建筑工程的BIM规划报建和审查审批，涵盖了商业综合体、产业园区、住宅、社区中心等多种建筑形式，规划许可总建筑面积累计超560万平方米；另完成5个市政交通工程的BIM规划报建和审查审批。

在BIM智能审查管理方面：2021年5月，铁北高中新建工程项目，作为江苏省第一个顺利取得施工图BIM智能审查通过告知书的项目，标志着南京市BIM建设试点工作迈出了坚实的一步，说明南京市的BIM智能审查系统具备一定的落地性、实操性、可推广性，有效的验证了基于南京市BIM建模、审查、交付等数字标准导则的实用性和普适性。截至2022年，系统共完成32个项目的运行和流转，涉及住宅、公建、学校、医疗建筑等多种类型，总建筑面积约260万平方米，总投资额约490亿元。在实际工作过程中，智能审查大幅度提高了审查效率，以结构为例，类似于配筋不足、尺寸不足、刚性计算指标不满足要求等可量化信息的审查效率得到大幅提高，系统可以全面排查出所有问题，极大地解脱审查人员校对的工作量，可以将审查精力集中到需要定性判断的重大安全隐患上，能够有效减少漏审，帮助发现和解决更多设计问题，提高效率的基础上确保施工图设计安全。

在CIM应用推广方面，全市各区、各职能部门积极响应和支持试点建设，开展了特色鲜活的CIM应用建设：基于市级CIM基础平台，积极推进南部新城CIM共建共享和本地化应用拓展，正在开展面向智慧规划、智慧水务、智慧工地、智慧管养等不同业务领域的CIM+应用建设；围绕"新城建"试点支撑保障，完成了市建委CIM基础支撑平台的部署，正在开展工程建设项目全生命周期管理应用探索，以真实工程报建案例尝试贯通跨部门、多阶段工程建设管理协同；围绕支持紫东核心区"数字之城"建设，会同南京紫东核心区管委会开展CIM平台建设工作对接；此外，江北新区城市信息模型可视化应用平台已研发完成并投入使用，江心洲启动数字孪生江心洲（一期）项目，江北新区南京北站枢纽经济区数字孪生平台（一期）项目等各项工作也正在陆续开展。

13.3 厦门市

13.3.1 平台建设背景

厦门市是BIM报建首批试点城市之一，近年来按照住房和城乡建设部《关于开展运用BIM系统进行工程建设项目报建并与"多规合一"管理平台衔接试点工作的函》和住房和城乡建设部提出的加快构建部、省、市三级CIM平台建设框架体系的工作要求，厦门市始终坚持以习近平总书记关于城市工作的重要指示和批示精神为指导，抓住"以人为本"的本质核心，以厦门市"多规合一"业务协同平台为基础，建立了厦门市CIM平台，形成市级城市大脑空间数据底板。平台依托"数据+技术"

双轮驱动支撑体系，全面推进城市CIM基础平台建设及其在城市规划建设管理领域的广泛应用，带动自主可控技术应用和相关产业发展，为厦门智慧城市建设奠定空间基础，不断提升城市精细化、智慧化管理水平。

13.3.2 平台建设规划

2020年厦门市"多规合一"工作领导小组办公室结合厦门市实际，编制并印发了《厦门市推进BIM应用和CIM平台建设2020—2021年工作方案》，方案提出制定CIM标准和配套政策，扩大CIM平台建设优势，强化试点片区示范作用，推动智慧城市建设，形成可复制可推广的"厦门经验"，提升城市空间治理能力。

CIM平台定位为智慧城市的时空数据中台，其核心在于以空间信息为基础，促进各行业各领域信息与空间的融合汇聚，构建形成城市级统一的数字空间底座，实现跨部门空间信息的统一共享。平台利用先进的技术架构，构建四层服务能力体系，形成一套共建、共享、共治的城市治理模式，在促进各部门协同管理的同时，逐步实现平台不断持续迭代和自适应生长，全方位服务城市全生命周期管理，开放式地赋能各行业应用领域，如图13-7所示。通过对城市数据的研究和运行规律的识别，发现城市治理矛盾和寻求解决路径，支撑城市职能定位和发展态势的研判，成为提升城市运行管理和服务能力的现代化工具，不断提升城市治理体系和治理能力现代化水平。

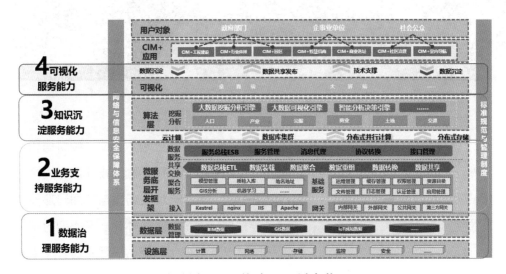

图13-7　厦门市CIM平台架构

13.3.3 平台建设内容

1）统一空间底板，推进数据共享。融合汇聚BIM报建数据、市综治平台公共安全数据、气象监测、水环境监测等各类城市环境监测数据，以及执法巡查、智慧工地监测、楼宇智能监测等IoT数据，形成一个可感知的全域数据资源底板。建立健全全市跨行业空间数据共享机制，明确数据标准、汇交规范、接口标准等，接入相关部门业务数据，按照统一标准对业务数据进行空间可视化，将更多的业务数据汇聚至空间底板上。加强数据治理，对各类结构化、非结构化数据进行解析、校验、清洗、关联、检查，从中发现数据矛盾并进行异常处理。充分利用"多规合一"业务协同平台和市工信局政务空间信息共享服务平台，为全市各行业提供统一的空间数字服务，用户可通过在线申请、接口服务、离线交换等形式，申请或共享各类数据服务，实现数据开放共享，如图13-8所示。

图13-8　厦门市CIM平台数据服务能力

2）强化可视化服务，全场景应用。在空间数据底板上融入BIM、倾斜摄影、手工模型、地下管道等三维数据，根据不同应用场景，搭建两套可视化服务引擎，适应不同硬件设备性能需求。引入GIS地图引擎，推进宏观大场景与精细局部模型无缝融合，满足城市二三维一体化、室内外一体化、地上下一体化、多类型时空表达的可视化应用，如图13-9所示。引入高性能渲染可视化引擎，增强平台云渲染能力，提供绚丽的图形界面效果，支撑大小级别场景漫游、无缝流畅切换、可视化渲

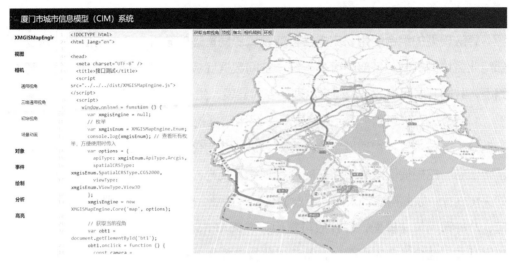

图13-9　厦门市CIM平台三维引擎API示例

染、相机灯光设置和各类特效处理，如各类天气、夜景、烟花、辐射等效果，满足各类大屏、数字沙盘、领导驾驶舱等应用场景。

3）支撑业务协同，推进空间共治。基于微服务架构，提供地址匹配、空间分析服务、模型管理工具等服务能力，支撑跨领域、跨行业开展实时协同调度。如通过建立地址语义库，支持城市治理、公共安全等海量地址信息自动转换、匹配及空间落图，实现业务数据空间矢量化，如图13-10所示；提供上百种高性能、高稳定性

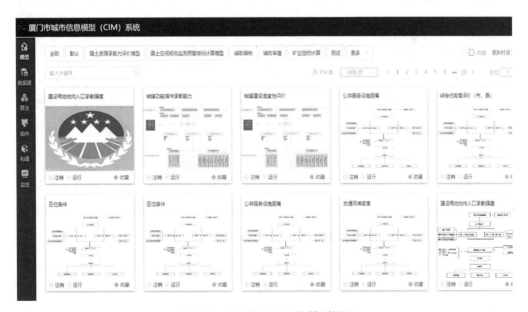

图13-10　厦门市CIM平台模型管理

的分析服务接口，为城市管理决策提供支撑；构建模型管理工具，通过各类数据资源、算法模型的组合使用，支撑各行业领域协同管理的分析、评价与应用。建立跨部门业务协同机制，各部门可基于统一空间数据底板发现城市治理问题并寻求解决路径，共同开展民生服务、社会治理、乡村建设、生态环境等空间治理。

4）算法沉淀复用，不断迭代更新。运用数据挖掘、机器学习、深度学习、大数据分析等技术，将物理城市的各类对象进行数字化转译，形成基础信息库；通过基础信息，挖掘提取信息中存在的运行规律及规则，进行数学建模来反映现实世界的变化规律，以此构建了人口、产业、公服、商业、交通、要素识别等7种算法模型库、21种通用算法模型，并开放可复用标准化API接口，满足各行业调用进行二次应用开发。结合各自应用需求，不断优化算法模型，并将新的算法模型积累沉淀至空间底板上，实现算法间自动迭代及知识创新，支撑城市职能定位和发展态势的研判，辅助进行城市管理决策。

5）赋能CIM+应用，提升城市精细化管理。CIM+应用是CIM平台关联融合、挖掘更多价值的重要载体，通过全市各行业部门数据融合，推进跨部门业务协同和空间共治，形成覆盖政府、企业和公众三个层面的CIM+应用场景。

①政府层面

一是自然资源领域。推行BIM报建智慧审查，自主研发BIM报建审查软件，创新通用BIM公开轻量化数据格式，实现窗口"秒办"工规证，大力提升审批效率；城市设计管控方面，将城市现状三维场景、二维规划编制成果等进行融合管理，集成视线分析、视点模拟、方案推演等辅助决策分析功能，为城市建设项目的前期研究、方案设计、综合评估等提供分析服务。

二是城市执法领域。融入三维空间数据模型，实现人员轨迹空间回放、核酸监测点及事件上报等三维信息展示，并从市区、街道、社区等不同颗粒度进行城市精细化管理。

三是生态环境领域。集成融合复杂的空间要素、生态约束指标、目标、管控条件要求，实现生态环境分区管控体系数字化，有效弥补了原项目策划生成前期决策阶段空间、行业、污染信息不足短板，并为生态环境准入提供决策分析。

四是建设管理领域。在城市建设方面，基于市政基础设施普查数据生成三维模型，支撑日常维护保养、可视化查询、事故分析、模拟演练和决策指挥等管理需求；在工程建设方面，依托全景VR摄影技术+AR展示技术，对施工现场进行常态化实景拍摄，准确了解项目施工质量、进度情况，以"被动管理"向"主动监管"转变；在片区建设方面，以自贸区、同翔高新城为"试验田"，融合基础数据和规划、建设、招商等业务领域数据，搭建园区空间数字底板，辅助园区进行招商咨询整合和资产精准管理。

②企业层面

一是智慧招商领域。依托招商空间数据和招商遴选算法，为企业提供招商空间服务、智能遴选、政策管家、案例推送、专班保障等线上+服务，并提供基准地价查询、一键检测等便捷工具，升级招商服务方式，助力企业降本增效。

二是智慧产业领域。围绕集聚特征、主导产业、结构特征、园区活力等指标，面向各行业应用提供产业能力、经济效益评价分析等服务，对重点产业地图分布、产业定位、明星企业、人才优势等维度进行分析，辅助区域产业管理者进行决策。

三是智慧楼宇领域。建立"一楼一档"，动态更新企业名单和空置面积，实现楼宇空间智能推介和设备智能管理，提升楼宇管理智能化水平。

③公众层面

开展一系列民生补短板服务，为补齐城市短板提供决策依据，提升人民群众获得感。

一是教育领域。联合教育部门开展学位供需平衡预警服务，分析预测学位供需平衡和学位缺口数量、空间分布，为教育类项目建设时序提供参考。

二是医疗领域。整合疫情多源数据，充分利用楼门牌、地名地址等数据支撑，将疫情信息落到空间，形成"全市防疫一张图"，构建"疫情相关人员管理信息系统"，支撑疫情精准防控和疫情全闭环管理，实现空间与疫情信息高度融合。

三是住房领域。汇聚房屋大数据，支持房源、租住、财务管理、房源推广、租约审批等，为社会公众节约交易成本，积极响应中央"房住不炒"政策导向。

四是交通领域。联合交通部门开展交通客流预测挖潜、公共交通换乘接驳特征分析、网约车与巡游车运营特征挖掘等分析服务，为发现城市交通运行短板、改善交通运行环境提供支撑。

五是养老领域。联合教育、文旅、卫健等部门构建公共服务设施评估模型，评估各类公服设施服务范围、设施覆盖度和供需平衡情况，为项目建设时序、空间布局提供参考。

13.3.4 平台建设特色

（1）全——空间数据信息全要素汇聚

CIM平台作为厦门智慧城市的空间底座，支持各行业各领域信息与空间的融合汇聚，解决"数据孤岛""条块分割"等问题，主动为政府、企业、公众提供统一的空间数字服务，扩大共享合作成果，让数据成为流动的生产要素，让企业和公众感受"非申即享"的高质量服务，为数据资源的活化应用奠定坚实的基础。

（2）真——高精度高保真可视化表达

依托地址匹配引擎、可视化引擎等工具，提供跨行业数据空间可视化支撑，从真正意义上实现物理城市建设成果的智慧可视。绚丽的可视化效果吸引更多的部门、企业不断拓展应用场景，为各级领导进行城市管理决策和城市精细化管理提供直观可视化支撑，实现价值双向流动与应用效果最大化，相互赋能。

（3）智——能力共建支撑智慧化治理

推进技术融合、业务融合、数据融合，构建统一的共性赋能平台，基于空间数据底板及时发现城市发展中的治理问题，对问题的发展态势进行精准预测，辅助管理者做出精准判断。在数据治理过程中不断地将数据、算法模型沉淀至平台，实现"数据反哺"，促使平台成为自我学习、持续优化和自适应生长的有机生命体，使城市更加聪明。

（4）广——全方位多领域CIM+应用

强大的CIM+应用，也是厦门市CIM平台的重要特色。加强平台四大能力赋能，加快各项CIM+应用积累，通过与各行业部门建立空间应用服务机制，提供生态环境、城管、应急、消防、医疗、物业、招商、楼宇、数字园区、数字自贸区等定制化应用服务，不断拓展空间数据应用场景，让数据价值得到有效释放，助力人民满意度、获得感、幸福感再提升。

13.3.5 平台建设价值

（1）共享共治，实现跨行业数字赋能

CIM平台为市区两级部门、指挥部及管委会等40余个部门提供空间信息和数据分析服务，促进城市治理提质增效，并将业务数据和问题治理沉淀至平台，不断丰富城市空间底板。如生态环境部门的"生态云"平台通过数据共享实现生态分区管控数字化；应急部门的"应急管理指挥中心"通过服务对接实现指挥调度的可视化；

城市执法部门的"监控指挥系统"基于三维底板实现城市执法立体化管控；市政园林部门的"智慧排水二三维一体化平台"基于排水管网数据底板实现城市排水全过程精细化管理水平提升。

（2）精准服务，实现企业获得感提升

CIM平台围绕产业发展全周期提供准确、全新视角的数字招商服务，助力企业降本增效，不断提升城市竞争力。围绕企业最关心的项目落地问题，依托空间数据和选址算法，结合土地画像与企业画像，提供招商遴选、基准地价测算、用地条件分析等便捷工具，智能评估招商项目落地可行性，为企业提供全周期融合服务。以产业集聚和关联产业相互配套为出发点，为企业提供产业能力、效益评价等服务，辅助产业管理者进行决策，让"引进来"的企业不仅"留下来"，更要"旺起来"。

（3）智惠民生，成为人民心中的城市

CIM平台以为民、便民、惠民为出发点，围绕人民衣食住行、安居乐业等，最大限度地为城市中的"人"提供全面细致的民生服务，使人民能够享受到安全、高效、便捷、绿色的城市生活。开展室内导航技术研究，满足公众在医疗机构、购物中心等不同场景路线导航需求；汇聚房屋大数据，支撑二手房租赁管理，为社会公众节约交易成本；打造智慧社区，为居民提供一站式全方位综合服务，不断提升人民幸福感。

13.4 北京城市副中心

13.4.1 平台建设背景

2018年11月，北京城市副中心被列入住房和城乡建设部"运用建筑信息模型（BIM）进行工程项目审查审批和城市信息模型（CIM）平台建设"试点城市之一。重点围绕运用BIM系统开展工程建设项目电子化审查审批及探索建设CIM平台建设等相关内容，创新工作方法，探索试点路径，总结可推广的试点经验。为更好落实试点城市建设，北京城市副中心在落实规划建设过程中，出台了《关于北京城市副中心高质量规划建设管理的意见》，明确提出搭建智慧化、信息化规划建设管理平台（CIM平台），制定BIM应用的技术标准及政策措施，在设计、施工和生产运营维护全周期应用并推广普及等相关内容。

13.4.2 平台建设内容

（1）加强城市副中心CIM基础平台数据整合汇聚

初步建立了全市"一库三图"城市空间大数据框架体系，夯实了CIM基础平台基础底板数据。即，一库：全市统一的空间与自然资源数据库；三图："规划一张图""审批一张图"和"现状一张图"。

1）"规划一张图"已经整合包括新版城市总体规划、04版城市总体规划、17/06版土地利用规划、06/99版中心城控规、新城控规和专项规划等100多层规划编制成果数据。

2）"审批一张图"已经整合汇聚历年规划审批、土地审批的项目地块信息，推进构建涵盖地块控规、用地审批、多规合一、规划许可、施工图审查、批后监管与全过程监督、竣工验收、不动产登记全过程闭环的审批一张图新体系。

3）"现状一张图"通过"一基三普一调"和军民合作等重大专项工作，形成"地上地下覆盖、二维三维联动"的现状一张图，如图13-11所示，二维各类地理信息数据已形成完备层次体系并覆盖全域，三维Mesh数据覆盖北京市域，城市副中心、怀柔科学城、核心区、奥体等重点区域三维单体精细化数据；地下管线数据覆盖中心城和新城范围，包括8大类管线，共计约8.1万公里。

（2）推进城市副中心CIM基础平台全周期一体化建设

在规划编制阶段，城市副中心CIM基础平台实现了数据的统一汇聚管理。集成

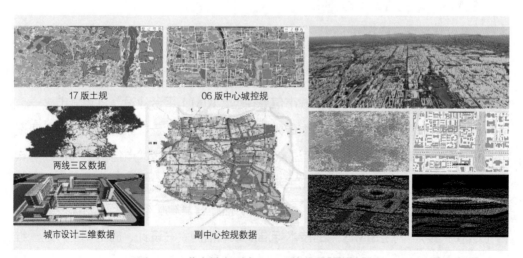

图13-11　北京城市副中心CIM基础平台数据整合

了规划要素、城市设计、建筑方案、市政交通基础设施等14类现状及规划数据，包括155平方公里的现状场景倾斜摄影，以及运河商务区、行政办公区、城市绿心等33项重点地区和重大工程方案模型，全面展示副中心现状及未来、室内及室外精细化真实场景。平台实现了从CIM到BIM数据的有效衔接，平台通过调用BIM模型，可直观展示精确到房间的空间结构和管线数据，未来还将实现BIM技术在施工图报审、施工管理、后期运维等方面的闭环应用，有效支撑辅助方案审查。平台基于副中心控规的96项管控要求，凝练形成管控盒子，利用碰撞技术，直接检验报批方案合规性。利用平台分屏联动功能，可实现同一空间场景下多方案实时观察比选。

在项目审批阶段，结合优化营商环境改革要求和北京市"多规合一"平台建设，副中心CIM基础平台在二维电子报建基础上，探索基于三维的报审模式。目前完成了二维电子图报建"京易审"平台和公开数据格式"BDB"的开发工作，主要实现对规划审查数据标准化、规范化处理和报件端、审查端的二维电子报建功能。研发三维报审平台，打通和建设单位、企业之间的通道。与北投集团合作，将企业项目管理和BIM信息系统和市规自委"多规合一"协同平台进行对接，在一个系统中实现从项目立项规划、设计、施工、竣工验收到运维管理全流程的管理模式。研究推进基于BIM的施工过程管理和平台建设。依靠BIM模型为载体将施工过程中的进度、合同、成本、质量、安全、图纸、材料、劳动力等信息进行集成。对施工过程中的进度管理、现场协调、投资管理、质量安全、材料管理、劳务管理等关键过程进行直观有效监管。

在竣工测量阶段，CIM基础平台建设充分考虑和新型基础测绘三维数据成果融合问题，研究从规划、审批、建设到竣工的全三维城市数据动态更新模式。选取城市副中心155平方公里和怀柔科学城100平方公里作为试点区域，通过制定新标准、试验新技术手段、生成新产品、探索新应用、新模式，形成"实景三维、信息融合、动态更新、产品多样"的新型基础测绘成果。通过三维数据与BIM数据融合，为全三维的规划、审批、建设、监督全流程提供数据支撑，如图13-12所示。

（3）探索城市副中心CIM平台关键技术难点

为了更好解决CIM平台建设中的关键技术问题，北京市连续两期开展"城市副中心BIM报建和CIM平台研建"课题研究。主要以城市副中心为试点区域，开展三城市副中心 CIM 信息平台按照规划编制、项目审批、竣工测量、运营管理全过程一体化理念设计开发。工作重点是打通现有平台，做好统筹整合，建立全流程闭环体系

图13-12　全过程一体化管理

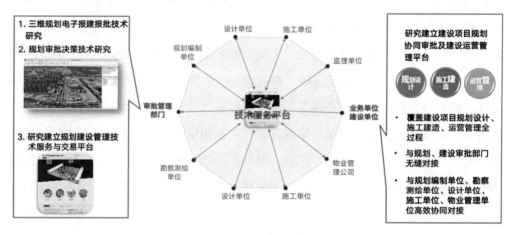

图13-13　一站式服务模式

维/BIM技术的标准规范、政策机制，三维/BIM电子报审指标体系和报建流程、移动端审查平台、电子签章、平台安全和CIM平台建设等研究（图13-13）。目前，课题已进入二期建设阶段，选取建筑规模5万平方米左右的公服类、公益类项目，包括学校、医院、展览馆、社区服务中心等，作为报建研究对象，加快推进。

13.4.3　平台应用情况

1）支撑项目规划审查应用。在城市副中心绿心三大建筑（剧院、博物馆、图书馆）、东方厂棚户区改造安置房、新光大二期、通州儿研所、潞城博物馆等多个项目

中，利用CIM平台进行方案审查，刚性管控分析，弹性指标调配，空间管控落实，辅助方案优选及规划决策等应用，提高规划审查的直观性、高效性和智能性。

2）推动BIM三维报建应用。CIM基础平台以电子报审报批为应用场景，以科委课题研究为支撑保障，在二维电子报建基础上，推动基于三维/BIM的三维电子报建。创新了技术手段，大大提高工程建设项目报建效率。

3）创新新型基础测绘试点应用。CIM基础平台的建设和新型基础测绘工作统筹推进。在怀柔区水泥厂改造（丘成桐工作室）项目试点工作中，利用三维激光扫描技术建立了现状三维模型，同步启动BIM进行正向设计，建立一套从现状到规划设计再到竣工验收的全链条数据管理体系。

4）创新建筑师负责制BIM试点应用。将建筑师负责制试点和CIM试点工作相结合，为建筑师提供赋能工具。选取特定区域的项目进行建筑师负责制试点研究工作。

13.5 雄安新区

13.5.1 平台建设目标

雄安新区规划建设BIM管理平台按照中共中央、国务院对《河北雄安新区规划纲要》的批复精神和要求，坚持"创新、协调、绿色、开放、共享"的发展理念，坚持"数字城市与现实城市同步规划、同步建设"的发展模式，坚持以信息化促进城市治理模式更新的发展思路，创新数字城市"规、建、管"的新型标准体系、政策体系和流程体系，探索以数字城市的预建、预判、预防来支撑现实城市高质量发展的决策模式，打造表达城市空间的数字平台，以国际一流、国家自主产权的城市数字技术的不断创新实现"雄安质量、全国样板、世界典范"的绿色智慧新城，力推"具有深度学习能力、全球领先的数字城市"，实现规建管的"数字共享、全民共创、全局联动"。

13.5.2 平台创新

（1）管理创新

1）多规合一

构建协调一致的"一张蓝图"，通过平台进行集成，统筹地上地下各类空间资源科学合理、集约高效地利用。建立全流程、全要素的多规合一分类体系，细化并整合每个阶段的多专业规则，搭建不同尺度的指标传导原则，实现城市管控要求的层层传递与落实。

2）多测合一

在"统一标准、多测合并、成果共享"的要求下，对同一工程建设项目各个阶段的多项测绘服务事项应合尽合、能合则合。实现工程建设项目涉及的测绘服务事项统一管理、测绘过程统一规程、测绘数据统一标准、成果共享统一平台。

3）多审合一

推进多部门管理流程与制度的统一和部门协同，采用线上多部门联审、多专家论证等方式，不断完善城市各部门之间的多审合一机制，加强多部门的协调与沟通，更好地服务于雄安城市整体发展的综合型需求。

4）多证合一

雄安新区以数字化平台驱动工程建设项目审批智能化，进一步优化工程项目审批流程，创新实践"函证结合"，提升工程项目审批效率，提高政府服务效能，优化营商环境。

5）多验合一

结合信息时代发展方向和新技术实际应用，创新验收工作方法，开拓一套基于BIM技术的多专业联合、多部门联动的"多验合一"验收管理模式，确保了优质建设、优质验收、优质交付，有效提高了政府验收效率和服务品质，更好地实现从建设到运营的过渡。

（2）方法创新

1）统一数据标准

为支撑平台应用功能的实现，雄安新区定制了一套包括XDB数据标准、"现状评估（BIM0）—总体规划（BIM1）—控详规划（BIM2）—方案设计（BIM3）—施工监管（BIM4）—竣工验收（BIM5）"阶段各专业成果入库标准以及信息挂载手册的标准体系，保障全周期、全要素数据的贯通传递。最终做到以规划统筹建设，无缝对接项目生成，为有序高效推动城市建设奠定了重要基础。

2）全程规划管控

雄安新区创新城市规划设计模式，实现了城市规划设计工作与平台工具的有机结合。借助平台这一数字化工具，形成了数字规划成果，构建了规划传导体系，明确了数字管理规则，建立了上位规划的全过程管控和反馈机制。

3）数据赋能管理

一个平台贯通了城市生长过程的全链条，一套标准融合了各行各业的各类数据格式，平台和标准共同为数据打通了传递通道，确保了数据资产传递的准确和畅通。让数据资产从城市生长的"副产物"变为高质量、可深度加工的"原材料"，通过平台进行数据的加工和共享，实现数据赋能。

13.5.3 平台系统总体设计

一套标准、一套制度、一个平台是雄安新区开展数字城市建设的核心内容。其中，一个平台即指雄安新区全周期智能城市规划建设平台（以下简称平台），集中实现对城市全周期、智能化的规划、建设、管理。

平台整体架构如图13-14所示，包括门户层、业务应用层、空间数据资源管理层、服务支撑层、基础层等，实现对雄安新区城市生长全过程的记录、管理，以支撑形势判断、决策支撑等监管服务。

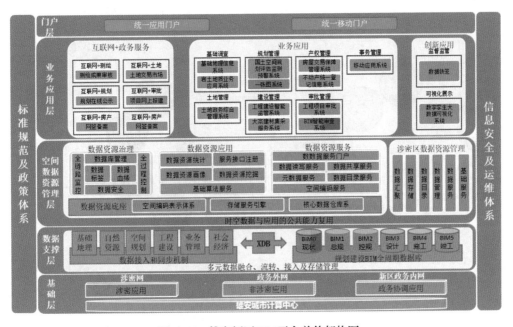

图13-14　雄安新区BIM平台总体架构图

13.5.4 制度体系与标准体系建设

（1）制度体系

为加强BIM数据管理的规范性及使用的安全性，支撑新区工程建设项目审批制度改革落地实施与深化，创造"雄安质量"，雄安新区建立起一套包括BIM数据管理制度、数据安全保障制度等在内的制度体系。

（2）标准体系

雄安新区以政府管理导向为需求，进行了指标和标准体系建设，以上位指标层层传递和下位指标有效反馈为原则，在规建管指标体系的基础上，形成了成果交付标准、信息挂载手册、XDB插件、自检工具等标准和工具，以适度超前布局智能基础设施为出发点，提前考虑城市全行业、全领域的感知传感数据的获取方法，编制了智能基础设施体系标准。

指标体系融合了规划建设管理全周期和各行业全空间要素的要求，既强调了各专业模块的纵深向思考，体现各自专业指标的深度和专业性，又强调指标之间的关联性，体现城市建设、开发、运维、反馈的时间周期迭代性，总体框架如图13-15所示。

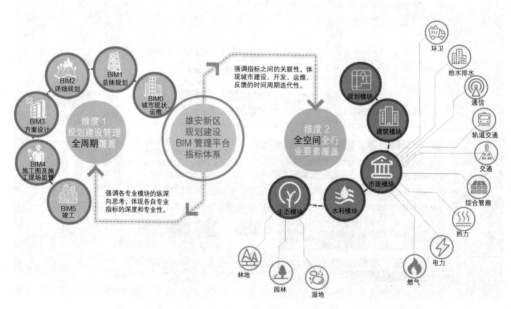

图13-15 雄安新区规划建设BIM管理平台指标体系总体框架

13.5.5 实施与应用效果

建设数字孪生城市是技术创新、行政改革、公众觉悟和民众参与等一系列问题相互交织、共同演进的复杂系统，雄安新区建设遵循城市生长规律，在数字孪生的基础上创新性地提出了BIM0~BIM5数字雄安六阶段理念，提出城市空间信息模型的循环迭代体系。该套体系以建设项目审批作为切入点，按照城市发展6阶段，分阶段开展新区发展全生命周期和项目审批全流程的数字化管理，以6个BIM构建闭合流程，记录雄安的过去、现在与未来，实现实体和数字城市孪生同步建设、自我生长。"现状评估（BIM0）—总体规划（BIM1）—控详规划（BIM2）—方案设计（BIM3）—施工监管（BIM4）—竣工验收（BIM5）"对应划分6大类城市信息数据，与现实城市孪生发展，全面梳理雄安新区建设、发展过程中所有空间数据资源，伴随建设项目和城市的发展完成迭代，并依照新区的规划和建设成果保持数据资源目录体系的动态更新。

平台的系统和功能应用在新区的规划、设计、施工等发展过程中起到了引领示范作用。随着新区从规划阶段向大规模建设阶段转变，平台也将会进一步完善系统和功能应用，将建设项目的审查范围由建筑、市政、地质扩展到园林、水利等专业，继续完善收集平台全阶段、全专业的数据信息，实现对新区发展全要素、全时空数字化管理。

总结来看，雄安新区规划建设BIM管理平台针对城市全生命周期的"规、建、管、养、用、维"6个阶段，率先提出了贯穿数字城市与现实世界映射生长的建设理念与方式。自主构建了以XDB为代表的一整套数据标准体系，实现了从核心引擎到上层应用的国产化。在国内BIM/CIM领域实现了全链条应用突破。

13.6 中新天津生态城

13.6.1 平台建设背景

住房和城乡建设部《关于中新天津生态城有关支持政策的函》（建科函［2019］180号）提出"支持将中新天津生态城纳入城市信息模型（CIM）平台建设试点"，2020年初，经天津市人民政府同意，生态城CIM平台试点工作方案正式上报住房和城乡建设部。同年，住房和城乡建设部下发《关于同意中新天津生态城开展城市信息模型（CIM）平台建设试点的函》。

为贯彻住房和城乡建设部试点工作要求，创新和拓宽企业与居民参与渠道，结合生态城实际情况、工作基础及优势特色，生态城从城市建设及工程项目的"规、建、管、运"全生命周期角度出发，开展了CIM平台建设工作，把CIM平台的建设与城建工作的智慧化升级有机结合，重点聚焦建设、规划、房屋、土地、地下管线、工地等六大发展领域，推进完善基于CIM的智慧城建协同治理体系及跨部门的协同深化建设，科学构建智慧城建CIM+应用体系。

13.6.2 平台建设规划

生态城CIM平台建设目标是形成支撑生态城规划建设领域业务全过程流转的完整平台，打造反映生态城建设过去、现在和未来全时域的智慧建设应用场景，建立覆盖生态城全空间的三维数据底板，服务生态城整体智慧城市建设。具体建设规划包括：

1）在多层级安全访问机制下，建设具有城市规划和智慧建设能力的全过程CIM平台；

2）基于"1+3+N"的框架体系打造"智慧建设"应用场景，实现全时域展示生态城建设的过去、现在和未来；

3）建立覆盖生态城全域的三维数据底板，为生态城智慧城市建设提供开放共享的全空间基础支撑。

CIM平台在生态城智慧城市建设中有着明确定位。生态城的《智慧城市建设实施方案》中提出生态城将在"1+3+N"的框架体系下，建设全国智慧城市的试点样板。在一个"城市大脑"的驱动下，各类社会治理问题将在CIM平台的帮助下快速化解在一个个"网格"之间。作为"3"个平台之一的"数字平台"，就是以生态城CIM平台和数据汇聚平台为核心，逐步建成实现区域的全域CIM化、数字化，其中全域数字孪生为基础的CIM平台以规划建设领域为起点，逐渐支持城市各管理领域的虚拟化治理是"N"类前沿科技应用。

13.6.3 平台建设内容

生态城CIM平台建设，主要包括CIM三维底板、CIM基础平台、智慧业务系统三大部分，如图13-16所示。

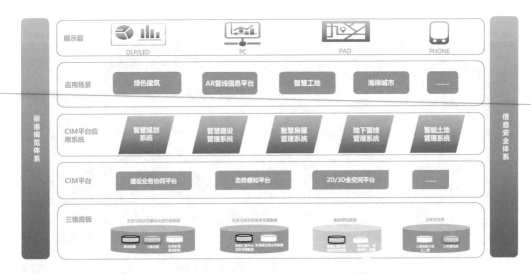

图13-16　天津生态城CIM平台总体架构

（1）CIM三维底板

补充采集或加工地理信息数据，打造覆盖生态城全域的三维底板。在现有数据汇聚平台的15个门类60多种数据基础上，补充完善基础地理信息数据、规划类数据、城市建设业务相关数据及三维模型数据。其中，三维模型包括全部公建类BIM模型（含翻模）约26个，三维建筑模型房屋粗模约7000栋，精模约5400栋，完成生态城10大类约338万米管线三维建模；规划类数据包括城市总规、控规、城市设计和土地权属信息等；城市建设业务相关数据包括土地利用信息、建设项目信息、绿色建筑信息、海绵城市信息、地下管廊和管线信息等。

（2）CIM基础平台

生态城CIM基础平台，是以二三维地理信息服务为基础，通过标准规范和操作规程体系的保障，重点打造的生态城各职能部门之间的数据共享平台和城市运维协作平台。在技术层面，实现对物联网实时数据、各类三维数据和空间大数据服务的汇集，为各类智慧业务应用提供技术支撑。CIM基础平台，包括数据汇聚与治理系统、全息展示与查询分析系统、共享与服务系统和运维管理系统模块，如图13-17所示。

（3）智慧应用系统

生态城CIM平台建设了九大智慧应用系统，实现建设业务全覆盖。

1）城市规划系统

依托CIM平台，建立以监测评估和辅助决策分析为核心的城市规划系统，在控规层面对城市居住空间、产业空间、综合交通、开放空间以及公共服务设施等方面展开

图13-17 天津生态城CIM基础平台界面

监测评估，关联用地、建设项目、产业和居住、人口、交通、公共服务设施等数据，建立大数据城市规划分析模型，实现规划建设管理的数字化和智慧化，为政府在空间布局调整、产业项目落位、社会公众参与等方面提供决策参考，如图13-18所示。

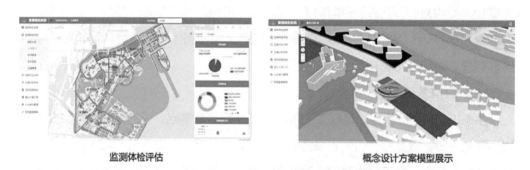

监测体检评估   概念设计方案模型展示

图13-18 天津生态城城市规划系统

2）城市规划系统–BIM报建系统

在城市规划系统中，开发了BIM规划报建系统，按照规划审批业务流程，将BIM技术创新应用于工程建设项目在线报建和自动化审查审批，为业务办理提供精准的数据支撑。主要涵盖在线提交文件模型、在线查询审批进度和反馈意见等功能，此外审批人员可利用该系统批注审批意见，自动对比检查相关法律法规与报建文件的经济技术指标，同时实时报送审核结果。BIM规划报建系统建立了BIM应用标准、数据交换标准、模型设计标准及成果交付标准，在保证数据存储传递安全性基础上，构建了规划设计方案报建等全流程BIM报建标准规范体系，如图13-19所示。

图13-19　天津生态城BIM报建系统

3）智能土地储备管理系统

土地管理系统主要用于储备土地的收购、整理、分配与管理，能够有效进行地块储备及供地与规划信息管理，如图13-20所示。土地使用状态模块，以控规数据为基

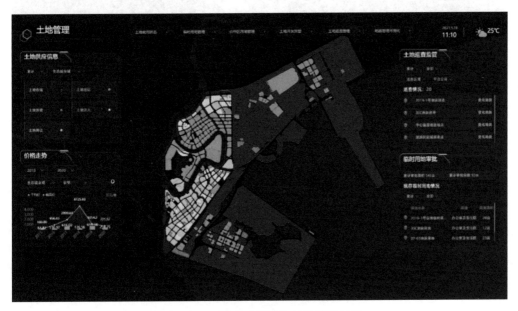

图13-20　天津生态城土地储备管理系统

础，展示土地供应信息、土地价格走势等城市土地的使用状态；临时用地管理模块，将临时用地的审批在线化、空间化，通过预设系统提醒提高审批效率；土地开发预警模块，统计展示、提前预警土地开发流程的关键节点，保障土地开发按时完成；土地巡查监管模块，通过无人机航测技术，获取目标区域影像，为土地巡查执法提供支撑；地籍管理可视化模块，在线管理地籍图，使地籍图的管理变得更加精准。

4）智慧建设信息系统

以CIM平台为基础，对建设计划申报、编制、调整、进度执行、资金拨付与工程变更等实现全阶段管理。综合分析项目建设分布与进展情况、资金计划与固投完成情况，通过项目分布位置图、资金投入分布图、项目类型分布图、建设过程热力图等形式，动态实时反馈建设项目进展情况，如图13-21所示。

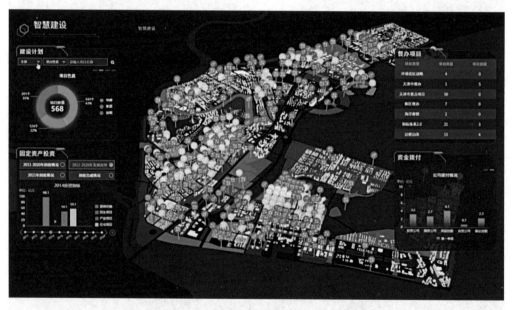

图13-21　天津生态城智慧建设信息系统

5）智慧房屋管理系统

在建立房地产预警预控指标体系的基础上，开发房地产预警预控系统，对房屋价格自动监测和预警；建立物业和房屋安全监测系统，整合房屋基础信息和小区大门出入信息，强化社区安全保障；建立配套项目管理系统，对配套项目计划、配套费收缴、配套项目过程监管和验收等进行综合管理，实现配套项目的统一管控，如图13-22所示。

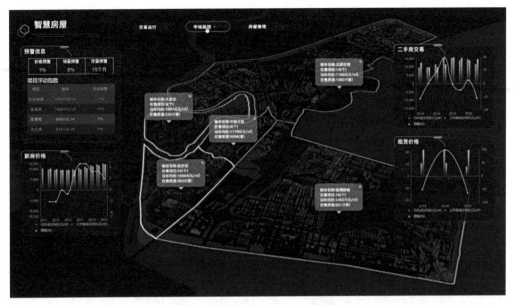

图13-22　天津生态城房屋管理系统

6）地下管线管理系统

　　通过管线数据定期更新和传感器感知管线及管线设施运行状态，实现管网逻辑拓扑图与地理图联动。利用北斗定位、增强现实等技术，提供施工、巡检现场各类管网埋设情况和运行状态的报送，使地下空间设施、隐蔽工程的位置等信息三维可视化，为各管网系统和设备赋予空间位置信息，改变通过编号或文字描述设备的单一方式，实现管理部门对地下空间设备设施的直观化、动态化管控，如图13-23所示。

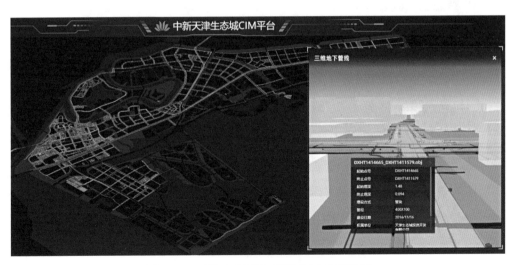

图13-23　天津生态城地下管线综合管理系统

7）绿色建筑能耗监控系统

绿建系统分为项目级和城区级两个层次，对生态城城区及绿色建筑进行动态展示，实时比对绿建指标与实际运行状态，结合BIM技术，直观查看能耗、构件属性以及绿建技术等情况，使建筑节能、节水、室内环境、建筑运维等方面技术和实效可视化，综合反映建筑能耗运行水平，如图13-24所示。

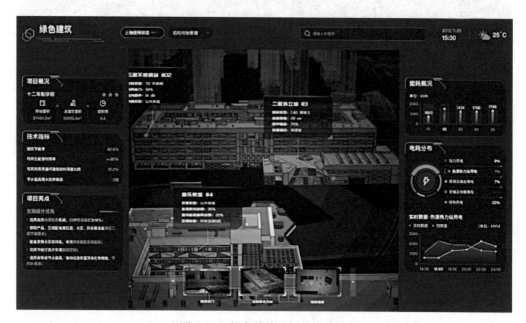

图13-24　绿色建筑能耗监控系统

8）智慧工地管理系统

围绕人员、安全、质量等要素，构建覆盖建设主管部门、企业主体、建筑工人三级联动智慧工地管理体系，结合生态城智慧工地4S管理体系，实现对建筑工地全生命周期智慧化监管，如图13-25所示。

9）海绵城市管控系统

海绵城市管控系统对城市范围内水循环全过程进行管控与监测，为政府和相关各方在海绵城市建设和运维管理方面提供量化的数据支撑，成为一项具有创新性、实用性的管理工具。特别是采用指标来管理和控制海绵城市建设全过程，实时监测、动态验证、评估考核管控指标效果，如图13-26所示。

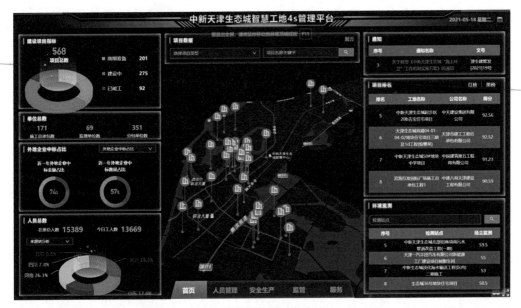

图13-25　智慧工地管理系统

图13-26　海绵城市管控系统

13.6.4 平台建设特色

1）生态城CIM平台，以建设城市全生命周期治理为目标，进行了市政基础设施数据模型深度融合，建立统一的三维实体数据模型。在空间维度上，涵盖了全域范围内每一个建设工程地上、地下、室内、室外的硬件数据；在时间维度上，它记载了生态城从2008年开工至今的全部历史建设数据；在专业维度上，它囊括了规划、土地、建设、房管、工地等各个专业领域的业务数据，打通了各个职能部门之间的数据壁垒。基于以上物理与业务实体，CIM平台打造出全空间、全要素、全时域信息可连接的城市有机综合体。

2）生态城CIM平台强调应用至上。基于日常事务和管理的业务需要，目前在CIM平台之中共开发了八个智慧应用系统，包括了规划、土地、建设、房管、工地五个主要业务领域，还有地下管线、绿色建筑、海绵城市三个特色业务领域。例如，规划应用系统可以辅助招商项目选址并满足建设项目BIM报批报建业务需求；土地应用系统可以对闲置土地进行动态监管；建设应用系统可以对固定资产投资和建设计划完成情况进行实时监控；房管应用系统可以对房屋销售价格、存量商品房去化周期进行实时监控；工地应用系统可以利用物联网对每一个工地进行远程监管，查找安全隐患；绿色建筑和海绵城市应用系统可以对建筑能耗、水量、水质等数据进行实时监控和预警。上述业务应用系统的建设，极大地提高了生态城规划建设管理的效能和精细化水平。

13.6.5 平台建设价值

（1）制定了BIM技术全流程标准

2020年，生态城制定了《中新天津生态城绿色建筑BIM应用统一标准》《中新天津生态城绿色建筑BIM应用指南》《中新天津生态城绿色建筑BIM模型统一交付标准》，明确了民用建筑项目在BIM应用中的具体要求，形成规范化、标准化建设路径。2021年，基于CIM平台BIM规划报建系统，生态城编制了《中新天津生态城成果交付标准》《中新天津生态城模型设计标准》《中新天津生态城BIM应用标准》和《中新天津生态城数据交换标准》，详细规范了设计阶段的BIM模型，进一步完善了行业标准，降低了BIM技术落地实施的难度，有利于BIM技术在生态城全面应用。

（2）搭建了协同联动的CIM管理体系

生态城以"规、建、管、运"全生命周期治理为目标，依托BIM应用技术，建设了一个技术先进、数据完整、标准统一的基础数据库，实现数据共享共用共管，在全国首创由规划、建设、房屋、土地、地下管线等多业务部门协同的CIM管理体系，探索出智慧城市建设新路径，努力提升城市服务水平和服务质量。

（3）构建了三维立体的智慧城市底板

生态城创新构建了全空间、全要素、全域信息融合的三维智慧城市底板，与物理世界逐一映射，模型精度分层分级。2021年底，生态城建设了覆盖全域的三维底板数据中心，涵盖了城市每一栋建筑三维模型，记载了历史建设数据，并且可以延伸推演出2035年远景发展蓝图，回溯过去、映射现在、展望未来。

（4）勾画了城市国土空间规划一张蓝图

突出中新合作特色，与新加坡国家发展部深入交流合作，打造基于CIM平台的城市规划平台，整合城市基础信息、城市规划和大数据信息等资源，通过分析、汇总、建模和评估，实现一本规划、一张蓝图，有效解决了现有各类规划自成体系、内容冲突、缺乏衔接等问题，进一步优化城市空间布局，有效配置土地资源，提高空间管控和治理能力，为城市设计提供决策支持。

（5）提升了城市现代化治理水平

生态城以CIM平台为基础，将城市规划、建设、运维数据叠加在一起，全面整合全域数据、工作职能和发展资源，初步实现"一张底图管全部"，实时掌控城市脉动，形成了面向未来的一体化发展环境，极大提升了政府行政效能。

13.6.6 实施成效

中新天津生态城智慧城市CIM平台及应用建设项目于2020年8月19日启动实施，作为项目主体内容的CIM平台全息城市展示系统、城市规划—BIM报建系统、智慧建设系统、绿色建筑智慧场景等陆续投入试运行，拓展了CIM基础平台在城市规划建设管理领域的示范应用，构建了丰富多元的CIM+应用体系，推进城市信息化、智能化和智慧化。

后续，生态城将发挥政策重叠优势，力求CIM平台在智慧城市建设中发挥更大成效，大力推进基于CIM平台的智能网联汽车、智慧城市运营中心日常监测、智能化城市安全管理等领域综合应用，支撑智慧城市运行管理和BIM数据创新应用，全面构建国际一流城市大脑，让生产更智能、生活更智慧、管理更高效，打造生态城市升级版和智慧城市创新版，建设生态之城、智慧之城、幸福之城，如图13-27所示。

图13-27 CIM平台全息城市展示系统

13.7 其他典型案例

13.7.1 深圳南山"圳智慧"

（1）平台建设背景

近年来，住房和城乡建设部、工业和信息化部等部委密集出台政策文件，积极推动CIM及建筑信息模型（BIM）相关技术、产业与应用快速发展。深圳市南山区对标国家相关建设要求，立足数字政府和智慧城市建设需要，建立联合实验室创新机制，积极探索以"圳智慧"CIM一网统管平台为主体的CIM平台和城市运行管理体系新模式，取得了初步工作成效。

（2）平台建设规划

南山区在深圳市政务服务"一网通办"、政府治理"一网统管"、政府运行"一网协同"的总体建设目标指导下，结合自身发展实情，提出适合南山区的智慧城市建设的总体框架，从慧建基础、慧治城市、慧促产业、慧享民生四个方面开展智慧城市建设，打造"圳智慧"CIM一网统管应用服务支撑平台，逐步实现智慧南山一体化建设。

1）慧建基础

慧建基础主要是加强智慧城市基础设施建设，包括网络基础、数据基础、算法基础、智能终端等建设方面，最终建成三网（城域光纤网、无线网、物联网）、三平台（数据汇聚共享应用平台、智能视觉分析应用平台、物联感知平台）、三中心（数据管理中心、城市运行中心、网络安全中心）基础架构体系。

2）慧治城市

结合物联网、5G、大数据、人工智能等新技术，利用信息化的手段，建设政务现代化治理能力，重点加强智慧住建、智慧城管、智慧交通、应急指挥、基于"块数据"的基层治理平台等方面的建设。

3）慧促产业

打造南山区慧促产业系统平台，建设经济运行、智能招商、智能扶商、智能稳商四个专题，导入经济数据、企业数据、地理数据、舆情信息、政策文件、互联网数据等重要数据资源，完成招商目标推荐、扶持目标筛选、产业空间效益分析、企业扶持工具箱、营商环境监控、企业外迁分析等核心智能化应用，实现企业精准服务。

4）慧享民生

以人民为中心，坚持党建引领民生服务，瞄准幼有善育、学有优教、病有良医、老有颐养、住有宜居等民生目标，全面推进智慧教育、智慧卫健、智慧民政、智慧司法、智慧文体、智能商圈建设，形成公共服务和数字生活新供给，提高全体市民对智慧城市建设的获得感和幸福感，更高水平满足人民群众对美好生活的向往，打造民生幸福新标杆。

逐步建设智慧南山信息化总体平台——"圳智慧"CIM一网统管平台，以CIM为核心，基于"条块结合"的城市运行一网统管的建设理念，全面支撑慧建基础、慧治城市、慧促产业和慧享民生四大板块，通过建筑BIM、时空GIS、大数据、人工智能等技术，融合人、房、法人、空间、视频和块数据等城市运行数据，为各应用板块提供统一的城市底图、建设框架和平台能力支撑，打通各业务系统屏障，实现跨层级、跨部门、跨业务的管理和协作，形成各司其职、各尽其能、相互配合的共建共治共享格局，全面推动南山区智慧城市建设，如图13-28所示。

（3）平台建设内容

"圳智慧"CIM一网统管平台建设包括城市模型、云上城市、四慧应用三大部分。

1）城市模型，数字孪生CIM底板

"圳智慧"CIM一网统管平台采用倾斜摄影、BIM、点云等数字孪生建模技术，建设全区全要素、高精度、高仿真城市三维地图，完成全区185平方公里城市单体化三维数据、近1亿平方米建筑BIM数据、百万平方米室内点云全景三维数据加工与整合应用；基于CIM平台，实现全区时空底板、政务大数据、物联感知数据的一体化融合，构建可反映城市过去、现状和未来的数字孪生仿真城市，如图13-29所示。

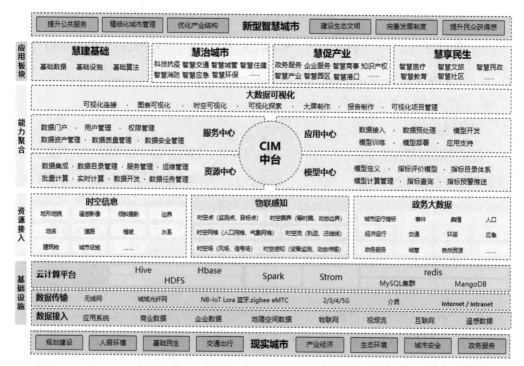

图13-28 "圳智慧"CIM一网统管平台总体架构

图13-29 数字孪生CIM底板

2）云上城市，智慧南山一图统建

"圳智慧"CIM一网统管平台积极贯彻和落实政府条块结合的管理理念，搭建圳智慧云上城市应用服务平台，制定统一的大数据汇聚和应用开发规范，共享全区统一数字底图和通用能力模块，充分融合多级政府部门（块）的专业智慧应用（条），形成一屏全面集成、一图全面感知、统一指挥调度的城市运行管理一体化建设新格局，如图13-30所示。

图13-30　条块结合的建设理念

3）四慧应用，城市运行一网统管

南山区按照慧建基础、慧治城市、慧促产业和慧享民生四大智慧应用体系，在住房建设、新城建、风险防控与应急指挥、城市交通、经济运行、基层社会治理、生态环境等多个领域积极开展CIM+创新应用探索，强化城市信息基础设施，建设现代化城市治理手段，发展创新性政务服务体系，促进社会经济产业发展，提高社会公共服务水平，让政府更高效、社会更和谐、企业有发展、人民有获得感。下面介绍六个CIM+典型智慧应用场景。

一是住房建设，城市建设科学管理。基于建筑信息模型（BIM）和5G、人工智能、实景视频AR增强现实等技术的综合运用，构建建设工程智慧化监管体系，实现住房城乡建设数字化、城市运行管理精细化管理。针对危大工程建设，结合工地视频监测工地实施情况，实现塔式起重机、基坑、高边坡、脚手架等智能监测，实现安全生产管理；开展小散工程管理试点，实现全区小散工程备案审核、日常巡检、

图13-31　智慧工地管理

监督执法、隐患排查、工程完工核销等全过程管理，如图13-31所示。

二是城市基建，打造新型基础设施。在慧建基础方面，"圳智慧"CIM—网统管平台通过可视化的管控手段，基于CIM模型进行城市基础设施选址规划和设计工作，通过覆盖分析进行布局优化，支持设备类型和厂商等信息查询，跟踪施工建设任务进度，最终助力实现了无线城市无盲点全域覆盖，推进了5G网络布局优化建设，如图13-32所示。

图13-32　5G基站建设

三是科技防疫，风险防控与应急指挥。依托于大数据分析、视频监控、远程视讯、智能核查、数字孪生等技术，对新冠肺炎疫情等公共卫生应急事件实现全闭环业务流程管理，对入境人员从入境—隔离—居家筑牢防线，形成闭环管控；对内基于"电子哨兵"，建立智慧化预警多点触发和多渠道监测预警机制，实现疫情风险预警关口前移；通过社区专项排查，对重点人员进行动态核查和摸排调查，持续跟踪，促进工作闭环，让全区公共卫生事件"看得见、控得住、谋得准"，如图13-33、图13-34所示。

图13-33　疫情防控——酒店隔离

图13-34　疫情防控——入境核查

四是智慧交通，提升城市精细化管理。"圳智慧"CIM一网统管平台依托于高清电警、高清卡口、高清视频、事件检测、鹰眼等技术，支撑交通指挥、执法、监管的科学决策，提升南山区城市交通管理水平。以城市交通重点管控对象泥头车和电单车管理为例，对全区重点车辆及司机、企业建立一对一档案，通过北斗定位、智能视频分析等技术，对泥头车司机危险驾驶、偷排、未按规定路线驾驶等问题，进行智能化识别和精准管理；对全区快递企业和快递小哥建立档案，利用城市普遍存在的监控摄像头，对小哥违章行为进行智能识别，对企业违章记录进行排名统计，并通过5G技术第一时间将违章信息推送给违章个人及一线交通管理人员，有效降低了电单车违章数量，如图13-35所示。

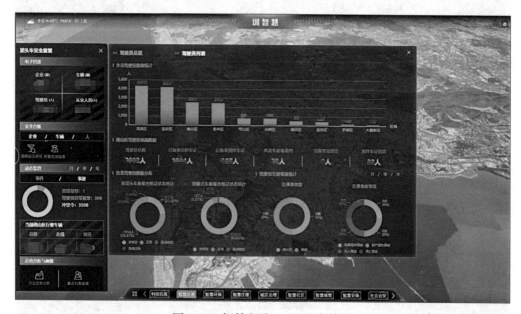

图13-35　智慧交通——泥头车管理

五是经济运行，促进产业全面发展。在慧促产业方面，通过对商事主体、产业、宏观经济和地区生产总值等核心指标进行运行监测和统计分析，打造一体化和智能化的管理和服务平台。一是智慧招商，主要面向重点行业和产业集群，分析目前的优劣势，精准定位招商的目标和环境；二是智慧扶商。根据筛选出最需要扶持的目标企业，精准匹配对接政府和社会的企业服务资源；三是智慧稳商，根据产业环境和企业运行的异动监控，优化提升商事主体全流程服务，改善公平竞争环境和加强知识产权保护，实现问题早发现、手段早提升、企业终留存的目标，如图13-36所示。

六是基层治理，城市治理能力现代化。对社区人口、特殊人群、商事主体、学

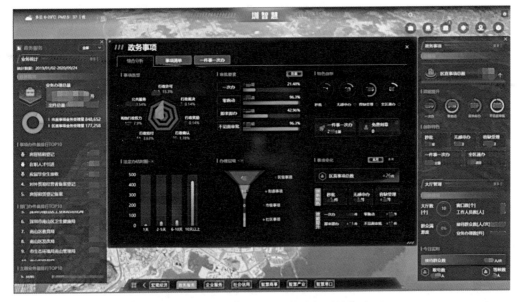

图13-36　慧促产业——提升政务服务水平

区学位等基层情况实现摸底排查，将块数据清洗对比之后的数据，推送给网格员进行现场走访和信息核实，建立定期的日常核实机制和工作绩效考核机制；将全区出租屋进行分级分类管理，对矛盾纠纷等日常事件实现处置全流程管理，实现基层信息全掌握、一图全查询，增强社会风险预警、研判分析、决策指挥等能力，提升基层管理整体化、智能化、精细化治理水平，如图13-37所示。

图13-37　网格管理——基层治理现代化提升

（4）平台建设特色

1）孪生城市，高精数字城市三维底板

南山区采用BIM、倾斜摄影三维、数字孪生三维、点云等多项城市模型生产工艺，建设了涵盖宏观、中观、微观的室内室外一体CIM数据，包含全区建筑、道路、桥梁、城市部件、地下通道、地下管网等丰富的城市要素对象，模型精度高、运行高效，为智慧城市、智慧园区、智慧建筑及智慧设施等各类业务场景提供了数字底板支撑，为真实再现城市运行态势、城市精细化管理能力建设，打造了坚实的城市三维模型数据基础。

2）部门协作，数据融合打通打透

南山区成立区可视化城市空间数字平台建设工作专项小组，由区政务服务数据管理局牵头，下设综合协调组、数据资源组、技术支撑组、场景应用组4个工作组，积极协同市政务服务数据管理局、工信局、规自局、住建局、生态局、城管局、交通局、深圳大学、深圳地铁、燃气、水务等多部门和国企，全面汇聚各类专题数据，围绕地、楼、房、人、企、事件等专题，由专业大数据团队进行数据清洗治理和融合处理，与CIM城市三维模型进行匹配关联，最终形成了全面、丰富、翔实、精准的智慧南山数字一张图。

3）应用导向，积极调动生态企业

"圳智慧"CIM一网统管平台建设采取"靶向思维、精准打击、先行先试、快速迭代"的打法，定期组织业务部门和专业团队现场沟通交流，每个应用场景经过多次从需求沟通、系统研发、反馈更新到系统升级的循环往复，从而精准定位各部门工作中的难点和需求点，保障了系统建设成果的有效性。通过建设一批各领域业务专题、应用场景以及部门级综合应用，集中汇聚到区可视化平台，不断创新治理模式和治理手段，既助力破解城市治理难点问题，也初步形成"一网统管"应用的生态基础。

4）联合创新，政企协作高效推进

南山区充分利用智慧南山"联合创新实验室"机制优势，联合本领域龙头企业资源力量，组织调动了BIM绘制与处理、外三维拍照和建模、内三维点云拍摄、数据处理与加工、技术架构搭建等30多个专业团队积极参与BIM和CIM的搭建，汇聚经济运行、住房建设、生态环境、自然资源、水务治理、基层社会治理、风险防控与应急指挥、消防救援八大领域的专业队伍，高效率开展科技创新实践，让政企合作、企企合作形成合力，快速推动应用落地。

（5）平台建设价值

自"圳智慧"CIM—网统管平台建设以来，支撑了十多个委办局部门130多项专题应用，打破了传统智慧城市应用体系"烟囱"林立现状，在推动智慧南山建设进程中发挥了积极作用和价值。

1）统一平台，推进智慧南山一体化建设

"圳智慧"CIM—网统管平台在深圳市智慧城市建设总体框架下，结合南山区自身特色和资源优势，建设高质量的城市模型底图，制定统一的数据和应用集成规范，将政府分散的部门信息资源以及社会资源进行融合汇聚，夯实智慧城市CIM数字底座能力，从一定程度上解决了各部门、各系统之间的数据融合难、信息共享难和业务协同难问题，推动了"全时空、全要素、全过程、可视化、智慧化、持续化"的城市运行一网统管体系建设。

2）应用赋能，助力精准施策、精准服务

"圳智慧"CIM—网统管平台根据各部门信息化通用需求，建设城市三维、视频汇聚共享、智能视觉分析等能力平台，将数字孪生模型、视频监控、物联感知、视觉智能分析等通用能力进行统筹建设和应用共享，一方面由专业团队保障了能力建设的质量和水准，同时，通过应用共享大幅降低了各部门信息化建设门槛和建设成本，大幅提高了信息化建设效率和效果，为广泛的CIM+智慧应用建设赋能。

3）现代治理，促进业务流程优化和提升

"圳智慧"CIM—网统管平台引入大量行业头部企业参与建设工作，采取"靶向思维、精准打击、先行先试、快速迭代"的建设思路，需求验证、技术探索、更新迭代贯穿于整个建设过程，随时根据应用需求调整技术打法，以确保始终以解决用户需求和痛点为建设目标，系统始终要满足用户的功能性和效用性需要，在优化政府管理工作机制、改进工作方法、提升工作效果等方面，发挥了切实、有效、积极的作用。

4）惠民服务，让民众更具获得感

"圳智慧"CIM—网统管平台积极开展智慧社区、智慧医疗、智慧教育、智慧文旅等应用建设，以惠民服务便捷化为目标，利用视频监控、物联感知、5G、人工智能等高新科技手段，提升了社区安全管理水平，优化了社区营商和服务环境，提升了民生服务内容和服务模式，有效提升了社区生活体验和民生服务体验，让城市变得更加宜居，人民更加安居。

13.7.2 福州滨海新城规建管一体化平台项目实践

（1）平台建设背景

作为按照"数字中国"示范区目标打造的智慧新城，福州滨海新城位于闽江口区，是国家级新区"福州新区"的核心区，规划面积188平方公里，其中核心区面积86平方公里，规划人口130万。滨海新城定位福州中心城区的副中心，不仅承载着福州发展的战略重任，也承载着打造"数字福建"，乃至"数字中国"示范区重大目标，将通过信息化和数字化手段提高城市规划、建设和管理水平，助力打造智慧、绿色和韧性的智慧新城。基于此，提出以数字孪生城市为核心，通过建设规建管一体化来提升滨海新城建设和管理水平的重要理念和思路，进而更好地加快"数字福建"的落地，如图13-38所示。

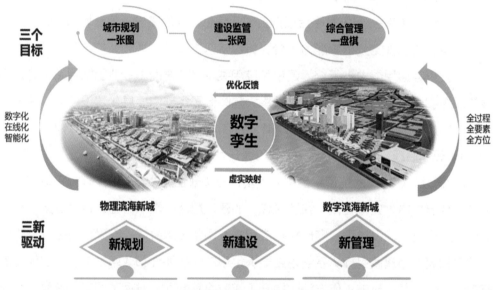

图13-38　福州滨海新城规建管平台理念设计图

（2）平台总体设计

作为福州新区区域科研中心、大数据产业基地与创新高地的滨海新城，在规划与建设初期，提出将规划、建设、管理全流程进行科学衔接与管理，形成城市持续发展的强大动力，并依托滨海新城独特的特色资源，优先注重环境保护、水务、交通、基础设施、大数据等领域智慧化建设与应用的建设要求。

在福州滨海新城建设过程中，通过探索城市规划建设管理一体化业务，充分应用BIM、3D GIS、IoT、云计算和大数据等信息技术，建设了基于CIM的规建管一体化平台，形成统一的滨海新城信息模型，规划、建设、管理3个阶段的应用系统，同步形成与实体城市"孪生"的数字城市。

依托CIM，构建了"城市规划一张图""城市建设监管一张网""城市治理一盘棋"三大生态业务，形成城市发展闭环。

（3）平台建设内容

在福州滨海新城建设过程中，通过探索城市规划建设管理一体化业务，充分应用BIM、3D GIS、IoT、云计算和大数据等信息技术，基于统一的滨海新城CIM，建成基于CIM的规建管一体化平台，形成了运营中心IOC、规划子平台、建设监管子平台、城市管理子平台四个子平台。同时，为更好地支持平台模型数据更新、系统数据接入以及平台的可持续发展，在参考国家标准、行业标准基础上，形成滨海新城CIM模型交付标准，以及两个实施指南——房建工程类与市政工程类三维模型实施指南支撑CIM平台及应用的落地实施。

1）运营中心IOC，将城市的规划、建设、管理的各类管控要素、指标予以抽提呈现，实现规划、建设、管理数据的融合与互通，一屏了解城市运行动态，为城市管理者的决策提供数据支撑。如图13-39所示。

图13-39　福州滨海新城规建管一体化平台运营中心页面

2）规划子平台，目前已实现了城市总体规划、控制性详细规划、32项的各类专项规划、86平方公里的国土批供地等数据的融合呈现，从业务的"多规合一"走向了规划数据的融合；按照滨海新城CIM交付标准建设了17平方公里的城市规划设计的三维模型和竣工模型，实现了滨海新城规划数据的"一张蓝图"，为后续的城市建设与管理奠定了基础。通过建立滨海新城的CIM，实现城市规划一张图，有效解决空间规划冲突，推演城市发展，让土地资源和空间利用更集约、方案更科学、决策更高效。当前通过平台已开展50个项目的规划设计方案审查。如图13-40所示。

图13-40　福州滨海新城规建管一体化平台规划专题

3）建设监管子平台，针对建设行政审批和建设过程监管的数据进行了分析，并通过省住房和城乡建设厅数据汇聚、物联网数据接入、监管过程业务沉淀，实现了对辖区范围内的工程项目情况、质量安全监管情况的全面掌控。将工程相关的基本信息、"双随机"检查、合约评价、劳务实名制、视频、扬尘、起重机械、危险源、工程形象进度等监管要素进行全面呈现，为建设过程监管提供了新的方式。如图13-41所示。

4）城市管理子平台，目前滨海新城城市管理子平台主要实现了对地上地下各类市政设施的监管，包括水、电、燃气、智慧灯杆及地下市政管线。如图13-42所示。

图13-41 福州滨海新城规建管一体化平台建设专题

图13-42 福州滨海新城规建管一体化平台管理专题

目前平台也接入滨海新城范围内336公里的各类地下管线的三维BIM数据,初步建立了滨海新城地下管线的数字资产。在水务监测方面,已经接入43个水务的物联网监测点,可以实时查看各类检测点的数据。对于滨海新城的关键排水户也做了统一管理，辖区内的191个排水户，259个雨污水检查井信息也纳入了规建管平台。在智慧灯杆方面，当前规建管平台内已经试点部署了268个智慧灯杆，可在规建管平台进行动态监管。同时，规建管平台对电力和燃气的设备、设施、用量情况可做实时监管，电力和燃气相关部门定期对其数据进行更新和维护。

（4）平台建设特色

2018年福州新区滨海新城提出并实践规建管一体化理念，基于"规划先行、建管并重"的理念，始终坚持以CIM为数字底座贯穿规建管全流程服务，服务于滨海新城建设的基本出发点，在实践中不断优化，为滨海新城推进数字城市的建设探索了一条可行路径。

1）政策引导，标准先行

2020年6月份发布实施了《福州滨海新城城市信息模型交付通用标准（试行）》《房屋建筑工程类三维模型实施指南》《市政工程类三维模型实施指南》，对滨海新城落实规建管一体化平台的建设起到关键的保障作用，取得了积极的效果。

2）先行先试，以点带面，螺旋式发展

滨海新城建设主管单位对规建管平台积极推行"先行先试、以点带面、逐步推广"的方法，先行从3.8平方公里核心区进行试点，包括高精度三维建模、数据汇聚等，逐步扩展到17平方公里在建区，然后再推广到86平方公里拓展区。在建设工程项目监管方面逐步推行试点，先行接入3个重点危大工程项目的智慧工地数据，进一步扩展到20个重大建设工程项目的智慧工地数据接入，然后拓展到所有在建工程的智慧工地监管。

3）重视底层的平台建设，逐步开展CIM+应用落地

基于CIM的规建管平台是滨海新城的数字城市基础平台，重视底层平台的建设，把平台能力作为重中之重来建设。通过数据中台、技术中台和应用中台三中台体系，支撑CIM+应用。CIM+的应用落地根据滨海新城的建设实际逐步、分阶段开展，先期建设CIM+规划，包括多规合一系统，规划辅助决策系统，CIM+重大项目监管，CIM+燃气监测，CIM+水务，CIM+智慧灯杆等，后期逐步进行应用拓展，如CIM+规划要素管控，CIM+桥梁监测，CIM+保障房管理等。

4）重视数据安全，应用国产自主可控的核心技术

数字城市的建设要重视城市级各类数据的安全与管控，对于核心的CIM平台的关键技术要采用国产自主可控的技术。确保数据的绝对安全，这是数字城市建设的

基本前提，滨海新城"数据留滨海、服务于滨海"是规建管平台建设自始至终贯穿的建设理念。

5）积累城市数字化资产，强化城市生命线安全运行监管

借助信息资源和信息化平台资产，不断完善城市管理和服务，确保城市安全运行，以BIM+3D GIS+IoT为手段，对关乎城市民生和市政基础设施安全运行情况进行集中监管，严格落实"安全第一"的理念，把安全工作落实到城市运行各环节各领域。

13.7.3 廉江市新型智慧城市

（1）建设背景

为贯彻十九大报告关于"加强和创新社会治理，打造共建共治共享的社会治理格局"的社会治理新要求，落实《国家新型城镇化规划（2014—2020年）》《广东省"数字政府"建设总体规划（2018—2020年）》等文件精神，廉江市委、市政府决定开展新型智慧城市建设，打造高效、便捷、低碳的"智慧廉江"，为"努力走在粤东西北市域振兴发展的前列，奋力建设宜居宜业的北部湾现代化生态园林城市"提供有力支撑。同时，强调按照"集约建设、共建共享""统筹规划、分步实施""惠民优先、提升产业""政府引导、多元参与""建立机制，保障安全"的原则，建设以空间规划为引领，顶层设计为统筹，新一代信息技术为支撑的廉江市新型智慧城市。

（2）建设内容

廉江市新型智慧城市建设内容首要是完善新型智慧城市基础设施，结合上级主管部门要求统筹智慧安防建设，构建新型智慧城市基本框架。其次是在基础框架下，以业务需求为主，开展各领域智慧化建设，通过进一步信息的挖掘和利用，实现业务价值的创新和提升。主要建设内容包括应用支撑平台、CIM基础平台、监控安防系统和智慧政务、智慧交通、智慧水务、智慧城管、智慧环保、智慧旅游、智慧教育等业务系统。其中CIM基础平台作为汇聚现状数据、规划数据、管理数据等的城市空间全要素信息平台，是智慧城市各功能模块的底层支撑，是实现多部门业务系统联动、各部门数据共享互通的关键。

1）应用支撑平台包括基础资源中心、信息资源交换平台、公共基础数据库建设、智慧城市运营管理平台建设。该平台为智慧城市各子系统提供运算和处理能力，实现数据采集、交换、共享和决策分析功能，为智慧城市运营管理提供大屏展示以及智能化分析决策服务。

2）CIM基础平台，即通过无人机、激光点云、人工建模等方式，对廉江市建成区近40平方公里的地形、建筑、道路、管线等要素进行立体建模，形成廉江市建成区地上地下一体化三维空间底座，并接入主要道路、场所监控点的实时监控视频，搭建廉江CIM平台，实现廉江市全域空间信息汇聚与展示。同时，充分考虑廉江CIM基础平台对廉江新型智慧城市建设的基础底层支撑需求，强化廉江CIM基础平台对外数据共享共用能力，为智慧政务、交通、水务、城管等智慧化应用提供服务支持。如图13-43所示。

图13-43　廉江CIM基础平台

3）监控安防系统主要包括前端监控系统、监控中心建设，并融合视频云平台（城管、水利前端点设备、视频可视化）、智感小区和智慧派出所等试点。

4）智慧政务是通过网上服务门户App、政务服务管理平台、业务办理系统、政务基础支撑平台、数据资源中心、实体大厅智能化平台等应用软件平台开发建设与对接，实现"一张网、一扇门、一窗口、跑一次、一枚章"，全面提升政务服务能力和智慧化服务水平。

5）智慧交通包括交通可视化、一体化治超、智慧公交站、电子警察、智能交通信号等、智慧路灯等功能。包括依托部署车载监控，实施车内实时监控管理；提供公交到站预报、公众信息发布等功能；建设假套牌对比分析、异常车牌查询等车辆管理功能等。

6）智慧水务包括水务前端监测点的建设、各类水务相关数据整理、转换、建库和入库以及业务应用层、服务层、展示层的模块开发。

7）智慧城管包括前端感知部件、大屏幕显示与控制系统，并结合智慧城管综合管理系统、移动巡查App、移动执法App、领导督查App以及面向公众开放的微信公众平台，实现城市管理的感知、分析、服务、指挥、监察"五位一体"。如图13-44所示。

图13-44　智慧城管

8）智慧环保包括环境监测网络和决策支持平台。利用空气质量监测仪、视频监控系统来监控、跟踪污染源污染物排放情况，利用决策支持平台对采集数据进行综合分析，提供环境质量状况、污染源时空分布及排放变化信息。如图13-45所示。

图13-45　智慧环保

9）智慧旅游以游客服务为中心，从游客服务、营销推广、互动体验和大数据分析四个维度建设旅游数据中心、公共服务门户系统、移动端应用系统、电子商务平台、触控导游屏系统等模块，通过大数据分析及时掌控市场舆情，精准解读文旅数据背后的信息，促进廉江文旅产业综合发展，带动当地产业转型升级。如图13-46所示。

图13-46　智慧旅游

10）智慧教育面向廉江市教育局与试点学校，围绕区校一体化应用、大数据应用服务、教育局信息化建设、智慧校园应用服务、大数据精准教学、学生综合素质评价等几个层面开展廉江市教育信息化建设工作。如建设一体化应用系统、智慧校园应用服务、大数据精准教学、学生综合素质评价等模块，实现学生报名、教师招聘、教育局信息化，提高教学服务信息化水平。

（3）建设成效

廉江智慧城市的建设以CIM基础平台为基础，搭建各类智慧城市行业应用，提高了城市管理和社会服务信息化水平，在带动自主创新、调整经济结构等方面都取得明显成效。

1）政务体系框架初步构建。整合视频监控系统，建设安防、城管、水务等领域的信息化平台，保证各级政府核心业务全面信息化，形成支持共享、办公协同的电子政务体系。

2）城市管理效能提质增效。根据城市管理的业务流程进行流程设计，将城管案件分为任务派遣、任务处理、处理反馈、核查结案等环节，并结合监控实现指挥中心、专业部门之间的信息同步、协同工作和协同督办，提高问题发现的效率、问题处置的质量。结合移动端数据采集，改变原有工作模式，使发现问题与处理问题不再为单一主体，同时使用单元网格管理新模式，将城市管理问题精确定位到某一网格，逐步建立分工明确、责任到位、沟通快捷、反应快速、处置及时、运转高效的城市综合管理长效机制。

3）信息共享共用初见成效。通过构建CIM基础平台，实现了硬件设施的全面搭建、公共基础数据库的建成与共享，不仅能满足廉江市各政府部门不同的基础资源需求，也能支撑各部门、各系统进行数据管理、共享、调用、展示与分析。大数据展示平台通过直观呈现数据分析结果和趋势变化，为城市运营管理提供决策辅助。社会群众通过平台可了解廉江市基本信息、部分政务数据、城市发展数据、行业信息、各类主题关键词等。

4）社会服务水平全面升级。在教育、就业、社保等与居民生活息息相关的领域，率先实现智慧政务应用，结合廉江CIM基础平台，向市民提供整合的、主动式的、便捷获取、直观的公共服务。基于三维城市全景一张图展示城市规划成果，为规划方案评审提供直观、生动、全面的辅助决策支持信息服务，提高规划建设的管理水平和科学性；二三维一体化的综合优势特征有助于指挥决策部门获得同时具备宏观抽象性与微观真实性的信息，为综合决策者提供更直接、有力的辅助信息。

参考文献

[1] 汪科，杨柳忠，季珏. 新时期推进智慧城市和CIM工作的认识和思考 [J]. 建设科技，2020，1（18）：9-12.

[2] 季珏. 打破数据孤岛，推动业务协同 [N]. 中国建设报，2017.

[3] 中国信息通信研究院. 云计算发展白皮书 [R]. 2020.

[4] 吕宜生，王飞跃，张宇等. 虚实互动的平行城市：基本框架、方法与应用 [J]. 智能科学与技术学报，2019，1（3）：311-317.

[5] 刘晓伦. CIM与数字孪生城市的关系 [J]. 中国测绘，2020，（11）：82-84.

[6] 季珏，汪科，王梓豪等. 赋能智慧城市建设的城市信息模型（CIM）的内涵及关键技术探究 [J]. 城市发展研究，2021，28（3）：65-69.

[7] 中国信息通信研究院. 数字孪生城市研究报告 [R]. 2019.

[8] 季珏，王新歌，包世泰等. 城市信息模型（CIM）基础平台标准体系研究 [J]. 建筑，2022（14）：28-32.

[9] 陈明娥，崔海福，黄颖等. BIM+GIS集成可视化性能优化技术 [J]. 地理信息世界，2020，27（5）：108-114.

[10] 向祎，谭仁春，何伟等. 基于微服务架构的城市排水管网隐患排查与治理平台设计与实现 [J]. 城市勘测，2020（5）：95-98.

[11] 潘思辰，苏义坤. 智慧城市标准体系研究 [J]. 山西建筑，2017，43（24）：6-7.

［12］ 宗颖俏，田大江. 面向城乡建设领域智慧城市标准体系研究——以重庆为例
［J］. 建设科技，2017，（13）：15-17，20.

［13］ 冯志勇，徐砚伟，薛霄，陈世展. 微服务技术发展的现状与展望［J］. 计
算机研究与发展，2020，57（5）：1103-1122.

［14］ 刘智国，李铁康，杨元州等. 基于微服务架构的智慧城市应用设计［J］.
信息技术与标准化，2019，（8）：79-82，92.

［15］ 李晶，杨滔. 浅述BIM+CIM技术在工程项目审批中的应用：以雄安实践为
例［J］. 中国管理信息化，2021，24（5）：172-176.

［16］ 乔志伟. BIM-CIM技术在建筑工程规划报建阶段的应用研究［J］. 智能建
筑与智慧城市，2021，（6）：96-98.

［17］ 韩雯雯，曲葳，王飞飞. 工改视角下的CIM平台建设路径研究［J］. 中国
管理信息化，2021，24（8）：200-201.

［18］ 张荷花，顾明. BIM模型智能检查工具研究与应用［J］. 土木建筑工程信
息技术，2018，10（2）：1-6.

［19］ 常丽娟，杨悠子. 混凝土结构施工图数字化审图技术的研究与应用［J］.
北方建筑，2020，5（6）：14-17.

［20］ 徐辉. 基于"数字孪生"的智慧城市发展建设思路［J］. 人民论坛·学术
前沿，2020，（8）：94-99.

［21］ 黄杨森，王义保. 网络化、智能化、数字化：公共安全管理科技供给创新
［J］. 宁夏社会科学，2019（1）：114-121.

［22］ 唐皇凤，王锐. 韧性城市建设：我国城市公共安全治理现代化的优选之路
［J］. 内蒙古社会科学，2019，40（1）：46-54.

［23］ 王莹. 韧性视角下新时代城市安全风险治理策略研究［J］. 领导科学，2020
（16）：37-40.

［24］ 周利敏. 韧性城市：风险治理及指标建构——兼论国际案例［J］. 北京行
政学院学报，2016（2）：13-20.

［25］ 王灿. 我国城市社区治理问题的研究现状［J］. 法制与社会，2020（21）：
149-150.

［26］ 黄帝荣，刘定平. 论社区建设与城市化的关系［J］. 商业经济，2005（4）：

3-4，10.

［27］陈立. 新技术加持下智慧社区发展策略与前景［J］. 中国安防，2020（Z1）：62-65.

［28］柴彦威，郭文伯. 中国城市社区管理与服务的智慧化路径［J］. 地理科学进展，2015，34（4）：466-472.

［29］牛慧丽. 房企参与智慧社区建设应树立正向价值观［N］. 中国建设报，2020-09-29（005）.

［30］吴晓明，李亚希. 以标准化推进智慧社区建设［J］. 中国物业管理，2020（8）：37.

［31］卢建平，刘静. "新基建"背景下智慧社区的建设方向及效益分析［J］. 智能建筑与智慧城市，2021，（5）：104-106.

［32］耿丹. 基于城市信息模型（CIM）的智慧园区综合管理平台研究与设计［D］. 北京建筑大学，2017.

［33］马梅彦. 我国智慧园区研究综述［J］. 电脑知识与技术，2016，12（33）：174-176.

［34］杨凯瑞，张毅，何忍星. 智慧园区的概念、目标与架构［J］. 中国科技论坛，2019，（1）：121-128.

［35］王磊，方可，谢慧等. 三维城市设计平台建设创新模式思考［J］. 规划师，2017，33（2）：48-53.

［36］丁烈云. 智能建造推动建筑产业变革［N］. 中国建设报，2019-06-07.

［37］Wang L J, Huang X, ZHENG R Y. The application of BIM in intelligent construction, 2012[C]. TransTech Publ，2012.

［38］Dewit A . Komatsu, smart construction, creative destruction, and Japan's robot revolution[J]. The Asia-Pacific Journal, 2015, 13(5): 2.

［39］毛志兵. 智慧建造决定建筑业的未来［J］. 建筑，2019，（16）：22-24.

［40］廖玉平. 加快建筑业转型推动高质量发展［J］. 住宅产业，2020（9）：10-11.

［41］刘苗苗等. 装配式智能建造平台构建与应用［J］. 中国建设信息化，2021，（7）：59-63.

［42］秦红岭. 城市体检：城市总体规划评估与落实的制度创新［J］. 城乡建设，

2019，（13）：12-15.

[43] 石晓冬，杨明，金忠民等. 更有效的城市体检评估 [J]. 城市规划，2020，44（3）：65-73.

[44] 韩青，田力男，孙琦等. 青岛市城市信息模型（CIM）平台建设 [J]. 中国建设信息化，2021，（7）：26-29.